化学生物学基础与应用研究

宗薇　宋朝宇　肖桂青　著

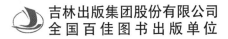
吉林出版集团股份有限公司
全国百佳图书出版单位

图书在版编目（CIP）数据

化学生物学基础与应用研究／宗薇，宋朝宇，肖桂青著. -- 长春：吉林出版集团股份有限公司，2021.7

ISBN 978 - 7 - 5731 - 0216 - 4

Ⅰ．①化… Ⅱ．①宗… ②宋… ③肖… Ⅲ．①生物化学 - 研究 Ⅳ．①Q5

中国版本图书馆 CIP 数据核字（2021）第 151518 号

化学生物学基础与应用研究

HUAXUE SHENGWUXUE JICHU YU YINGYONG YANJIU

责任编辑	邢扬　冯雪	
封面设计	万典文化	
出　版	吉林出版集团股份有限公司	
发　行	吉林出版集团社科图书有限公司	
印　刷	长春市昌信电脑图文制作有限公司	
开　本	787mm×1092mm　1/16	
字　数	312 千字	
印　张	12.5	
版　次	2021 年 7 月第 1 版	
印　次	2022 年 9 月第 2 次印刷	
书　号	ISBN 978-7-5731- 0216- 4	
定　价	78.00 元	

前　言

　　化学生物学是一门新兴的交叉学科。它的萌生缘于化学的长期发展和成熟以及生物和医药科学研究的积累和需求。利用化学的原理、方法和具有生物活性的化合物来研究生命过程中的问题，在过去很长一段时间内已经在很多领域产生了重要成果，也带动了如蛋白质化学，结构生物学，受体药理学等学科的发展。特别是世纪之交基因组学、蛋白质组学的兴起和迅猛发展，标志着生命科学研究进入了一个崭新的时代。人类在研究和认识生命过程中的大量问题时越来越依赖多学科的合作。在这一形势下，化学面向生命过程的研究逐渐发展成了一个主要的研究领域和新兴的学科，化学遗传学（Chemical Genetics）、化学基因组学（Chemical Genomics）等研究相继出现。

　　化学生物学是一门跨度非常广阔的学科。它主要包括：利用现代化学技术发现对生物体的生理过程具有调控作用的化学物质；系统地以这些生物活性分子作为探针和工具，研究它们与生物靶分子的相互识别作用和信息传递的机理，以达到对生物系统更深刻的理解；通过对生命过程中调控机制的了解以及对人类疾病发病机制的理解，为发现新生物靶点和新治疗药物打下基础，为医学研究提供新型诊断和治疗方法；化学生物学也为复杂生物体系的进行表态和动态分析提供新技术和新方法等。

　　书中内容详尽、详略得当、图文并茂且图文一致，便于阅读，深度和广度适宜，文字通俗流畅，言语简练，注重理论联系实际，极力贯彻基础性、系统性，科学性等原则，保证逻辑性和系统性。本书可供相关专业的人员阅读，参考。

目　录

第一章　多肽和蛋白质

多肽和蛋白质是重要的生物大分子，它们具有重要的生理活性，调节着生命活动，很多疾病的发生都与其结构或功能的异常相关，因此，关于多肽和蛋白质的研究具有重要的现实意义和应用价值。目前，在化学生物学领域对于多肽和蛋白质的研究主要集中在多肽的化学生物学、蛋白质化学合成以及蛋白质修饰和蛋白质药物三个方面，本章将主要介绍这三方面的内容。

第一节　多肽的化学生物学

一、基本概念

(一) 多肽的化学构成

肽是氨基酸的聚合物，每两个氨基酸单元之间以酰胺键相连接。尽管在各种生物体内已发现 180 多种氨基酸，但是在天然多肽和蛋白质的水解产物中一般只含有 20 种 L 型的 α-氨基酸。

(二) 肽的分类

以多肽的来源区分，主要有核糖体多肽、非核糖体多肽和合成多肽。核糖体多肽由 mRNA 翻译合成，主要包括激素和信号分子，还有一些抗生素，具有转译后修饰过程，如磷酸化、羟基化、糖基化、磺化、双硫化等（图 1 - 1）。非核糖体多肽由特定的非核糖体多肽酶催化合成，不依赖于核酸决定的氨基酸序列和核糖体，如最常见的谷胱甘肽。（图 1 - 2）

以肽链骨架来区分，可分为线性肽和环肽。线性肽在末端有自由羧基和自由氨基。而环肽是由末端氨基和羧基形成酰胺键成环或由端基和侧链连接成环。

以肽链中氨基酸数目区分，可分为寡肽和多肽。寡肽通常含有少于 15 个氨基酸，而多于 15 个氨基酸即为多肽。以肽链中化学键的性质区分，可分为同肽和杂肽。同肽的骨架中纯粹是酰胺键，而杂肽结构中含有酯键、二硫键、硫酯键等。

图 1-1　核糖体多肽修饰

图 1-2　谷胱甘肽

二、多肽化学合成

（一）肽键形成原理和保护基

多肽合成就是形成肽键的过程，即一个氨基酸的氨基亲核进攻另一个氨基酸被活化的核基部分而形成肽键。反应中为获得单一目标产物，两个氨基酸的其他活性基团必须进行保护。肽键的形成一般分为三个步骤（图1-3）：第一步，制备部分保护的氨基酸，形成只有单一活性位点的氨基酸衍生物；第二步，将氨基保护的氨基酸羧基部分进行活化，形成活性中间体，再与自由氨基反应形成酰胺键；第三步，对氨基酸的保护基进行选择性脱除或全脱除。

保护基是肽合成的重要方面。根据选择性的不同，可以分为临时性保护基和半永久性保护基。临时性保护基在形成下一个肽键之前需要脱除，一般用于氨基或核基的暂时性保护，其脱除过程不影响半永久性保护基。而半永久性保护基一般用于侧链的保护，通常在目标序列合成结束后脱除。对于保护基，在所有操作过程中都不能发生消旋，也不能影响溶解性，必须符合正交保护原则。

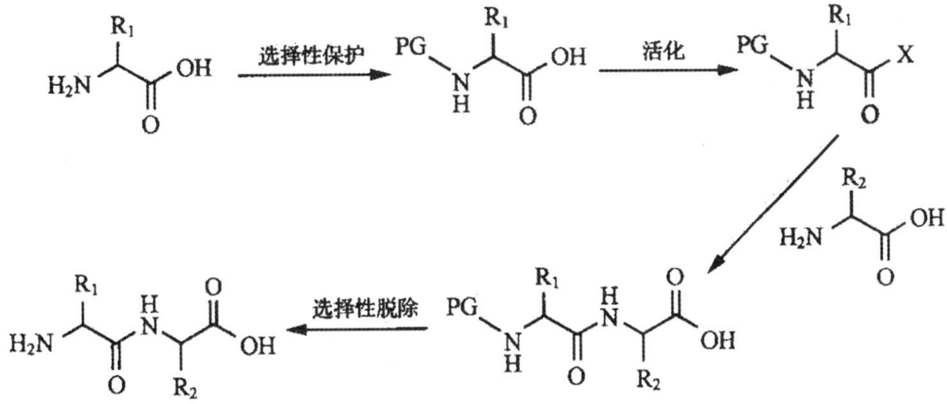

图 1-3　肽键的形成过程

（二）化学合成多肽的发展历程

在肽化学的早期阶段，多肽合成在液相中进行。1901 年，德国化学家 Fischer 首先在溶液中合成了 Gly-Gly，1907 年又合成了十八肽。进入 20 世纪中期，人们成功地合成了一些生物活性肽，如催产素、胰岛素，并在多肽合成方法和保护基技术等方面取得了很大进步。1963 年，Merrifield（1984 年诺贝尔化学奖获得者）提出了固相多肽合成（SPPS）技术，并使用叔丁氧羰基（Boc）来保护 α-氨基，并在 1966 年发明了第一台自动固相肽合成仪，使肽化学实现了巨大的飞跃。1972 年，人们又发展出以 9-芴甲氧羰基（Fmoc）来保护 α-氨基的固相合成策略。目前，Boc 化学和 Fmoc 化学是多肽合成的主流方法。

（三）液相多肽合成

液相多肽合成在固相合成技术出现之后逐渐被取代。但由于其成本较低，因此在目前一些商业肽的制备中仍有应用。液相肽合成一般采用线性或收敛式两种策略，通常只能用于合成短肽。液相多肽合成的一个问题是溶解度，这是因为肽片段在常见有机溶剂中溶解度很小。另外，为了提高产率，在每一步的缩合过程中氨基酸片段都需要过量，造成了每一步分离纯化都很困难和繁琐，而且合成周期很长，因此在长肽的合成中液相方法几乎难以实现。

（四）固相多肽合成

固相多肽合成技术是目前最有效的多肽合成方法。其常规步骤是：①首先将多肽序列 C 端的氨基酸通过连接臂（linker）键连到树脂（resin）上；②然后脱除其氨基上的临时性保护基；③再与下一个氨基酸进行缩合；④反复进行脱保护和缩合两个步骤直到目标序列被合成出来；⑤最后脱除半永久性保护基。在每一步循环操作过程中，肽序列始终连接在树脂上，因而过量的反应试剂和副产物都可以被过滤除去，代替了液相合成中的分离纯化，极大简化了操作过程。

（五）环肽的合成

在肽化学研究中，环肽也是重要的一大类，它们往往具有独特的生物活性。一般环肽有四种拓扑环合方式：主链头－尾环合、侧链－侧链环合、侧链－头环合、尾－侧链环合。对于环肽的酰胺键环合，理论上所有形成肽键的反应都能适用。但是，环合反应通常比普通酰胺键生成反应慢很多，需要延长反应时间，而反应时间的延长容易造成消旋以及其他副反应。这就要求反应在 $10^{-4} \sim 10^{-3}$ mol/L 的高度稀释溶液中进行，并且尽量选择甘氨酸或脯氨酸作为环化位点。固相或液相合成方法都可用于环肽合成。可以先在固相合成线性序列，再从树脂上切下在溶液中进行环化；也可以选择某一氨基酸的侧链连在树脂上，环合后再切下。

三、肽模拟物

多肽很少能直接作为药物被利用，这是因为多肽药物容易被酶水解而不能口服、在体内稳定性低以及其亲水性较强导致难以跨越细胞膜等。肽模拟物根据与受体结合的多肽而设计，将多肽分子中的结构信息转化成非肽结构，具有很强的药物发现和开发价值。肽模拟物主要分成三种类型：

第一，以酰胺类似物或二级结构类似物来代替多肽的模拟物。这类模拟物通常与多肽骨架匹配，在某些部位进行单元置换或引入官能团到特定的位置诱导形成确定的二级结构。如将肽链中的某些—NH—模块用氧原子（—O—）、硫原子（—S—）、亚甲基（—CH₂—）等取代或是对其进行烷基化修饰。

第二，功能模拟物，指作用于多肽受体的非肽类小分子，是天然多肽的结构类似物。

第三，非肽类化合物，拥有新型的非多肽母核，但是包含天然多肽发挥作用所必需的关键功能基团。

（一）类肽

类肽是以 N-取代甘氨酸为构建单元的化合物。相比于天然多肽，类肽将多肽中各氨基酸侧链移动了一个原子连接于肽键的氮原子上（图1－4）。经过侧链迁移，类肽不再具有手性，但表现出比肽更高的构象柔性，不会被蛋白酶水解，具有更高的代谢稳定性。合理设计的类肽能表现出与天然多肽相似的活性。

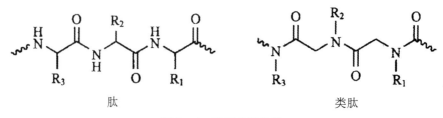

图1－4　肽与类肽比较

（二）β-肽

β-肽是以步氨基酸为构建单元形成的多肽类似物。步氨基酸是在天然氨基酸的主链上再引入一个碳原子，这时侧链基团可以连在 C^α 上形成 β^2-多肽或连在 C^β 上形成 β^3-多肽、也可以同时连在 C^α 和 C^β 上（图 1 – 5）。β-肽易形成比天然多肽更稳定的螺旋结构，而且能产生可预测的重复螺旋构象，在热解螺旋后还能自发再折叠。

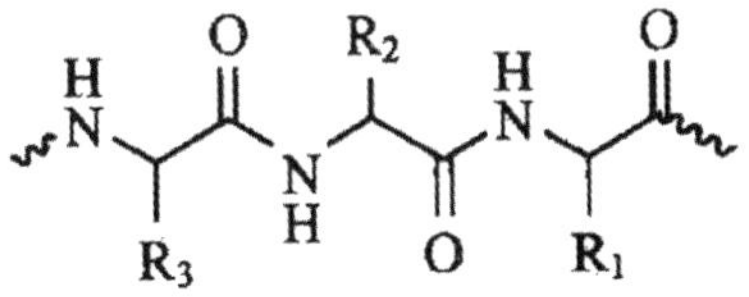

α-多肽 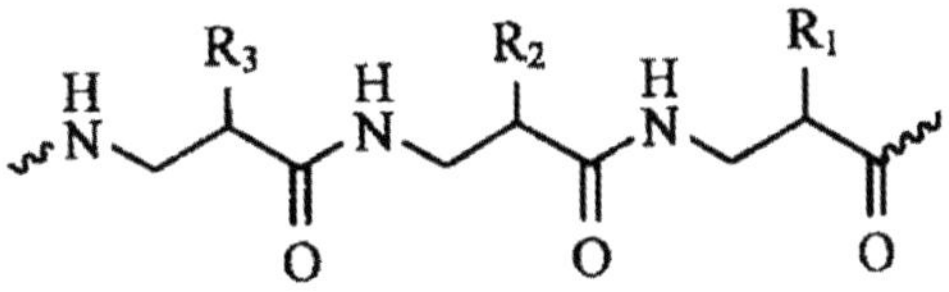 β^2-多肽

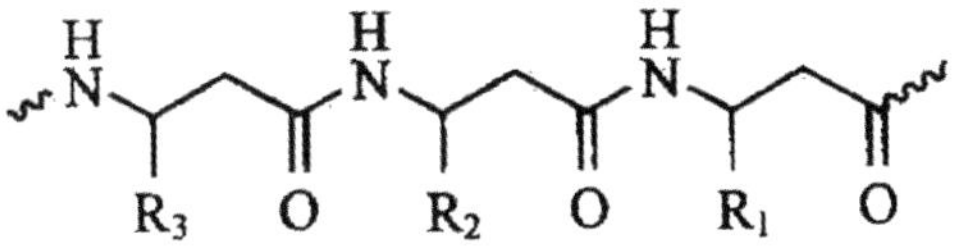

β^3-多肽

图 1 – 5   α-肽、β-肽示意图

四、多肽的应用和肽类药物

很多多肽在生物体内都能表现出生物活性。基于其多样性和分子识别功能，多肽在很多生命调节过程以及疾病诊断和治疗方面表现出独特的作用。尽管目前成熟的多肽药物不多，但是多肽作为药物或候选药物的应用潜力非常巨大。

（一）肽靶向蛋白质（靶蛋白）的功能位点

靶蛋白的功能位点是结合小分子或蛋白质后发挥调节活性作用的区域。通常并不是所有靶蛋白的氨基酸都参与作用，只有功能位点附近的 3 ~ 10 个氨基酸发挥关键的结合作用。因此，靶向特异性多肽可以代替靶蛋白结合配体发挥作用，用于了解靶蛋白功能位点的性质，发现新的结合配体，运用于结构研究和高通量药物筛选。

（二）确认靶标

靶标的确认，即寻找药理学作用的最佳位点。药物通常只能与靶蛋白的某特定功能位点作用，而由于序列的特异性，一个多肽也通常仅能与靶蛋白的某一个特定功能位点发生作用。在与靶蛋白功能位点相互作用上，多肽和药物具有相似性。另外，多肽相对于药物更容易在细胞内表达，因此可以利用多肽与靶蛋白的生理作用来预测药物作用位点，从而确认靶标。

（三）高通量筛选的替代配基

发展适合于小分子库的高通量筛选系统也是多肽作为药物发现工具的重要应用。合成得到与靶蛋白特定功能位点序列相同的多肽，并以此作为一个检测平台，然后据此测定小分子置换多肽配体或阻止配体结合的能力。

此外，很多药物的生物利用率较低，而且不能在特定位点发挥作用，造成周身毒副作用。开发肽类的药物转运系统为解决这些问题提供了思路。如基于受体作用的特异性，可以将肽类药物转运至特定位置发挥作用；另外，如血脑屏障会阻止肽类药物进入大脑，这时就可通过嵌合肽策略运送药物至大脑，将药物与血脑屏障转运载体结合转运进入大脑。最后，很多肽类药物在全身循环中才能发挥药理作用，但是容易被生理循环所清除。对多肽药物进行聚乙二醇（PEG）化后就能降低清除作用，提高循环半衰期。

第二节　蛋白质化学合成

在生命科学研究中，获得天然蛋白质以及被非天然基团所修饰的蛋白质是必要的一个环节。生物表达方法一直是获得目标蛋白的主要手段，然而生物表达方法在很多方面存在着局限：①生物表达方法获得的多肽和蛋白质通常只能含有 20 种天然氨基酸，非天然氨基酸难以被引入到蛋白质分子中；②对蛋白质分子进行特殊位点的翻译后修饰在技术上存在困难，不容易精确控制；③大于 30kDa 的蛋白质，尤其是含有多区段的蛋白质，其生物表达并不容易；④在细胞中表达有毒蛋白或膜蛋白也很困难。相比之下，化学合成蛋白质能够克服以上的一些局限，不仅允许非天然氨基酸的引入，而且能获得 D 型蛋白，从而可以对蛋白质进行任何位点的修饰和标记。目前，蛋白质化学合成最有效的策略是自然化学连接（native chemical ligation，NCL）和蛋白质半合成。

一、蛋白质化学全合成

（一）蛋白质化学全合成的发展历程

尽管理论上固相多肽合成的每一步缩合反应其产率能达到99%，但是在实践中固相方法通常只能合成少于 50～60 个氨基酸的肽链。由于这个原因，合成蛋白质往往需要把多肽片段连接起来，即将目标蛋白质分子分割成几个片段，使得每一片段的氨基酸都少于50个，然后通过高效的化学反应将各个片段连接起来获得目标蛋白质分子。

在最初的连接反应中，很多的多肽侧链官能团都需要保护。后来发展了部分保护多肽在极性溶剂中的连接方法，即在连接反应中 Asn、Asp、Gin、Glu、His、Ser、Thr、Trp 的侧链都不需要保护，仅 Cys 和 Lys 的侧链需要保护。这些方法的局限是 C 端氨基酸在活化过程中容易消旋，而且最后的脱保护步骤可能严重影响产率。

为彻底解决侧链保护所带来的问题，最好的办法就是在连接过程中使用无保护的多肽。但是长久以来都缺少针对 Lys 侧链氨基有选择性的连接反应。为此 Offord 和 Rose 曾发展酰肼和醛的反应，反应条件是 pH 为 4.6 的缓冲水溶液。Kent 提出了硫代核酸和溴乙酰的连接反应，利用了硫代核酸负离子在低 pH 下的亲核性，一般在 pH 为 3 ~ 4 的缓冲溶液中进行。这些连接反应能对多肽片段进行有效的连接，但是一个明显的局限是不能形成天然酰胺键。直到 1994 年，Kent 开创了自然化学连接方法，极大地促进了蛋白质化学全合成的发展。

（二）自然化学连接

迄今为止，自然化学连接是最有效、使用最普遍和研究最深入的多肽片段连接方法。该方法使用 N 端和 C 端具有特定化学结构，而且不需要保护基的多肽片段，通常在水溶液中进行连接反应，具有高度选择性和很高的连接效率，生成的是天然的蛋白质酰胺键。NCL 需要一个 C 端为硫酯的多肽片段和一个 N 端为半胱氨酸的多肽片段，因此半胱氨酸是必需的连接位点。（图 1 - 6）

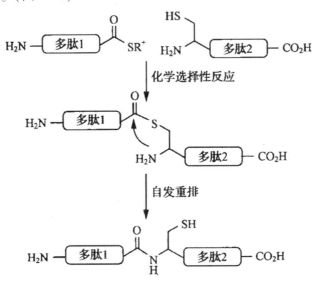

图 1 - 6　自然化学连接

一般认为，NCL 的反应机理分为三个步骤：①外加硫醇与多肽硫酯发生酯交换；②新形成的硫酯与 N 端半胱氨酸侧链上的巯基发生酯交换反应，生成连接两个多肽片段的硫酯中间体；③该硫酯中间体自发通过五元环过渡态迅速进行 S→N 的酰基迁移，最终生成以半胱氨酸为连接位点的多肽或蛋白质。NCL 连接反应的条件一般选择 pH 为 6.5 ~ 8.0，反应温度为 25 ~ 40℃，此时能最大限度地避免硫酯的水解和 C 端的消旋。此外要加入 100 ~

500mmol/L 的缓冲盐溶液来维持 pH 的稳定，同时要加入 TCEP 等还原剂来防止二硫键的形成，加入高浓度（如 6mol/L）的盐酸弧来增大多肽片段的溶解性以提高反应速率，还需要加入苯硫酚等活性硫醇作为催化剂。

NCL 在多肽片段连接中显示了强大的优势，但是该方法中半胱氨酸是必需的位点，这限制了其灵活应用。通常情况下，半胱氨酸在蛋白质中的含量丰度仅为 1.7%，如此低的丰度导致不是所有的目标蛋白都含有半胱氨酸或者在适合切割的位点正好是半胱氨酸。有研究就对 NCL 进行了扩展和改进，发展了以其他氨基酸作为连接位点的方法，如丙氨酸、组氨酸、甲硫氨酸、丝氨酸。也有 β-巯基化后脱硫的连接方法，将作为位点的氨基酸在 β-位用巯基修饰，再与多肽 C 端硫酯的片段连接，然后进行选择性脱硫，得到目标序列。此外还有辅基修饰的连接，即通过在 C 肽的 N 端氨基上修饰容易在温和条件下脱除的巯基来代替 NCL 中的半胱氨酸，实现 C 端硫酯和 N 端甘氨酸的多肽连接。

多肽硫酯的制备是 NCL 方法的关键。在 Boc 固相合成方法中，硫酯对 TFA 和 HF 表现出稳定性；而在 Fmoc 方法中，哌啶能够裂解硫酯。因此 Boc 方法是目前制备多肽硫酯的最有效途径。但是 Boc 法制备产率低、反应条件剧烈、操作危险，因此研究者也发展了一些 Fmoc 兼容的硫酯合成方法。主要有基于"磺酰胺型变构保险连接臂"的多肽硫酯合成法、替代硫酯的肽氧酯法、替代硫酯的肽酰胺法等。

二、蛋白质半合成

蛋白质半合成主要使用基于（内含肽）技术的合成方法，将化学合成和生物重组表达的多肽或蛋白质片段进行连接，从而得到目标蛋白。表达蛋白连接（express protein ligation，EPL）方法主要有两个优点：一是能在蛋白质中引入数量不限的非天然氨基酸；二是能实现较大范围内的蛋白质修饰。

（一）发展历程

蛋白质半合成中最重要的技术是 EPL。蛋白质半合成的发展主要经过了以下过程。

1. 蛋白质半合成的提出

蛋白质半合成最原始的思路是：将天然蛋白质以水解或化学切断的方法得到的片段作为构建单元合成目标蛋白质。这种类似的方法目前也被运用于天然蛋白质特定位点的修饰，如在目标蛋白的特定位点突变嵌入半胱氨酸残基，利用其巯基的化学反应活性，将诸如荧光探针分子、糖类等键连到目标蛋白上。另外一种蛋白质半合成方法是使用蛋白质水解酶促进多肽片段的选择性连接。

2. 化学选择性连接方法的研究

化学选择性连接方法解决了片段连接中多肽片段需要保护的问题。Kent 开创的自然化学连接方法是目前蛋白质合成方法中最有效的一种，也适用于蛋白质化学半合成。使用自然化学连接的化学半合成，对于重组蛋白或多肽的唯一要求就是在其中含有两个化学选择性反应基团中的任何一个，即 N 端半胱氨酸或 C 端硫酯。实际上，在重组蛋白或多肽中很容易引入半胱氨酸，最后得到在 N 端被化学合成分子修饰的目标蛋白。但是如果想在目标蛋白的 C 端或是在蛋白质序列的中间引入化学合成多肽，就遇到了重组蛋白硫酯的制备问题，于是研究者开创了蛋白质剪接技术。

3. 蛋白质剪接技术的发明和应用

蛋白质剪接技术是一个转录翻译后的过程，蛋白质前体经过一系列的自催化分子内重排反应，切除内含肽，使两端的外显肽（extein）拼接起来。其主要过程如下：第一步，发生 N→S（或 N→O）的酰基迁移，将 N 端的外显肽 1 连接到内含肽 N 端的半胱氨酸残基的巯基（或丝氨酸残基的羟基）上形成硫酯（或酯）连接；第二步，另一个外显肽 2 N 端的半胱氨酸残基巯基（或丝氨酸残基的羟基）进攻硫酯，得到将两个外显肽连接起来的硫酯中间体；第三步，内含肽 C 端的天冬酰胺侧链进攻连接内含肽和外显肽的酰胺键，内含肽因此被切除，并且 C 端的天冬酰胺形成亚酰胺，紧接着发生 S→N（或 O→N）的酰基迁移形成酰胺键，从而得到脱除内含肽的目标序列。

（二）表达蛋白连接

利用蛋白质剪接技术，通过硫醇解离适当的突变蛋白质 – 内含肽融合体，可以生成重组蛋白硫酯，之后可以用于半合成形式的自然化学连接。这种方法开始于 1998 年，由于连接片段中的蛋白硫酯通过重组表达得到，因此也被称为表达蛋白连接（EPL）。

首先，利用蛋白质剪接技术可以制备蛋白硫酯。硫酯不仅是 NCL 中必要的组件，也是 EPL 中关键的活性基团。利用重组蛋白的方法可以制备蛋白硫酯。这种方法是将内含肽 C 端的 Asn 突变成 Ala，并通过表达将目标蛋白连在突变内含肽的 N 端，而将几丁质结合域（chitin binding domain，CBD）连在突变内含肽的 C 端（便于分离和纯化），从而得到三者融合的序列。当外加硫醇进行重排反应时，由于内含肽序列中缺少 Asn 的进攻，导致整个过程只能发生第一步的酰基迁移，因而只能与外加硫醇发生硫酯交换反应，得到目标蛋白的硫酯。

得到蛋白硫酯后，EPL 反应通常以两种形式进行：第一，硫醇解离和 NCL 的"一锅法"，这种方法是指硫醇解离后，直接加入 N 端为半胱氨酸残基的多肽片段进行 NCLO 这样就避免了纯化蛋白硫酯的步骤，但是对反应条件的要求比较高，而且硫醇解离步骤加入的必须是能产生高活性硫酯的硫醇（如苯硫酚、2-巯基乙磺酸等）。第二，先纯化蛋白硫酯再进行 NCL，这种方法允许加入更多的添加剂到 NCL 的反应体系中，以增加多肽片段的溶解性，提高连接的效率。一般先进行烷基硫醇解离形成烷基硫酯，再在 NCL 反应中加入苯硫酚或 2-巯基乙磺酸以促进反应。

第三节 蛋白质修饰和蛋白质药物结语

一、蛋白质修饰

蛋白质修饰是指通过化学手段改变蛋白质分子的化学结构，从而在目标蛋白上引入特定的化学基团，改变其化学功能和生物性质，以便研究蛋白质的结构和功能的关系，并定向地改造蛋白质的性质和功能。

由于蛋白质分子的复杂性和特殊性，适用于蛋白质修饰的有机反应条件要求较高。反应一般要表现出高的反应活性、化学选择性和官能团相容性。反应过程中不需要对其他基团进行保护，而且在反应完成后容易清除过量的试剂。反应条件最好是生理条件，即 pH 为 6～8 的水溶液，温度处于 4～37℃反应浓度很低，理想情况是在 100μmol/L 以下仍有很高的反应速率。另外蛋白质修饰还希望在同一蛋白质中实现多次高选择性的不同修饰，以便引入多个不同的官能团。

蛋白质修饰主要有两种类型，即基于天然氨基酸侧链官能团的修饰以及基于引入蛋白质中的非天然活性基团的修饰。

（一）基于天然氨基酸侧链官能团的方法

在蛋白质中，每个分子都有很多侧链，这些氨基酸残基的侧链都处于不封闭的自由状态，而我们正好可以利用它们的反应活性来实现对蛋白质的修饰。

1. 酪氨酸残基修饰

酪氨酸是蛋白质修饰中较为有用的残基，由于其侧链表现出亲水性和疏水性，通常会以一定概率单一地出现在蛋白质表面。相比于其他氨基酸残基，酪氨酸的修饰表现出较好的选择性。酪氨酸修饰最普遍的是其侧链芳基的亲电取代，能进行碘化、硝基化和偶氮化修饰。偶氮键的形成也为酪氨酸侧链引入其他官能团提供了途径，即以含有欲引入修饰基团的苯胺衍生物为前体形成重氮盐，再与酪氨酸侧链发生偶联反应，实现蛋白质特定修饰。

2. 赖氨酸残基修饰

赖氨酸的侧链氨基有较高的亲核反应活性，能与很多化合物进行反应，几种常见的修饰反应。其中，利用 NHS 酯是实现赖氨酸的酰基化修饰的最常见方法。

3. 色氨酸残基修饰

色氨酸残基出现在蛋白质表面的概率比较低，其侧链呼噪基的反应活性比筑基和氨基低，一般修饰试剂不易与其反应。可以使用金属卡宾进行色氨酸残基修饰，即烯丙基重氮

化合物和 $Rh_2(OAc)_4$ 在水溶液中生成亲电金属卡宾中间体，该中间体与色氨酸侧链的吲哚基团反应实现修饰。

4. 半胱氨酸残基修饰

半胱氨酸是蛋白质修饰中较为常用的残基，其侧链的巯基具有很高的亲核反应活性，一般是蛋白质分子中最容易反应的侧链基团，而且在蛋白质表面出现的概率比较低，因而能够实现高选择性的修饰。在半胱氨酸的修饰中主要有两类反应，即形成 S—C 键的烷基化修饰反应和形成二硫键的修饰反应。修饰试剂主要有卤代烷的烷基化试剂、N-乙基马来酰亚胺、5，5′-二硫-2-硝基苯甲酸（DTNB）、2，2′-二硫二吡啶（2-PDS）、4，4′-二硫二吡啶（4-PDS）、对氯汞苯甲酸（PMB）2-氯汞-4-硝基苯酚（MNP）等。此外，巯基的氧化也能实现专一性较高的化学修饰。

5. 组氨酸残基修饰

组氨酸残基的侧链是咪唑基团。使用焦碳酸二乙酯可以对咪唑基的氮原子实现烷基化修饰，在近中性的条件下能够专一地与其中一个氮原子反应。该修饰方法的一个优点是修饰过程是可逆的，在碱性条件下可以重新生成自由的组氨酸。但是这一方法也能修饰半胱氨酸巯基，影响了修饰的选择性。此外，对于咪唑基的碳原子，有时也能够实现较好的修饰，如咪唑基的碘代修饰。

6. N 端位点的选择性修饰

在每一个蛋白质或多肽序列中，N 端总是有一个自由的氨基，而 C 端总是有一个自由的氨基，这给蛋白质的修饰提供了选择位点。其中对 N 端的半胱氨酸、色氨酸以及丝氨酸残基都能进行比较专一性的修饰。N 端半胱氨酸可以与硫酯、醛基发生反应引入修饰基团；N 端色氨酸也可以与醛基发生反应。而丝氨酸则能被高碘酸钠氧化形成醛基，再和羟胺衍生物作用实现修饰。

7. C 端位点选择性修饰

对于 C 端位点的修饰，一般是先形成硫酯，然后和半胱氨酸衍生物作用。目前形成硫酯的最好方法是基于内含肽技术。

8. 特殊序列的蛋白质修饰

在蛋白质修饰中，基于天然氨基酸的修饰始终面临着一个问题，就是位点专一性不易实现，即当蛋白质序列中有多个相同氨基酸时，即使使用对其他氨基酸选择，性很高的修饰反应，仍然难以实现对其中某一个固定位置的氨基酸的修饰。如果修饰方法能够识别蛋白质中的特定氨基酸序列，则能很好地解决这一问题。最好的例子就是 FlAsH 能和四个连续 Cys 组成的序列特异性结合，其中 CCPGCC 序列效果最好。

（二）基于非天然活性基团的生物正交方活

近来的研究表明，使用生物技术可以在蛋白质中引入非天然氨基酸。这为蛋白质的修饰提供了新的途径。

1. 酮基官能化修饰

这种修饰方法是指在蛋白质中先引入酮基，利用酮基与肼或烷氧基胺反应生成腙、肟实现修饰基团的引入。这一类型的反应能够在偏中性的水溶液中进行，而且底物浓度可以控制在 $25 \sim 1000 \mu mol/L$。

2. Staudinger 连接修饰

Staudinger 连接是叠氮化合物和三苯基膦化合物作用形成酰胺键的反应。两者相互作用脱去一分子氮气形成磷的亚氨基化合物，最终形成酰胺键将两者相连接。通常在蛋白质中嵌入叠氮基团，然后与带有修饰基团的三苯基膦衍生物实现连接，得到修饰的蛋白质。

3. Click 反应修饰

Click 反应是指叠氮和决发生 [3 + 2] 环加成的反应，这类反应产率高、副产物少、选择性高。叠氮和炔烃的加成反应在 Cu（I）的催化下，能使反应在 4℃ 到室温下的水溶液中进行。该反应在蛋白质修饰中有很大的应用前景。Click 反应的局限是铜离子的污染。近期发展了利用环张力促进的 Click 反应，避免了 Cu 离子的使用。

二、蛋白质药物

蛋白质在调节生命过程中发挥着关键的作用，而很多疾病的发生都与蛋白质的异常调控作用相关。因此，蛋白质药物展现了很好的应用前景。蛋白质药物在心脏病、自身免疫疾病、糖尿病等很多疾病方面都有效果。

（一）蛋白质药物的来源

蛋白质药物的来源主要有两种：一是从生物体内分离得到，主要是驯养动物的组织以及天然微生物和植物。但是这种方法中的分离步骤有困难，得到的药物纯度不高。二是重组 DNA 技术、分子克隆技术和细胞工程技术，通常在细菌、哺乳动物等培养细胞中表达得到，容易实现分离。

（二）内源性蛋白质药物

内源性蛋白质药物的概念主要涉及三个方面：①研究和阐明各种蛋白质在生物体内和体外的生物活性及其作用机理；②发现和合成有可能成为药物的蛋白质；③研究原始的蛋白质先导分子，并据此开发新的蛋白质药物。

（三）治疗用蛋白质

治疗用蛋白质主要有肽疫苗、单克隆抗体和多功能蛋白质药物。蛋白质药物目前主要的局限是药效周期短、免疫原性、机体的排异性比较强烈、特异性低、药代动力学和亲和力低。目前蛋白质药物开发的主要目标就是克服这些局限。

1. 肽疫苗

注射肽疫苗是预防各种传染病的有效途径。肽疫苗可以从生物体内得到，这种肽疫苗是天然的免疫多肽；另外肽疫苗也可以是人工合成的多肽。合成肽疫苗是根据病原体亚单位设计的，人工合成得到相应于病原体发挥功能所需的高度保守区的肽片段，这种仅限于功能区的肽片段疫苗，能以最小的化合物分子实现人体对传染疾病的免疫作用。

2. 单克隆抗体

单克隆抗体是单克隆细胞合成的针对一种抗原决定簇的抗体。其基本原理是先获得能合成专一性抗体的单克隆B淋巴细胞，再应用细胞杂交技术融合骨髓瘤细胞和免疫的淋巴细胞，得到杂种的骨髓瘤细胞，使杂种细胞同时具备合成专一性抗体和体外繁殖的特征，通过培养获得单克隆抗体。单克隆抗体的优势是特异性强、灵敏度高。但是目前获得单克隆抗体通常是通过培养哺乳动物细胞，成本比较高，另外发展人源性蛋白也是重要的研究方向。

3. 多功能蛋白药物

蛋白质多样的生物活性为蛋白质药物的发现和开发提供了基础。重组组织型纤溶酶原激活酶能治疗急性心肌梗死等血管阻塞疾病；而生长因子、分化因子、干扰素等蛋白质药物能治疗免疫功能障碍；治疗内源性激素分泌不足引起的侏儒症可以使用重组生长激素；肾病引起的贫血治疗则可以使用促红细胞生成素。在蛋白质药物发展中，很重要的是对蛋白质进行聚乙二醇化修饰，使药物获得特殊的功能，如提高药效半衰期。

第二章 核 酸

第一节 核酸的分类、结构和合成

一、核酸的化学组成和分类

核酸是由核苷酸以一定顺序连接的多聚物。核苷酸由碱基、戊糖和磷酸组成。根据戊糖部分的不同，核酸分为 DNA（脱氧核糖核酸）和 RNA（核糖核酸）。DNA 是储存、复制和传递遗传信息的物质基础。RNA 在基因调控与蛋白质合成过程中起着重要作用，其中参与蛋白质合成的有三类：信使 RNA（messenger RNA，tRNA）、转移 RNA（transfer RNA，RNA）和核糖体 RNA（ribosomal RNA，rRNA）。mRNA 负责将储存于 DNA 上控制蛋白质合成的遗传信息传递给核糖体，然后由其碱基顺序决定蛋白质的氨基酸顺序，完成遗传信息的传递。tRNA 起着携带和转移活化氨基酸的作用，它们把氨基酸搬运到核糖体上，根据 mRNA 的遗传密码依次将所携带的氨基酸在核糖体中连接起来形成多肽链。rRNA 是组成核糖体的主要成分，一般与核糖体蛋白质结合在一起，形成核糖体。

此外，非编码 RNA（non-coding RNA）是指那些不被翻译成蛋白质的 RNA 分子。按照此概念，tRNA 与 rRNA 都是非编码 RNA，但它们参与了蛋白质翻译过程，而且功能和作用机理已经清楚。近年来，更加引人注目的是那些新近发现的小 RNA，如 snoRNA、miRNA、siRNA、piRNA 以及较大的 Xist、Evf、Air、CTN 与 PINK 等，这些 RNA 分子参与了从基因沉默、RNA 分子的剪切与修饰到生物信号转导等纷繁复杂的生理活动，而这其中有很多 RNA 分子的具体功能和性质都不清楚，因此引起了人们极大的兴趣。非编码 RNA 家族的成员还在不断地增长，最近的转录组及微阵列研究显示，在老鼠基因组中，可能有超过 3 万个长非编码 RNA0 mRNA 末端也含有一些非编码区域（non-coding region），这些分子的功能、作用及与其他核酸分子的区别与联系都是近期或今后一段时期 RNA 领域的研究热点。

几类重要的非编码 RNA 如下：①snoRNA 是细胞核内核蛋白颗粒的组成成分，参与 mRNA 前体的剪接以及成熟的 mRNA 由核内向胞质中转运的过程。snRNA 一直存在于细胞核中，与 40 种左右的核内蛋白质共同组成 RNA 剪接体，在 RNA 转录后加工中起重要作用。②siRNA 是一种含 20～25 个核苷酸的小 RNA 分子，是 siRISC 的主要成员，由 Dicer（RNAase Ⅲ 家族中对双链 RNA 有特异性作用的酶）加工而成。siRNA 激发与之互补的靶 mRNA 的沉默。③miRNA 是一种非编码的、长度约为 20 个核苷酸的茎环结构 RNA，调控 mRNA 翻译过程。它可以与靶 mRNA 结合，使转录后的基因沉默；但在一定条件下可逆释放，使 mRNA 恢复蛋白质翻译功能。由于 miRNA 的表达具有阶段特异性和组织特异性，它们在调控基因表达和控制个体发育过程中发挥重要作用。④snRNA 是存在于细胞核中的小 RNA，而 scRNA（small cytoplasmic RNA）则存在细胞质中。scRNA 的种类很多，其中 7S LRNA 与蛋白质一起组成信号识别颗粒（signal recognition particle，SRP），SRP 参与分泌性蛋白质的合成。⑤反义 RNA（anti-sense RNA），它可以与特异的 mRNA 序列互补配对，阻断 mRNA 翻译，从而参与基因表达的调控。端粒酶 RNA（telomerase RNA），它与染色体末端的复制有关。

二、核酸的结构

（一）核战的一级结构

核苷酸通过 3′，5′-磷酸二酯键聚合形成核酸。核酸链具有方向性，含 5′-磷酸基和 3′-羟基两个末端，核酸链内前一个核苷酸的 3′-羟基和下一个核苷酸的 5′-磷酸基形成 3′，5′-磷酸二酯键。

（二）DNA 的空间结构

在 DNA 双螺旋结构中，两条 DNA 互补链反向平行，一条链的方向为 3′→5′，另一条链的方向为 5′→3′。疏水的嘌呤和嘧啶碱基在螺旋内侧，而脱氧核糖和磷酸间隔相连而成的亲水骨架在螺旋分子的外侧，碱基平面与螺旋轴垂直，每 10 个碱基对形成一个螺旋。DNA 双螺旋的表面存在一个大沟（major groove）和一个小沟（minor groove），蛋白质或其他信息分子通过这两个沟识别 DNA。两条 DNA 链的相互结合力来源于彼此碱基之间形成的氢键以及碱基对之间的堆集力。碱基配对规律为：A 与 T 配对，形成 2 个氢键；G 与 C 配对，形成 3 个氢键。碱基对之间的氢键以及碱基的堆集力导致 DNA 双螺旋结构比较稳定。

生理条件下，右手双螺旋 DNA 有 A 型、B 型、C 型、D 型、E 型，还存在 Z 型左手双螺旋 DNA 分子。DNA 双螺旋大多以 B 型形式存在。此外，还存在三股螺旋 DNA，即 H-DNA，它是一条同型寡核苷酸与寡嘧啶核苷酸 – 寡嘌呤核苷酸双螺旋的大沟结合，第三股可以来自分子间或分子内某一条链。H-DNA 存在于基因调控区和其他重要区域，可在转录水平上阻止基因的转录。

此外，某些富含鸟嘌呤重复序列的 DNA 可以在阳离子稳定作用下形成四联螺旋结构，称为 G-四联体（G-quartet）。四个鸟嘌呤碱基以环状氢键作用形成 G-四联体平面结构，它的热力学和动力学性质都很稳定。G-四联体的稳定性取决于口袋内所结合的阳离子 M^+ 的种类，已知钾离子的稳定效果最佳。由于 G-四联体的分子特性及螺旋取向不同，可以形成各种形式的 G-四联体。G-四联体多存在于一些在功能上及进化上都相当保守的基因组区域，可能是作为分子识别的元件之一，在细胞中起着一些特殊生物学作用，如端粒的保护和延长、转录调节，还可能与染色体的排列重组有关，并且与 DNA 复制相关的疾病有一定的关系，是药物设计的新靶点。

（三）RNA 的空间结构

RNA 与 DNA 分子结构差别明显。RNA 分子基本上是线状单链，但 RNA 分子的某些区域也可通过自身回折进行碱基互补配对形成局部双螺旋。在 RNA 局部双螺旋中 A 与 U 配对、G 与 C 配对，有时也存在碱基错配，如 G 与 U 配对，故存在多种形式 RNA 二级结构。RNA 链形成双螺旋，而非互补区则膨胀形成凸出（bulge）或者环（loop），这种短的双螺旋区域和环称为发夹结构（hairpin）。发夹结构是 RNA 中最普通的二级结构形式。二级结构的 RNA 分子只有进一步折叠形成三级结构才具有活性。

1. tRNA 的结构

tRNA 主要负责蛋白质生物合成中氨基酸转运和密码子识别。细胞内每种氨基酸都有其相应的一种或几种 tRNA，因此 tRNA 的种类很多。tRNA 二级结构为三叶草形。碱基配对形成局部双螺旋而构成臂，不配对的单链部分则形成环。tRNA 的三级结构为倒 L 形，它是在三叶草形二级结构的基础上，突环上未配对的碱基因 RNA 分子扭曲而相互配对产生的。

2. mRNA 的结构

mRNA 的结构在原核生物中和真核生物中差别很大。原核生物中 mRNA 转录后直接进行蛋白质翻译，这两个过程不仅发生在同一细胞空间，而且几乎同时进行的。原核生物的 mRNA 结构简单，其编码序列之间存在可能与核糖体的识别和结合相关的间隔序列。在 5′端与 3′端有与翻译起始和终止有关的非编码序列。真核细胞成熟 mRNA 是由其前体不均一核 RNA（hetero-geneous nuclear RNA，hnRNA）剪接并经修饰后，再进入细胞质参与蛋白质合成，故真核细胞 mRNA 的合成和表达发生在不同的空间和时间。真核生物一个 mRNA 分子只包含一条多肽链的信息，即 mRNA 为单顺反子结构。

3. rRNA 的结构

rRNA 分子为单链，相对分子质量较大，结构相当复杂，虽然目前已确定不少 rRNA 分子的一级结构，但对其二级、三级结构及其功能的研究还需进一步研究。原核生物主要的 rRNA 有三种，即小亚基 16S rRNA 和大亚基 5S rRNA、23S rRNA。真核生物则有 4 种，即 5S rRNA、5.8S rRNA、18S rRNA 和 28SrRNA。原核生物和真核生物的核糖体均由大、小两种亚基组成。rRNA 分子作为骨架与多种核糖体蛋白装配成核糖体才能发挥相应功能。

三、核酸的物理化学性质

（一）核酸的变性

核酸的变性（denaturation）是指在一定理化因素作用下，核酸双螺旋等空间结构中碱基之间的氢键断裂，变成单链结构的现象。加热、酸、碱、尿素和甲酰胺等因素都能引起核酸变性。在变性过程中，核酸的空间构象被破坏，理化性质发生改变。

（二）核酸的复性

变性 DNA 在适当条件下，两条分开的互补单链重新形成双螺旋 DNA 的过程称为复性（renaturation）。DNA 复性过程非常复杂，受很多因素影响。一般而言，DNA 浓度高，复性快；DNA 分子大，复性慢；高温会使 DNA 变性，而温度过低可使误配对不能分离等。

（三）核酸分子杂交

互补的核苷酸序列通过碱基配对原则形成稳定的杂合双链分子的过程称为杂交（hybridization）。杂交是核酸研究中一项最基本的实验技术，其基本原理就是利用核酸分子的变性和复性的性质，使来源不同的 DNA 或 RNA 片段按碱基互补关系形成双链分子。杂交通常在一支持膜上进行，因此又称为核酸印迹杂交。用放射性核素或荧光素标记的 DNA 作为探针，探测未知的核酸样品称为 Southern 印迹分析或 DNA 分子杂交。与此类似，用于分析检测 RNA 的方法称为 Northern 印迹分析。由于杂交过程具有高度特异性，故可根据已知序列的探针进行特异性的靶序列检测，应用于核酸结构与功能研究的各方面。

四、常用的核酸体外合成技术

（一）核酸的 PCR 合成技术

聚合酶链反应（polymerase chain reaction，PCR）是一种在体外选择性地将 DNA 某个特定区域快速扩增的技术。PCR 技术的基本原理如下：在微量的模板 DNA、四种脱氧核苷三磷酸、耐热性聚合酶、DNA 引物和 DNA 聚合酶激活剂等存在条件下，通过模板 DNA 的高温变性、模板 DNA 与引物低温退火和引物的中温延伸三个基本反应步骤。①模板 DNA 的变性：模板 DNA 加热至 94℃ 左右后，双链 DNA 解离为单链；②模板 DNA 与引物的退火：体系温度降至 54℃ 左右后，引物与模板 DNA 单链的互补序列配对结合；③引物的延伸：DNA 模板与引物的结合物在耐热聚合酶的作用下（此时体系的温度取决于所用的聚合酶，一般 68～72℃），以脱氧单核苷酸为反应原料，靶序列为模板，按碱基配对原则和半保留复制原理，得到一条新的 DNA 链。经过 30 次循环以上三个基本反应步骤，最终能将待扩增的 DNA 特异区段放大几百万倍。

（二）核酸的固相合成技术

固相合成所用单体为核苷亚磷酰胺，通常含下面几个功能基团：①5′-DMT 保护基，缩合前脱去；②3′位磷酸上二异丙胺基常用来活化、缩合所用的功能基；③3′位磷酸上腈乙基保护基，合成完毕后脱去；④G 上嘌呤环氨基上的异丙酰保护基及 A、C 杂环氨基上的酰基保护基，合成完毕后脱去。

与多肽合成类似，核酸的固相合成法的基本原理是先将目标核酸链的 3′端核苷固定在一个不溶性固相载体上，然后沿 3′→5′方向依此添加核苷酸直至合成所需的长度后再将寡核苷酸链从固相载体上切落下来并脱去侧链保护基，经过分离纯化得到目标产物。由于链增长过程中，核酸链始终被固载在不溶性载体上，故过量的反应物和副产物可过滤或洗涤除去。

1. 去保护（deblocking）

用酸，如 Cl_3CCOOH（TCA）去除核苷上 5′-保护基供下一步缩合。此步酸性较强，可能会有脱嘌呤化作用，故处理时间不宜过长。

2. 活化（activation）

四唑与核苷酸单体混合后，向 3′-位磷酸上二异丙胺基的 N 原子提供质子，质子化的二异丙胺是一个良好的游离基团，与四唑形成亚磷酰胺四唑活性中间体。该步骤需要加入过量四唑以使单体活化充分。

3. 连接（coupling）

固相载体所连的核苷酸与亚磷酰胺四唑混合后，其上自由的 5′-羟基亲核进攻实现核酸间的偶联，导致寡核苷酸链长增加。该步骤中加入单体的量相对于固相载体所连核苷需过量（5～10 倍），以保证定量连接。

4. 封闭（capping）

由于连接反应并不总是定量进行，为了防止未反应的与 CPG 相连的 5′-羟基在随后的循环中被延长，在连接步骤进行之后常需要封闭。例如，用乙酸酐和 N，N-二甲基-4-氨基吡啶进行乙酰化。

5. 氧化（oxidation）

新生成的亚磷酸三酯键很不稳定，易被酸、碱水解，因此需将其氧化为稳定的磷酸三酯。常用的氧化剂为碘的四氢呋喃溶液。此步反应速率很快，一般在 30s 内完成。

循环上述步骤，寡核苷酸链即可延伸至所需长度。合成的寡核苷酸链需从固相载体上断裂，且各种保护基也需要脱除，因此需要经过以下处理：①切割，一般用浓氨水将合成的寡核苷酸链从固相载体上切割下来，切割后的寡核苷酸具有游离的 5'- 与 3'-OH；②脱保护，磷酸基的保护基 2-氰乙基在切割条件下即可脱掉，但是碱基上的苯甲酰保护基和异丙酰保护基则要在 55℃ 浓氨水中数小时才能脱除；③纯化，通常采用凝胶电泳法、高效液相色谱法和高效薄层色谱法等方法纯化。

第二节 核酸与分子相互作用

一、核酸与小分子相互作用

(一) 金属离子

金属离子与核酸能通过多种方式发生相互作用，如共价作用、非共价作用、离子键作用等。金属离子与核酸相互作用能干涉基因的正常表达，如顺铂类抗癌药物的成功开发正是利用这一相互作用。

不同金属离子在 DNA 上优先结合位点是不一样的。例如，单价碱金属离子优先结合富含 A、T 区域的小沟内，它们与原来配位的水分子发生交换，直接与碱基作用。而二价碱土金属的活性较碱金属高，如 Mg^{2+} 对稳定 DNA 的二级结构和三级结构都至关重要，在酶和核酸之间也有"桥"的作用。过渡金属通常以内层配位方式与两个以上的核酸位点作用，它们通常直接与碱基结合，间接与磷酸基结合。金属离子与碱基作用伴随碱基对的氢键作用的改变使 DNA 双螺旋结构破坏，但若与磷酸基过量的负电荷作用又能稳定 DNA 双螺旋结构。金属离子与 DNA 的结合具有序列依赖性。一般而言，与小沟结合的阳离子优先定位于 A、T 富集区，与大沟结合的阳离子优先定位于 G、C 富集区。

(二) 有机小分子

有机小分子与核酸相互作用的方式有共价结合、非共价结合和剪切作用。

1. 共价结合

一些天然抗生素就是与核酸共价结合来干扰 DNA 或 RNA 的合成达到杀菌效果。如氮丙啶类抗生素丝裂霉素就是在酶的还原作用下，导致结构中某些碳位脱 CH_3OH，继而进行一元或双元 DNA 的烷基化。

2. 非共价结合

非共价作用包括静电结合、沟区结合和嵌插结合三种方式。静电结合：带正电荷的小分子化合物与带负电的核酸上高电子密度或带负电残基的静电作用，会使分子构象发生变化。沟区结合：沟区结合的小分子与 DNA 相互作用一般在 A、T 较为丰富的 DNA 的小沟区，通过氢键作用、范德华力作用等与 DNA 结合，从而阻止 DNA 的模板复制，达到抗病毒、抗肿瘤作用。嵌插结合：一些药物分子能嵌入 DNA 使其构象发生改变，从而表现出药物活性。嵌插结合的一个重要特征就是 DNA 双螺旋解链和伸长，相应的 DNA 溶液黏度逐渐增大。

3. 剪切作用

核酸修复、转录及突变等一系列重要生物过程都存在链的断裂。发展小分子核酸断裂剂是一个重要研究方向。例如，新致癌菌素是一种抗肿瘤药物，含有一个具有生物活性的生色团和一个蛋白质，其生色团结构。该化合物与 DNA 磷酸骨架接近后，弹头部分会嵌入到 DNA 碱基对之间。在加入二硫苏糖醇等巯基辅助因子后，生色团的环氧基开环，通过重排产生自由基活性中间体，引起 DNA 的单链断裂。

二、核酸与蛋白质相互作用

蛋白质与核酸的相互作用是研究生命奥秘的关键所在，在学术及实际应用上都具有极其重要的意义。

蛋白质 – 核酸相互作用力包括氢键、水介导氢键和范德华作用力等。蛋白质与核酸选择性结合主要有两种类型：肽链与碱基对之间的直接接触和肽链中的碱性氨基酸残基与核酸骨架间的电荷作用。通常情况下，蛋白质与 DNA 的大沟区结合。例如，Lac 阻遏蛋白-DNA 的相互作用实际上就是蛋白质的一段 α 螺旋嵌入到 DNA 的大沟区内，阻遏蛋白的 Arg 残基与 G-C 碱基对发生强相互作用。

三、核酸分子之间的相互作用

利用核酸间的相互作用已成为研究基因功能的一种重要手段，可用于病毒性、遗传性疾病和肿瘤治疗。一个研究重点是 RNA 干扰（RNA interference，RNAi），指的是将与内源性 mRNA 编码区同源的双链 RNA（dsRNA）导入细胞后，该内源性 mRNA 发生降解而导致基因表达沉默的现象。这种现象发生在转录后，又称为转录后基因沉默。RNA 干扰的作用机制为：①体外或体内的双链 RNA 被内切核酸酶 Dicer 切割成多个具有特定长度和结构的小片段 RNA（21～23bp），即 siRNA；②细胞内 RNA 解旋酶将 siRNA 解链成正义链和反义链；③反义 siRNA 再与体内内切酶、外切酶、解旋酶等酶结合形成 RNA 诱导的沉默复合物 RISC；④RISC 特异性识别与外源性基因表达的 mRNA 的同源区，并在与 siRNA 中反义链互补结合的两端切割 mRNA；⑤切割得到的断裂 mRNA 随即降解，并诱导宿主细胞一系列针对这些 mRNA 的降解反应。

四、核酸与寡聚高分子相互作用

核酸与寡聚高分子的相互作用可分为序列选择性作用和非序列选择性两种类型。序列选择性作用的寡聚高分子一般是通过 Watson-Crick 和 Hoogsteen 碱基配对原则进行识别。例如，非核糖骨架的核酸类似物 PNA、反义核酸及 RNAi 等与单链或双链核酸形成双链或三链核酸复合物，干扰本身正常生物功能，从而达到调控目的。非序列选择性作用的寡聚高分子一般是通过电荷相互作用与核酸结合。这类高分子一般是共轭高分子，它们对外界条件敏感，并可将该响应转化为光或电信号，故可用作探针进行核酸分子的识别。

第三节　核　酸　工　具

一、核酸适体

核酸适体（aptamer）是一类具有三维空间结构的单链核酸小分子，它们对靶标分子识别具有高度专一性和很强的亲和力，从而达到调节靶标的生物学功能。自 1990 年首次提出核酸适体这一概念以来，它已发展成为一种成熟技术，为生物和医药科学提供了非常有效的研究工具。

核酸适体与靶标分子相互作用很强，因此它们对于靶标确认及功能表征具有重要意义。尤其是荧光分子修饰的核酸适体能够用于药物分子的高通量筛选。在筛选中，核酸适体被用作竞争性受体探针与靶标蛋白结合，以检测小分子与核酸适体的竞争。通过直接竞争的方法和荧光探测技术相结合，将存储在适配体结构中的化学信息直接转化为小分子。用该方法获得的这些小分子化合物具有类似适配体的性质，代表了从生物大分子到小分子化学的直接纽带。

核酸适体除了用于发现小分子药物外，它们本身也能用作药物。但由于核酸适体的膜透能力的限制，因此当前用于药物治疗的绝大多数核酸适体都是与胞外蛋白靶向作用。此外，核酸适体必须对核酸降解酶作用保持惰性，为此发展了一系列方法来使核酸适体的药代动力学性质提高和稳定性增加。

此外，镜像核酸适体，也称 Spiegelmer，是正常 D-型 RNA 的手性对映体。这类核酸适体是通过与正常核酸适体类似的体外进化实验获得的。首先使用目标靶的镜像筛选获得正常的。型核酸适体。例如，在选择性实验和放大过程中使用 D-型蛋白质靶标，它是正常细胞中存在的 L-型蛋白质对映体。筛选得到的 D-型核酸适体对天然靶标是无相互作用的，但是它的对映体 L-Spiegelmer 能够与 L-型蛋白质进行有效结合。尽管 Spiegelmer 可能因为 RNA 本身的化学不稳定而降解，但是它对于常见的核酸水解酶却是惰性的。

二、核酶

（一）核酶的分类和结构

自然界存在种类繁多的核酶，它们广泛参与 RNA 及其前体的加工和成熟过程。按其功能与催化机制，核酶大致分为三类。

第一类核酶，如锤头型、发夹型、HDV 型和 VS 型属于小分子核酶，含 40～155 个核苷酸。其中锤头型核酶是研究最深入的一类，它由 3 个短的螺旋和 1 个广义保守的连接序列组成。这类核酶的共同特征是，催化磷酸二酯键的切割，产生 3′端 2′-3′环磷酯键及 5′端的羟基。

第二类核酶，如第一类内含子、第二类内含子属于大分子核酶，它们由几百个核苷酸组成，结构复杂。该类核酶主要催化 rRNA 和 mRNA 前体的拼接反应，不需要任何蛋白质酶的催化，但是在体内它们需要蛋白质帮助折叠成二级结构。

第三类核酶，如 RNase P（核糖核酸酶 P）的 RNA 亚基也属于大分子核酶。RNase P 是一种由 RNA 和蛋白质组成的复合物，其蛋白组分没有催化作用，只起稳定构象作用。RNA 部分主要催化 tRNA 前体的成熟过程，它是唯一一种能进行磷酸二酯键切割，产生 3′端羟基 5′端磷酸的核酶。

天然核酶能催化的反应类型仅限于 RNA 的切割、剪接及肽键形成等。经过人工进化合成的核酶实现了更多的催化反应类型，如醛还原、羟基脱氢、Diels Alder 反应、酰基迁移反应等。这些结果为 RNA 世界假说，即"生命进化的早期并不存在蛋白质（酶），某些 RNA 可以催化 RNA 的复制。也就是说 RNA 是遗传物质，是生命的源头"，提供了强有力的支持。

（二）核酸的应用

具有催化 RNA 切割的核酶可作为基因表达和病毒复制的抑制剂，可用于基因治疗。其中 HIV-1 是抗病毒核酶研究中一个典型的研究例子，几乎所有 HIV-1 的功能片段都能用核酶切割。此外，核酶还用于 B 型肝炎病毒、免疫缺陷病毒、T 细胞白血病病毒等其他病毒的研究。与传统药物不同，核酶破坏遗传信息流，但不抑制蛋白质功能。核酶靶向特定 mRNA 的治疗潜力很大，特别是在治疗因 RNA 异常表达所致的疾病，如癌症和病毒感染性疾病方面。多种癌症模型研究表明，核酶优于反义寡核苷酸治疗。因此，具有 RNA 切割特性的核酶具有很好药物应用价值和靶标确认功能，在病毒基因工程中的作用将不可限量。但是，由于核酶易被细胞内各种酶降解，其在体内的生物利用度问题有待解决。

（三）变构核酸（allosteric ribozyme）

随着核酸分子长度增加，碱基错配或四级结构形成来阻碍目标折叠结构形成的可能性大大增加。这就产生了多种折叠途径导致核酸结构的多样性。在一定条件下，这些折叠结构不是很稳定，可以发生互换。可以通过分子工程和天然 mRNA 调节来实现核酸构型的互变以实现有用功能的发挥。

通过体外进化实验获得了识别 ATP 的适体，在没有 ATP 配体存在情况下，其结合口袋呈无序松散状态，而碱基配对的两臂的氢键相互作用很弱。但是，当加入 ATP 配体后有效稳定了适体的结合口袋，并诱导侧壁产生稳定的碱基配对，再恰当融合一个锤头状核酶，适体就像一个变构结构位点，核酶活性可以通过 ATP 激活。利用该原理设计合成了一系列 RNA 开关，它们可以用不同的信号分子激活，如有机小分子、蛋白质、核酸、金属离子、pH 或光照等。每个 RNA 分子可认为是对应配体的生物探针。带荧光或其他辐射特性的 RNA 开关固定在基质上可制成生物芯片，用来检测复杂的化学或生物体系中目标分子及其浓度大小。另外，它还能检测病原性分子和病毒性 RNA 分子而成为诊断试剂。在以上例子中，RNA 并没有取代小分子的功能，而是通过识别小分子来产生生物功能。

三、脱氧核酶

DNA 分子呈双螺旋结构时相对稳定，限制了它行使其他功能。但当 DNA 分子变为单链后，就可能形成一定二级结构及高级结构，因此可以在一定条件下成为催化性分子。这些具有催化功能的单链 DNA 分子称为脱氧核酶（DNAzyme），自 1994 年首次人工合成脱氧核酶以来，DNA 作为催化剂的基础研究取得了一系列重要进展，发展了一系列具有 RNA 特异性切割或选择性连接功能的脱氧核酶。

通过体外分子进化技术，已成功获得了许多脱氧核酶，其中最为典型的是 8-17 型和 10-23 型脱氧核酶。8-17 型脱氧核酶的底物识别部位催化中心是由 13 个脱氧核苷酸组成的环形区，而两侧臂各由 7 个脱氧核苷酸组成。在切割位点相邻处的 rG-dT 并非发生碱基配对，若将其置换成碱基配对结构则酶的催化活性完全消失。该脱氧核酶的切割位点发生在 RNA 分子的 A-G 之间。而 10-23 型脱氧核酶的底物识别部位催化中心是由 15 个脱氧核苷酸组成的环形区，而两侧臂各由 8 个脱氧核苷酸组成。两侧臂上的碱基与 RNA 底物形成碱基互补配对结构。该脱氧核酶的切割位点发生在 RNA 分子的 A—U 之间。

四、核糖开关

核糖开关（riboswitch）是一种新发现的基因表达调控机制。Breaker 等首次发现维生素 B_{12} 胞外转运蛋白 BtuB mRNA 的 5′UTR 可以特异性结合代谢物维生素如的辅酶 Adocbl，通过构象变化，在翻译水平上调节基因表达，进而抑制 BtuB 蛋白产生。这类 RNA 分子对环境中相应代谢物的变化高度敏感，并由此引起自身构象变化，在转录或翻译水平上实现对基因表达的调控，故称为核糖开关。核糖开关调节维生素、氨基酸、核苷酸等基础代谢过程，其调节基因表达不需要任何蛋白因子作为中介，在进化上可能是 RNA 世界遗留的分子化石。核糖开关可用于研究基因功能，开发新型基因治疗药物。

最近的研究表明许多细菌已经广泛使用天然 RNA 的适体来探测代谢物和基因控制目的。这些天然 RNA 开关，或称为核酶开关，具有很好的靶标特异性识别和高度亲和性。例如，在 Bacillus subtilis 中，核酶开关控制其 2% 的基因表达。核酶开关存在不仅确认了通过恰当设计可以得到有用的 RNA 开关，以上基因调控机制的存在也为天然或设计合成的适体在体内实验中的新应用。

B. subtilis 中腺嘌呤响应的核酶开关是目前研究最广的一类核酶开关。其结构包含一个共有序列和二级结构的适体域。它通过与代谢物的结合来调控基因表达。它的功能类似于人工合成的 RNA 开关中连接适体和核酶的连接域。B subtilis 中核酶开关作用的几种机理，转录过程的调控通过代谢物介导的转录终止是最常见的。引入目标代谢物后相似的核酶开关就会抑制基因表达。假如这些 RNA 分子高度可调且能从一个基因转移到另一个基因，这就为制造对几种不同代谢物响应的转基因组织提供了可能。

此外，通过设计得到的核酶开关可能具有全新的配体识别能力。已有报道适体-mRNA融合物具有配体识别的基因调控能力。例如，有报道设计合成了茶碱响应的适体-mRNA融合体。当没有茶碱存在时，由于核糖体与其结合位点能有效相互作用，蛋白表达正常；加入茶碱后，适体/linker 结构部分变得稳定，这一变化导致其他部分结构的变化，从而阻碍了核糖体进入到 RBS 部位，基因表达被抑制。因此，有可能设计核酶开关用于 in vivo 代谢物探测及基因药物的控释，且不会在人体内产生蛋白类化合物的免疫应答。

五、RNA 干扰

RNA 干扰（RNAi）具有高度的序列专一性和高效的干扰活性，并特异性地作用于特定基因，导致该基因功能丧失或降低突变，已成为功能基因组学的一种强有力的研究工具。已有研究表明 RNAi 能够在哺乳动物中抑制特定基因的表达，而且可在发育的任何一个阶段抑制基因表达，产生类似基因敲除的效应。这一技术与传统的基因敲除技术相比，具有周期短、投入少和操作简单等优点。近年来不仅 RNAi 成功用于构建转基因动物模型的报道日益增多，研究人员已经通过纳米粒子成功将特定 siRNA 传递至癌细胞组织，从而首次在癌症患者身上实现所传递的 siRNA 诱导的 RNA 干扰。这都标志着 RNAi 将成为研究基因功能不可或缺的工具，也预示着 RNAi 作为基因治疗药物的巨大前景。

六、非天然碱基对

通过非天然碱基对的引入，可以更好地了解天然核酸在细胞功能中的关键作用。此外，在化学分子水平上了解基因系统，有助于设计出具有更强功能的目标分子，用于特定生物过程监控，更好地识别核酸分子或检测疾病。虽然核酸的化学修饰的研究已有很长历史，但核苷酸碱基的修饰还是一个较新的研究领域。一般非天然碱基配对是通过 Watson-Crick 氢键相互作用或疏水相互作用来实现的。

Hirao 等发展了非天然 Ds-Pa 碱基对，实现了核酸特定位点的标记。他们利用 PCR 扩增模板，通过 Ds-Pa 碱基对介导，在 T7RNA 聚合酶作用下成功地将生物素化的非天然碱基 Bio-PaTP 以特定位点的方式整合到 RNA 之中。其基本原理是先将一非天然碱基对整合到一个 DNA 模板中去；接着，在一个标准化的转录反应中，修饰的非天然碱基以互补规则被整合到了 RNA 转录过程中。可以预见，若能将那些包含非天然碱基对的 DNA 片段通过 PCR 手段进行扩增，则这些由非天然碱基对组成的系统将具有广阔的应用前景；如果这些非天然碱基对能与其他聚合酶，如原核 RNA 聚合酶、真核 RNA 聚合酶发生作用，这一系统甚至可以应用到体内实验。

非天然碱基对引入的一个重要目标是扩展 DNA 的信息编码能力，甚至发展新型的基因编码系统。xDNA 概念，它是指一种经过特殊修改后的 DNA 分子，由原有的四种碱基以及在原有的四种碱基上增加苯环而形成新的四种碱基 xA、xC、xG 和 xT 这八种碱基组成，其中 α-xT、C-xG、G-xC、T-xA 相互配对。该方法增加了 DNA 双链的间距，使 DNA 分子内氢键断裂温度升高，螺旋更稳定。xDNA 的引入能更好地了解自然 DNA 分子。此外，由于新 DNA 分子还自带荧光，这将极大地方便了 DNA 的突变等生物过程的研究。

七、肽核酸

（一）肽核酸的定义和性质

肽核酸（peptide nucleic acid，PNA）是 Nielsen 等于 1991 年设计出一种全新的 DNA 类似物，可序列特异性地靶向作用于 DNA 的大沟，它以中性酰胺键为骨架，其骨架的结构单元为（2-氨乙基）甘氨酸，主骨架的氨基 N 上亚甲基羰基引入碱基。

由于 DNA-DNA 及 DNA-RNA 互补链带负电荷，其磷酸酯骨架之间存在静电排斥作用，而 PNA 不带电的中性骨架结构决定了 PNA-DNA 或 PNA-RNA 双链间不存在电荷排斥作用，使 PNA 复合物具有更高的热稳定性。另外，PNA-DNA 比 DNA-DNA 杂交时碱基错配的耐受力低，即 PNA 探针杂交的选择性更好，PNA-DNA 复合物更稳定。例如，15-mer PNA-DNA 复合物若有一个碱基错配，其 T_m 下降 8～20℃（平均 15℃），而相应的 DNA-DNA 复合物的 Tm 下降 4～16℃（平均 11℃）。此外，PNA 复合物的热稳定性受盐的影响较小。

（二）PNA 在化学生物学中的应用

PNA 以中性酰胺键为骨架，兼有多肽和核酸的性质，合成较为简单。PNA 能高亲和力并序列特异地与 DNA 或 RNA 结合，形成的杂交复合物具有较高的热稳定性和耐离子强度变化性质，不易被蛋白酶和核酸酶降解。因此，PNA 在化学生物学研究领域有着广泛的应用。具体的例子如下：

1. PNA 导向 DNA 特异切割

DNA 特异性切割在基因组分析领域有很重要的应用。物理方法的选择性很低，而人工限制酶在特异性和产量方面还有局限。最近，基于阴离子双 PNA 对双链 DNA 的靶向作用，人们发展了一种"跟腱"切割方案（简称 PARC）。该方案的基本原理：双 PNA 对较短双链 DNA 的序列特异性结合时，PNA 结合位点若覆盖了酶的结合位点，就可阻止 DNA 甲基化酶对 DNA 的识别。

2. 双链 DNA 捕获

从异源性 DNA 混合物或生物样本中纯化、提取出的双链 DNA 分子，对分子生物学、基因组学及 DNA 医学诊断领域都具有重要的价值。当前，PCR 放大技术已用于 DNA 的分离与分析。但是在 PCR 扩增过程中常导致点突变，从而使得 DNA 核苷酸上具有的后生修饰信息丢失。除此之外，绝大多数原始生物样本中存在着抑制 PCR 扩增反应的物质。

与 PCR 方法相比，双链 DNA 亲和捕获法能使活性的和有印痕的基因分离时保留所有 DNA 核苷酸天然及后生修饰的基因信息，而不导致突变，且具有捕获较大基因片段的能力。在此基础上发展了在 PNA 辅助下的寡核苷酸亲和捕获法（OPAC），它可以使线性非螺旋形的双链 DNA 得到分离，能够用于从非常复杂的异源性 DNA 混合物中提取目标双链 DNA 分子。若用高嘧啶含量、带正电荷的双 PNA 分子与 DNA 作用形成 PNA-DNA-PNA 的三链结合，则可得到极其稳定的形环状结构。当两个这样的 PNA 分子与两端高嘌呤含量的 DNA 序列结合后，就会产生两个相邻的环，在 DNA 内部得到一个伸长打开的区域。被取代出来的另一条 DNA 单链与 ODN 发生 Watson-Crick 结合。

第三章　酶的化学生物学

第一节　生命过程中的酶

酶（enzyme）是由活细胞产生的一类具有催化作用的蛋白质，故又有生物催化剂之称，通过有效降低反应活化能而加快反应速率。与一般催化剂相比，酶的催化作用有高度专一性、高度催化效率以及催化活性的可调节性和高度的不稳定性（变性失活）等特点，酶的这些性质使细胞内错综复杂的物质代谢过程能有条不紊地进行，使物质代谢与正常的生理机能互相适应因此，酶构成了生命基础，它催化的各种生化反应保证了能量生成、物质转化、细胞增殖和物种繁殖等过程的正常进行。可以说，没有酶的参与，生命活动一刻也不能进行、若因遗传缺陷造成某种酶缺损，或其他原因造成酶的活性减弱，均可导致该酶催化的反应异常，使物质代谢紊乱，甚至发生疾病，因此酶与医学的关系也是十分密切的。

自1982年以来，随着具有催化功能的 RNA 和 DNA 的陆续发现，目前认为生物体内除了存在酶这类催化剂外，另一类则是核酸催化剂，其本质为 RNA，称为核酶。因此，现代科学认为酶是由活细胞产生，能在体内或体外发挥相同催化作用的一类具有活性中心和特殊结构的生物大分子，包括蛋白质和核酸，但由于核酸参与催化反应有限，而且这些反应均可由相应的酶所催化，因此蛋白酶仍是体内最主要的催化剂。蛋白酶按其所参加酶促反应的性质，主要分为以下6大类：

第一，氧化还原酶类（oxidoreductase），指催化底物进行氧化还原反应的酶类，如乳酸脱氢酶、琥珀酸脱氢酶，细胞色素氧化酶，过氧化氢酶等。

第二，转移酶类（transferase），指催化底物之间进行某些基团的转移或交换的酶类，如转甲酶、转氨酶、己糖激酶、磷酸化酶等。

第三，水解酶类（hydrolase），指催化底物发生水解反应的酶类，如淀粉酶、蛋白酶、脂肪酶、磷酸酶等。

第四，裂合酶类（lyase），指催化一个底物分解为两个化合物或两个化合物合成为一个化合物的酶类，如柠檬酸合成酶、醛缩酶等。

第五，异构酶类（isomerase），指催化各种同分异构体之间相互转化的酶类，如磷酸丙糖异构酶、消旋酶等。

第六，合成酶类（连接酶类，ligase），指催化两分子底物合成为一分子化合物，同时还必须偶联有 ATP 的磷酸键断裂的酶类，如谷氨酰胺合成酶、氨基酸-tRNA 连接酶等。

一、生物氧化与酶

有机物质在生物体内的氧化作用称为生物氧化，有机物质的生物氧化是在生物细胞内进行的酶促氧化过程，也是一个每一步都由特殊的酶催化的分步过程，生物氧化释放的能量转换成生物体能够直接利用的生物能 ATP。

（一）线粒体呼吸链中的酶

线粒体呼吸链的电子传递酶系及相关的蛋白都分布在内膜上。这些酶和蛋白以超分子形式存在，组成具有相对独立功能的复合物。现在已经分离出了 4 种复合物以及 ATP 合成酶系，它们组成一个完整的线粒体呼吸链体系。

线粒体呼吸链电子传递的一条主要途径包括两个电子载体和三个大的蛋白质复合物。

第一，泛醌（简写为 Q）或辅酶-Q（CoQ）：是电子传递链中唯一的非蛋白电子载体，为一种脂溶性醌类化合物。大多数动物的线粒体中存在的泛醌，侧链都含有 10 个异戊烯结构单元（n = 10），通常称为 Q_{10}。某些动物和微生物中也含有 n = 6 ~ 9 的泛醌（醌型结构）很容易接受电子和质子，还原成 QH_2（还原型）；QH_2 也容易给出电子和质子，重新氧化成醌型。因此，它在线粒体呼吸链中作为电子和质子的传递体。

第二，细胞色素 c：是电子传递链中一个独立的蛋白质电子载体，位于线粒体内膜外表，属于膜周蛋白，易溶于水。

第三，泛醌-细胞色素 c 还原酶：简写为 QH，是线粒体内膜上的一种跨膜蛋白复合物，其作用是催化还原型 QH_2 的氧化和细胞色素 c 的还原。细胞色素主要是通过 Fe^{3+}-Fe^{2+} 的互变起传递电子的作用。

第四，NADH-Q 泛醌还原酶（NADH 指烟酰胺腺嘌呤二核苷酸）：是线粒体内膜上最大的一个蛋白质复合物，最少含有 16 个多肽亚基。它的活性部分含有辅基 FMN 和铁硫蛋白。铁硫蛋白（简写为 Fe-S）是一种与电子传递有关的蛋白质，它与 NADH-Q 还原酶的其他蛋白质组分结合成复合物形式存在。它主要以（2Fe-2S）或（4Fe-4S）形式存在。（2Fe-2S）含有两个活泼的无机硫和两个铁原子。在酶催化的氧化还原反应中，铁硫蛋白通过 Fe^{3+}-Fe^{2+} 变化起传递电子的作用。

第五，细胞色素 c 氧化酶：是位于线粒体呼吸链末端的蛋白复合物，由 12 个多肽亚基组成。

线粒体呼吸链电子传递的另一条主要途径是从琥珀酸传递到 O_2。琥珀酸是生物代谢过程（三羧酸循环）中产生的中间产物，琥珀酸-Q 还原酶也是存在于线粒体内膜上的蛋白复合物，它比 NADH-Q 还原酶的结构简单，由 4 个不同的多肽亚基组成，其活性部分含有辅基 FAD 和铁硫蛋白。琥珀酸-Q 还原酶的作用是催化琥珀酸的脱氢氧化和 Q 的还原。

(二) 氧化磷酸化

线粒体内膜的表面有一层规则的间隔排列着的球状颗粒，称为 ATP 酶复合体，催化 ATP 的合成，ATP 酶含有 5 种不同的亚基。线粒体呼吸链的电子传递过程是在内膜上进行的，线粒体电子传递链与 ATP 合成酶系形成一个完整的能量转换系统。

氧化磷酸化作用的抑制和解偶联生物氧化的释能反应与 ADP 的磷酸化反应偶联合成 ATP 的过程称为氧化磷酸化。

能够阻断呼吸链中某一部位电子流的物质称为电子传递抑制剂，利用某些特异性的抑制剂切断某部位的电子流，再测定电子传递链中各组分的氧化还原状态，是研究电子传递顺序的一种重要方法。已知的抑制剂有以下几种。

第一，复合物 I 抑制剂：鱼藤酮（rotenone）、安密妥以及杀粉蝶菌素（piertcidin），它们的作用是抑制 NADH-泛醌还原酶，从而阻断电子由 NADH 向辅酶 Q 的传递鱼藤酮是一种极毒的植物物质，常用作杀虫剂。杀粉蝶菌素的结构类似辅酶 Q，因此可以与辅酶 Q 竞争。

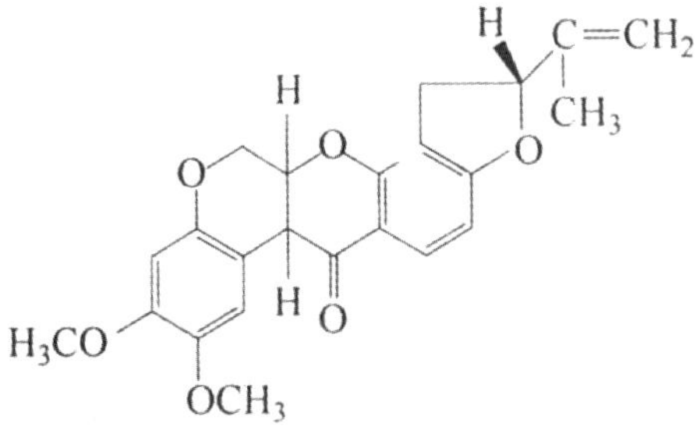

鱼藤酮

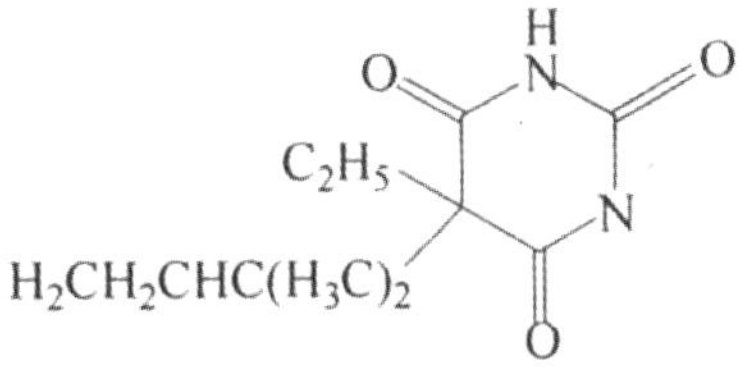

安密妥

第二，复合物 III 抑制剂：抗霉素 A（antimycin A）是从链霉菌（streptomycesgriseus）中分离出的抗生素，可以抑制电子从细胞色素 b 到细胞色素 c1 的传递作用。

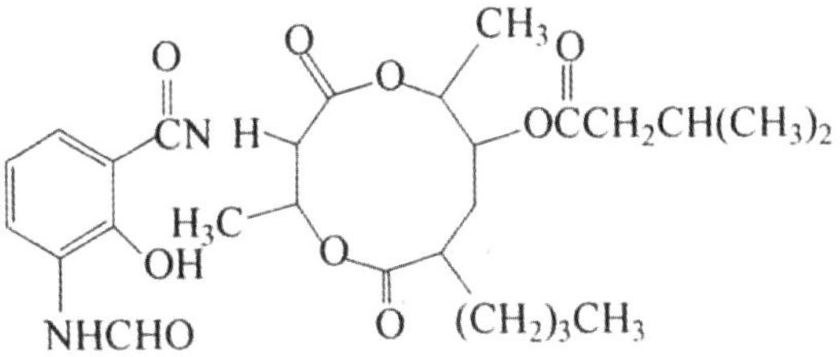

抗霉素

第三，复合物 IV 抑制剂：氰化物、硫化氢、叠氮化物和一氧化碳等可以抑制细胞色素 c 氧化酶，从而阻断电子由细胞色素 a 和细胞色素 a3 传至氧的作用，这就是氰化物等中毒的原理。

第四，氧化磷酸化作用的解偶联剂：除了上述抑制剂外，还有一类抑制剂可以阻断氧化磷酸化作用，这类物质称为解偶联剂。解偶联剂可使正常紧密联系着的氧化过程与磷酸化过程发生松解，甚至完全拆离，相应地使 P/O 值下降或变为零。由于氧化速度增加而磷酸化作用下降，结果产生过量的热。在整体的动物过量产热表现为发热及导致由其他代谢紊乱而出现的临床症状，因为 ATP 相对缺乏，阻滞了某些重要的细胞活动，如离子的转送、膜的通透性改变等。

常见的解偶联剂有双羟基香豆素、2，4-二硝基苯酚、某些水杨酸苯胺的取代物以及游离的水杨酸，即阿司匹林的代谢物。从用量多少比较，水杨酸苯胺是目前已知的最强效解偶联剂。天然解偶联剂包括胆色素、胆红素、游离脂肪酸，也许还有甲状腺素。这些物质必须在线粒体内达到足够高浓度才起解偶联作用。某些病原微生物产生的可溶性毒素也有解偶联作用，粮食生产以及家庭使用的某些杀虫药，过量时也有解偶联作用。

双羟基香豆素

2，4-二硝基苯酚

一种羟氰苯腙

（三）微粒体氧化体系

在高等动植物细胞内，线粒体氧化体系是主要的氧化体系。此外，还有一些其他氧化体系，如微粒体氧化体系、过氧化物酶氧化体系、高等植物中的一些其他氧化体系、细菌的氧化体系等。其中以肝脏的微粒体与过氧化物酶体系较为重要。它们有不同于线粒体的氧化酶类，组成特殊的氧化体系，在氧化过程中不伴有偶联磷酸化，不产生 ATP，不是机体氧化产能的基地，而是与某些代谢中间产物或某些药物、毒物的生物转化有关。

微粒体并非独立的细胞器，是内质网在细胞匀浆过程中形成的颗粒，其中富含催化氧化反应的各种酶类。微粒体氧化酶系催化的氧化反应类型有以下几种。

1. 脂肪烃羟化反应

脂肪烃羟化反应也称为脂肪族氧化反应，常见于直链脂肪族化合物烷烃类，其羟化产物为醇类，该氧化作用具有立体选择性。

例如，地西泮（diazepam）的 C3 被羟化，生成生理活性更强的 3S-（＋）-羟基地西泮。口服降血糖药氯磺丙脲（chlopropamide）在 ω-1 位发生氧化，产物从尿中排出。

环己烷等脂肪族环状化合物和芳香族化合物的烷烃侧链也可发生羟化。例如，口服降血糖药氯磺丙脲（acetohexamide）的主要代谢产物是 4E 羟基化合物。

地西泮

氯磺丙脲

2. 芳香族羟化反应

芳香环上的氢被氧化，形成酚类。例如，苯可形成苯酚，苯胺可形成对氨基酚或邻氨基酚。

乙酰磺己脲

含有单取代苯环的药物，羟化主要发生在对位，如降血糖药苯乙双胍和抗炎药保泰松。

苯乙双胍

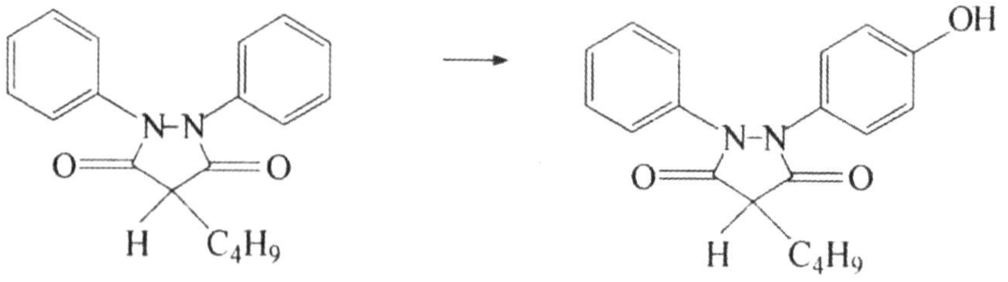

保泰松

3. 环氧化反应

在微粒体混合功能氧化酶催化下，碳碳双键可加氧形成环氧化物。有些环氧化物可以致癌，如氯乙烯的环氧化产物环氧化氯乙烯即为终致癌物。有些环氧化物性质极不稳定，将继续发生水解，形成二醇化物。有许多致癌物本身并不致癌，需要经代谢转化（或称代谢活化）才形成具有致癌作用的终致癌物，或者经代谢转化先形成近致癌物，继续代谢转化形成终致癌物。例如，黄曲霉素 B_1 在体内经环氧化反应可形黄曲霉素 B_1-8，9-环氧化物。此种环氧化物性质并不稳定，可形成 11 种羟化产物，其中有的为终致癌物，将与 DNA 等生物大分子结合，诱发突变及癌变。黄曲霉素 B_1 芳香族化合物经环氧化反应先形成环氧化物，称为芳香族氧化物。此种环氧化物为中间代谢物，极不稳定，将继续发生羟化，在环氧化物水化酶催化下，形成二醇化合物。

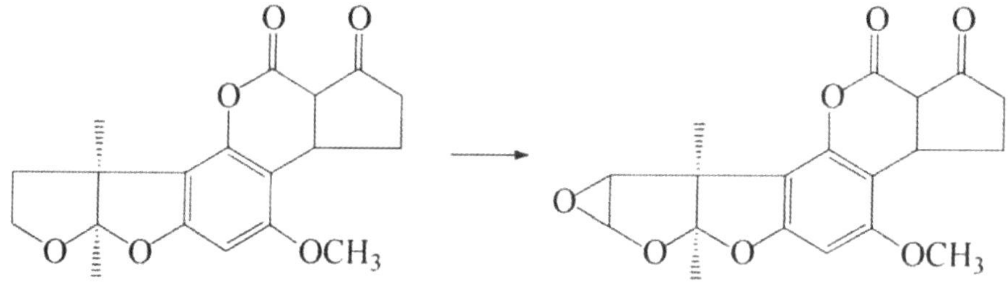

黄曲霉素 B_1

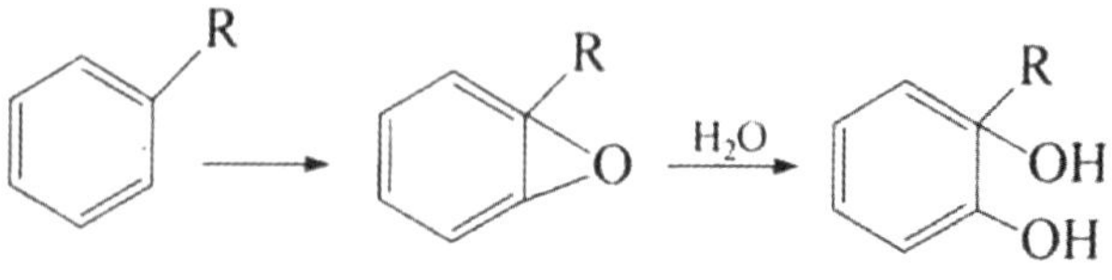

4. N-羟化反应

脂肪胺和芳香胺类物质在微粒体混合功能氧化酶催化下，在氨基上引入羟基，所以也称为 N-氧化反应。由于底物的不同，可形成不同的代谢产物。苯胺可代表一种类型。苯胺经羟化后形成羟胺，羟胺的毒性比苯胺高，可使血红蛋白氧化为高铁血红蛋白。具有毒理学意义的是有些芳香胺类本身并不致癌，经 N-羟化后才具有致癌作用。

$$R—NH_2 \longrightarrow R—NHOH$$

脂肪胺　　羟胺

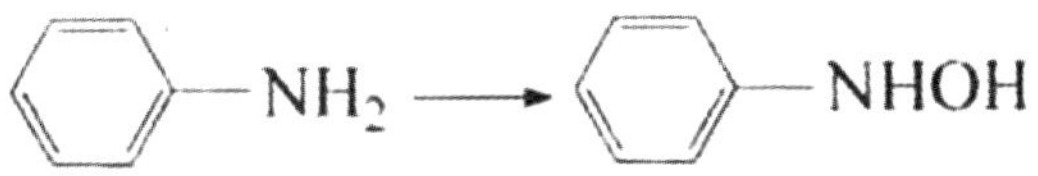

（接续）

N-羟基苯胺

2-乙酰氨基芴经 N-羟化形成近致癌物 N-羟基-2-乙酰氨基芴，并可继续转化为终致癌物。羟化反应如发生在芳香环上，通过芳香族羟化，形成 7-羟基-2-乙酰氨基芴，则不具有致癌作用。

5. 脱烷基反应

醚、硫醚以及有机含氮化合物，分子中含有 N、S 或 O 原子相连的烷基。在微粒体氧化酶系的作用下，碳原子被氧化并脱去一个烷基，反应产物为分别含有氨基、羟基或巯基的化合物并有醛或酮生成，称为氧化脱烷基反应。根据反应发生的位置不同，可分为 N-脱烷基反应、O-脱烷基反应和 S-脱烷基反应。

第一，N-脱烷基反应。在 N-脱烷基反应中，酶首先催化与氮相连的 α-烷基羟化，由于形成的 α-羟基胺不稳定，自动裂解成脱烷基胺和羰基化合物。例如，烟碱在机体内生物转化过程中可脱去甲基形成去甲烟碱。

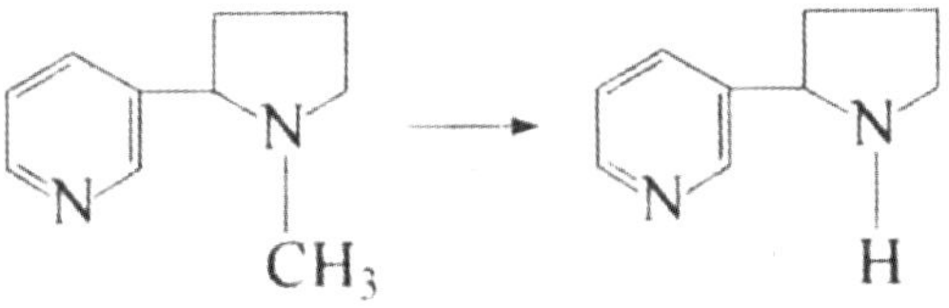

烟碱 → 去甲烟碱

致癌物二甲基亚硝胺经脱烷基后，形成甲基亚硝胺和甲醛。单甲基亚硝胺自身分子重排形成重氮羟化物羟基重氮甲烷。羟基重氮甲烷分解产生自由甲基，可使细胞核内核酸分子的嘌呤碱发生烷基化，诱发突变以及癌变。

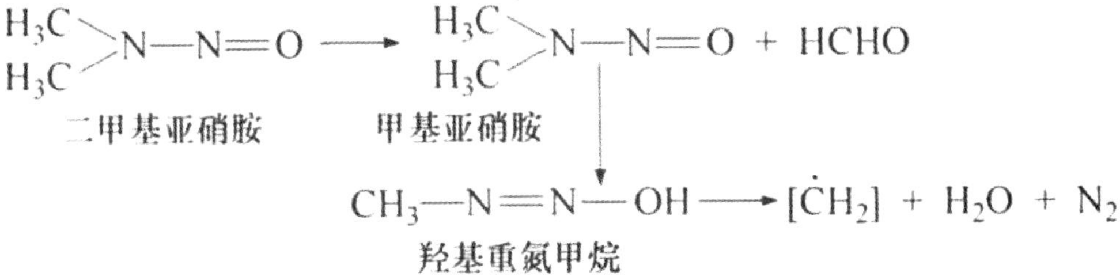

二甲基亚硝胺　甲基亚硝胺

$$CH_3—N=N—OH \longrightarrow [\dot{C}H_2] + H_2O + N_2$$
羟基重氮甲烷

第二，O-脱烷基反应。O-脱烷基反应与 N-脱烷基反应相似。以对硝基茴香醚为例，对硝基茴香醚经混合功能氧化酶催化，先形成不稳定的中间产物羟甲基化合物即羟甲基对硝基酚，并再分解为对硝基酚和甲醛。

33

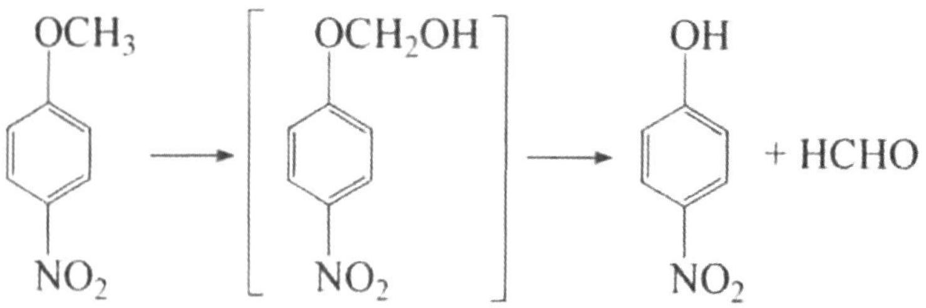

$$\text{OCH}_3 \longrightarrow [\text{OCH}_2\text{OH}] \longrightarrow \text{OH} + \text{HCHO}$$

非那西丁（phenacetin）脱乙酰基后形成生理活性更强的对乙酰氨基酚（paracetamol，扑热息痛）。

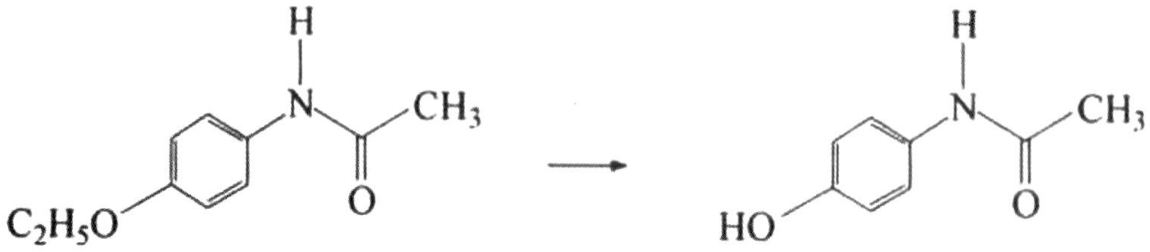

非那西丁 → **扑热息痛**

第三，脱烷基反应。硫醚类化合物同样可以发生脱烷基反应。例如，6-甲巯嘌呤（6-methylmercaptopurine）和催眠药美西妥拉（methitural）可在微粒体氧化酶系作用下脱甲基化。

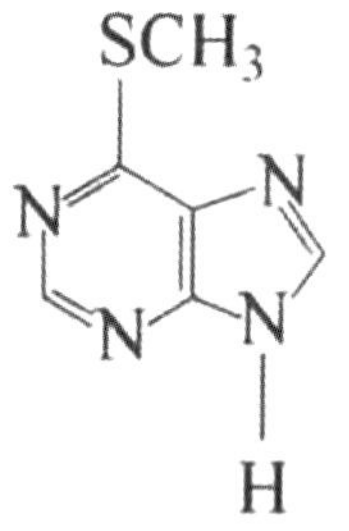

6-甲巯嘌呤 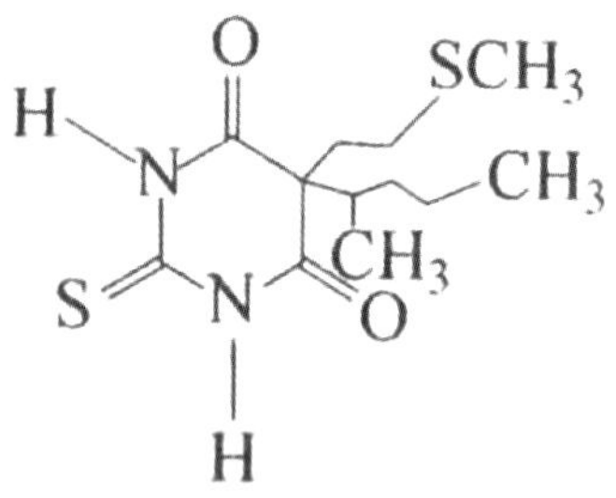   **美西妥拉**

6. S-氧化反应

这一反应多发生在硫醚类化合物，其代谢产物为亚砜，有一部分并可继续氧化为砜类。

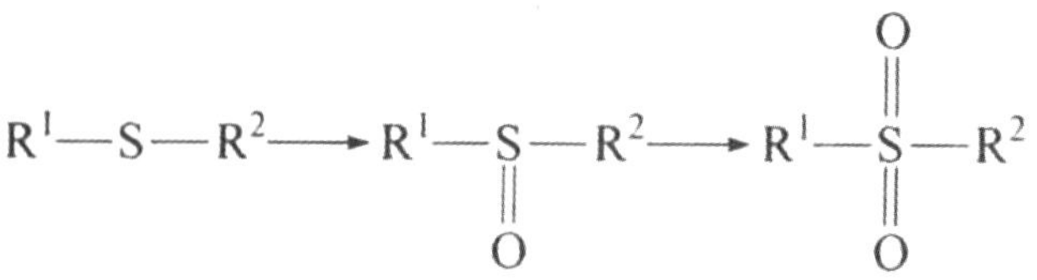

$$R^1—S—R^2 \longrightarrow R^1—\overset{\displaystyle}{\underset{O}{S}}—R^2 \longrightarrow R^1—\overset{\displaystyle O}{\underset{O}{S}}—R^2$$

例如，组胺 H2 受体阻断剂西咪替丁（cimetidine）被氧化成相应的亚砜，而免疫抑制剂奥苷舒仑（oxisuran）则代谢成砜。

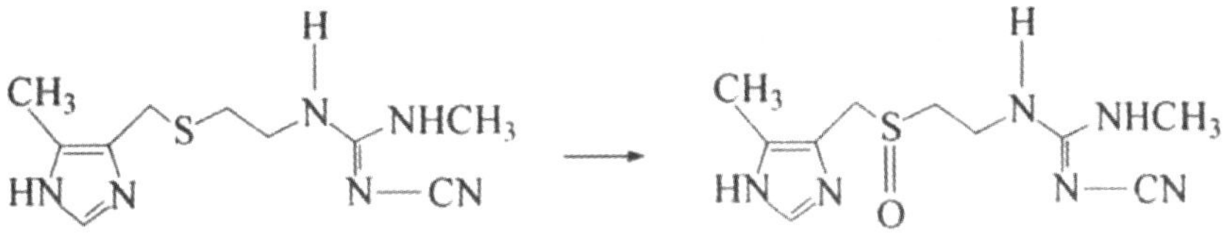

西咪替丁

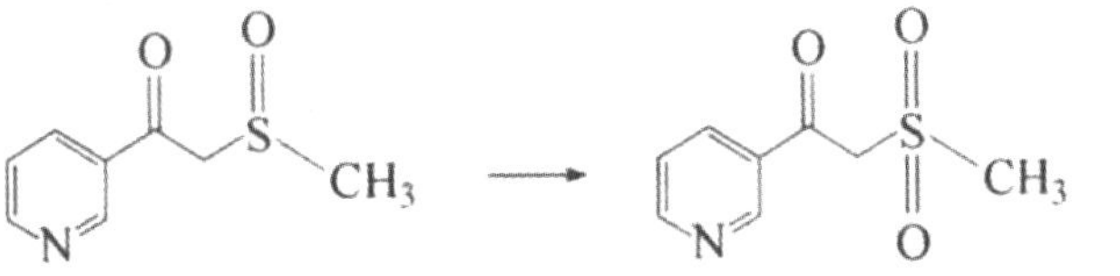

奥昔舒仑

7. 脱硫反应

含有 C＝S 键和 P＝S 键的药物在体内微粒体氧化酶系的作用下代谢为 C＝O 和 P＝O，称为脱硫。例如，对硫磷经脱硫反应形成对氧磷。硫喷妥（thiopental）脱硫形成戊巴比妥（pentobarbital）。

8. 氧化脱氨基反应

氧化脱氨基反应是在微粒体细胞色素 P450 依赖性单加氧酶催化下，在邻近氮原子的碳原子上进行氧化，脱去氨基，形成丙酮类化合物，其中间代谢产物为甲醇胺类化合物。

例如，苯丙胺除了芳基羟化及 N-羟化以外，还可以发生脱氨基反应，即苯丙胺经氧化先形成中间代谢物苯丙基甲醇胺，再脱去氨基形成苯基丙酮。

9. 微粒体氧化酶系催化的还原反应

在厌氧条件下，细胞色素 P450 还原酶也能催化许多化合物的还原反应，反应需要 NADPH 提供电子，如硝基化合物、偶氮化合物等。

第一，羰基还原反应，，进行羰基还原反应的化合物主要有醛类和酮类，可分别生成伯醇和仲醇。酮的还原有立体选择性，如苯乙酮被还原生成 S-（－）-α-甲基苄醇。

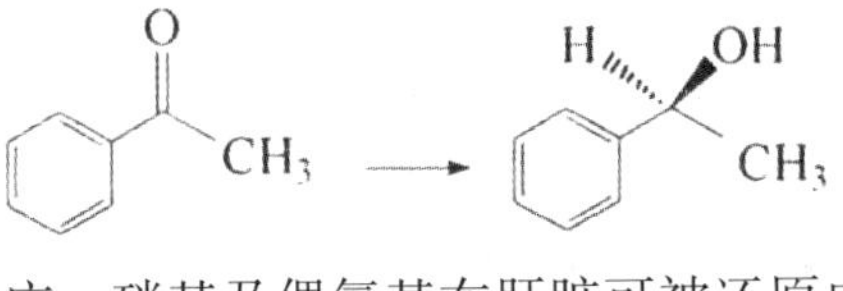

第二，含氮基团还原反应，硝基及偶氮基在肝脏可被还原成相应的胺类。催化硝基和偶氮基化合物还原的酶类主要是微粒体 NADPH 依赖性硝基还原酶。例如，硝基苯的还原，在反应过程中首先形成亚硝基苯和苯羟胺，最终产物为苯胺。硝基苯可以引起高铁血红蛋白症，主要是还原产物苯基羟胺所致。

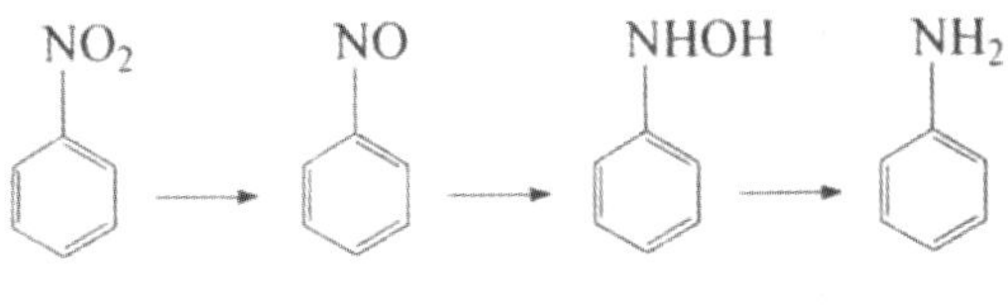

脂溶性偶氮化合物百浪多息经偶氮还原反应先形成含联亚氨基（—NHNH—）的中间产物，然后形成具有生理活性的氨苯磺胺。

$$NH_2 \longrightarrow N=N \longrightarrow SO_2NH_2 \longrightarrow NH_2 \longrightarrow NH_2 + H_2N \longrightarrow SO_2NH_2$$

百浪多息

外源化学物经过微粒体氧化酶系的氧化、还原以及水解反应后，所形成的中间代谢产物与某些内源化学物的中间代谢产物（葡萄糖醛酸、硫酸、谷胱甘肽、甘氨酸等）相互反应形成极性较强的亲水化合物。

二、生物代谢过程中的酶

（一）糖代谢

机体内糖的代谢途径主要有葡萄糖的无氧酵解、有氧氧化、磷酸戊糖途径、糖原合成与糖原分解、糖异生以及其他己糖代谢等。

1. 糖的消化和吸收

食物中的糖主要是淀粉，另外包括一些双糖及单糖。多糖及双糖都必须经过酶的催化水解成单糖才能被吸收。糖被消化成单糖后的主要吸收部位是小肠上段，己糖尤其是葡萄糖被小肠上皮细胞摄取是一个依赖 Na^+ 的耗能的主动摄取过程，有特定的载体参与：在小肠上皮细胞刷状缘上，存在着与细胞膜结合的 Na^+-葡萄糖联合转运体，当 Na^+ 经转运体顺浓度梯度进入小肠上皮细胞时，葡萄糖随 Na^+ 一起被移入细胞内，这时对葡萄糖而言是逆浓度梯度转运。这个过程的能量是由 Na^+ 的浓度梯度（化学势能）提供的，它足以将葡萄糖从低浓度转运到高浓度。当小肠上皮细胞内的葡萄糖浓度增高到一定程度，葡萄糖经小肠上皮细胞基底面单向葡萄糖转运体（unidirectional glucose transporter）顺浓度梯度被动扩散到血液中；小肠上皮细胞内增多的 Na^+ 通过钠钾泵（Na^+-K^+ ATP 酶），利用 ATP 提供的能量，从基底面被泵出小肠上皮细胞外，进入血液，从而降低小肠上皮细胞内 Na^+ 浓度，维持刷状缘两侧 Na^+ 的浓度梯度，使葡萄糖能不断地被转运

2. 血糖

血液中的葡萄糖称为血糖（blood sugar）。体内血糖浓度是反映机体内糖代谢状况的一项重要指标。正常情况下，血糖浓度是相对恒定的。正常人空腹血浆葡萄糖糖浓度为 3.9～6.1 mmol/L（葡萄糖氧化酶法）空腹血浆葡萄糖浓度高于 7.0 mmol/L 称为高血糖，低于 3.9 mmol/L 称为低血糖。血糖浓度大于 9.99 mmol/L，超过肾小管重吸收能力，出现糖尿。

正常人体内存在着精细的调节血糖来源和去路动态平衡的机制，保持血糖浓度的相对恒定是神经系统、激素及组织器官共同调节的结果。神经系统对血糖浓度的调节主要通过下丘脑和自主神经系统调节相关激素的分泌。激素对血糖浓度的调节，主要是通过胰岛素、胰高血糖素、肾上腺素、糖皮质激素、生长激素及甲状腺激素之间相互协同、相互拮抗以维持血糖浓度的恒定。肝脏是调节血糖浓度最主要的器官。

3. 糖的无氧酵解

当机体处于相对缺氧情况（如剧烈运动）时，葡萄糖或糖原分解生成乳酸，并产生能量的过程称为糖的无氧酵解。这个代谢过程常见于运动时的骨骼肌，因与酵母的生醇发酵非常相似，故又称为糖酵解。

糖酵解的生理功能是在缺氧时迅速提供能量，正常情况下为一些细胞提供部分能量，糖酵解是糖有氧氧化的前段过程，其一些中间代谢物是脂类、氨基酸等合成的前体。

4. 糖的有氧氧化

有氧氧化（aerobic oxidation）是指葡萄糖生成丙酮酸后，在有氧条件下，进一步氧化生成乙酰辅酶 A，经三羧酸循环彻底氧化成水、二氧化碳并释放能量的过程这是糖氧化的主要方式，是机体获得能量的主要途径。

糖有氧氧化的主要功能是提供能量，人体内绝大多数组织细胞通过糖的有氧氧化获取能量。体内 1 分子葡萄糖彻底有氧氧化生成 38（或 36）分子 ATP，产生能量的有效率为 40% 左右。

5. 三羧酸循环

丙酮酸氧化脱羧生成的乙酰辅酶 A 要彻底进行氧化，这个氧化过程是三羧酸循环（tricarboxylic acid cycle，TCA cycle）。

三羧酸循环是糖、脂和蛋白质三大物质代谢的最终代谢通路。糖，脂和蛋白质在体内代谢最终都生成乙酰辅酶 A，然后进入三羧酸循环彻底氧化分解成水、CO_2 并产生能量。三羧酸循环是糖、脂和蛋白质三大物质代谢的枢纽。

6. 磷酸戊糖途径

磷酸戊糖途径（pentose phosphate pathway）是葡萄糖氧化分解的另一条重要途径，它的功能不是产生 ATP，而是产生细胞所需的具有重要生理作用的特殊物质，如 NADPH 和 5-磷酸核糖。这条途径存在于肝脏、脂肪组织、甲状腺、肾上腺皮质、性腺、红细胞等组织中。代谢相关的酶存在于细胞质中。磷酸戊糖途径不是供能的主要途径，它的主要生理作用是提供生物合成所需的一些原料。

7. 糖原合成和糖原分解

糖原是体内糖的储存形式，主要以肝糖原、肌糖原形式存在。糖原由许多葡萄糖通过 α-1，4-糖苷键（直链）及 α-1，6-糖苷键（分支）相连而成的带有分支的多糖，存在于细胞质中。糖原合成及分解反应都是从糖原分支的非还原性末端开始，分别由两组不同的酶催化。

第一，糖原合成：首先以葡萄糖为原料合成尿苷二瞬酸葡萄糖（uridine diphosphate glucose，UDβ-Glc），在限速酶糖原合酶（glycogen synthase）的作用下，将 UDβ-Glc 转给肝脏，肌肉中的糖原蛋白（glycogenin）上，延长糖链合成糖原 a 然后糖链在分支酶的作用下再分支合成多支的糖原。

第二，糖原分解：在限速酶糖原磷酸化酶（glycogen phosphorylase）的催化下，糖原从分支的非还原端开始，逐个分解成 α-1，4-糖苷键连接的葡萄糖残基，形成 G-1-P G-1-P 转变为 G-6-P 后，肝脏及肾脏中含有葡萄糖 G-6-P 磷酸酶，使 G-6-P 水解变成游离葡萄糖，释放到血液中，维持血糖浓度的相对恒定。由于肌肉组织中不含葡萄糖-6-磷酸酶，肌糖原分解后不能直接转变为血糖，产生的 G-6-P 在有氧的条件下被有氧氧化彻底分解，在无氧的条件下糖酵解生成乳酸，后者经血循环运到肝脏进行糖异生，再合成葡萄糖或糖原。

当糖原分子的分支被糖原磷酸化酶作用到距分支点只有 4 个葡萄糖残基时，糖原磷酸化酶不能再发挥作用。此时脱支酶发挥作用，脱支酶具有转寡糖基酶和 α-1，6-葡萄糖劳酶两种酶的活性：转寡糖基酶将分支上残留的 3 个葡萄糖残基转移到另外分支的末端糖基上，并进行 α-1，4-糖苷键连接；而残留的最后一个葡萄糖残基则通过 α-1，6-葡萄糖苷酶水解，生成游离的葡萄糖；分支去除后，糖原磷酸化酶继续催化分解葡萄糖残基形成 G-1-P。

第三，糖原贮积病（glycogenoses）：是一类遗传性疾病，表现为异常种类和数量的糖原在组织中沉积，产生不同类型的糖原贮积病，每种类型表现为糖原代谢中的一个特定的酶缺陷或缺失而使糖原贮存_ 由于肝脏和骨骼肌是糖原代谢的重要部位，因此是糖原贮积病的最主要发病部位。

8. 糖异生作用

糖异生（gluconeogenesis）作用是指非糖物质（如生糖氨基酸、乳酸、丙酮酸及甘油等）转变为葡萄糖或糖原的过程，进行糖异生的最主要器官是肝脏。

糖异生最重要的生理意义是在空腹或饥饿情况下维持血糖浓度的相对恒定糖异生促进肾脏排 H^+ 缓解酸中毒。酸中毒时 H^+ 能激活肾小管上皮细胞中的磷酸烯醇式丙酮酸羧激酶，促进糖异生进行。由于三羧酸循环中间代谢物进行糖异生，造成 α-酮戊二酸含量降低，促使谷氨酸和谷氨酰胺脱氨生成的 α-酮戊二酸补充三羧酸循环，产生的氨则分泌进入肾小管，与原尿中 H^+ 结合成 NH_4^+，对过多的 H^+ 起到缓冲作用，可缓解酸中毒。

（二）脂类代谢

脂类包括三酰甘油（甘油三酯）及类脂。类脂中以磷脂、胆固醇及其酯和糖脂最为重要。它们共同的物理性质为不溶于水而溶于有机溶剂（如乙醚、氯仿、丙酮等）。

1. 三酰甘油的分解代谢

第一，三酰甘油动员。脂库中的脂肪被组织中的三酰甘油（TG）脂肪酶水解为游离脂肪酸和甘油以供其他组织利用的过程称为脂肪动员。脂肪动员中的 TG 脂肪酶活力可受激素调节，故也称激素敏感性脂肪酶，它是脂肪动员的限速酶。胰高血糖素、肾上腺素、去甲肾上腺素、肾上腺皮质激素、甲状腺素可激活此酶，促进脂肪动员，故称这些激素为脂解激素；相反，胰岛素使此酶活性降低，抑制脂肪的动员，故称胰岛素为抗脂解激素。

第二，脂肪酸的氧化。脂肪酸在线粒体中经 β 氧化生成乙酰 CoA，后者进入三羧酸循环彻底氧化成水和 CO_2。氧化过程可分为四个阶段。

阶段一，脂肪酸在胞浆中活化成脂酰 CoA，反应需有 ATP、辅酶 A、Mg^{2+} 存在，由脂酰 CoA 合成酶催化。此步反应消耗 2ATP。

$$RCOOH + ATP + HSCoA \longrightarrow 脂酰 CoA + AMP + PPi$$

阶段二，由肉毒碱脂酰转移酶催化。肉毒碱作为载体，将胞浆中生成的脂酰 CoA 中的脂酰基转运入线粒体。

阶段三，脂酰基的 β 氧化：指从脂酰基的 β 位碳原子脱氢氧化开始的反应过程。一次 β 氧化由脱氢、水化、再脱氢、硫解四步反应组成。

脱氢：在脂酰 CoA 脱氢酶的催化下脂酰 CoA 的 α、β 位碳原子上各脱一个氢，生成 α，β-羟脂酰 CoA 和 $FADH_2$。

水化：羟脂酰 CoA 加水生成 β-羟脂酰 CoA。

再脱氢：β-羟脂酰 CoA 在脱氢酶作用下，生成 β-酮脂酰 CoA，脱下的 2H 由 NAD^+ 接受生成 $NADH + H^+$。

硫解：β-酮脂酰 CoA 在硫解酶催化下，加一分子辅酶 A，生成一分子乙酰 CoA 和一分子比原来少两个碳原子的脂酰 CoA。

长链偶数碳脂酰 CoA 可重复进行 β 氧化，最终得到若干分子乙酰 CoA。

阶段四，上述产生的乙酰 CoA 最终通过三羧酸循环彻底氧化成 CO_2 和 H_2O。

2. 酮体的生成和利用

酮体是脂肪酸在肝内氧化不完全所产生的一类中间产物的统称，包括乙酰乙酸、β-羟丁酸和丙酸。因肝内缺乏利用酮体的酶，故酮体的利用在肝外组织，尤其是肌肉和大脑组织。当糖供应不足时，酮体是脑组织的主要能源。饥饿、糖尿病等情况下，脂肪动员增加，肝内生酮增加，血中酮体增加，可产生酮血症、酮尿症甚至酮症酸中毒。

3. 三酰甘油的合成和代谢

由脂肪动员来的甘油主要在肝、肾、小肠黏膜细胞中被利用。利用时先激活成 α-磷酸甘油并脱氢生成磷酸二羟丙酮后者可进入糖的代谢途径，主要用于分解供能，也可异生成糖。生成的 α-磷酸甘油也可作为 TG 合成的原料。

脂肪酸的合成如下：

合成原料为乙酰 CoA，主要来自糖代谢，并需 ATP 供能，NADPH + H⁺（来自糖的磷酸戊糖途径）供氢。

合成部位是在细胞的胞浆中，以肝和肠黏膜细胞合成为主。先合成软脂酸，然后通过碳链的加长或缩短合成其他脂肪酸，软脂酸的合成需 1 分子乙酰 CoA 和 7 分子丙二酸单酰 CoA，后者由乙酰 CoA 在 ATP 供能、乙酰 CoA 羧化酶（生物素为辅酶）催化下加上 CO_2 而生成，其中的乙酰 CoA 羧化酶是脂酸合成的限速酶、反应如下：

乙酰 CoA + 7 丙二酸单酰 CoA + 14NADPH + 14H⁺ → 软脂酸 + $7CO_2$ + $14NADP^+$ + 8CoA + $6H_2O$

三酰甘油的生成：以肝及小肠黏膜合成为主，由 1 分子 α-磷酸甘油和 3 分子脂酰 CoA 为原料合成 1 分子 TG。

4. 胆固醇代谢

（1）胆固醇的生理功能

人体内胆固醇总量为 120 g 左右，其主要的生理功能是作为生物膜的结构成分，此外又是合成胆汁酸、类固醇素及维生素 D_3 的原料。

（2）胆固醇及其酯的生成

合成部位：各组织细胞的胞浆及滑面内质网膜上，其中以肝合成为主，其次是小肠黏膜细胞。

合成原料：乙酰 CoA（主要来自糖代谢），此外还需 ATP 供能，NADPH + H^来自糖的磷酸戊糖途径）供氢。

合成过程：乙酰 CoA→HMGCoA→甲羟戊酸→鲨烯→胆固醇。

合成的关键酶是 HMGCoA 还原酶

（3）胆固醇合成的调节

饥饿使 HMGCoA 还原酶合成减少从而胆固醇合成减少，饱食相反。

肝中胆固醇反馈调节抑阻 HMGCoA 还原解合成，使胆固醇合成减少，小肠黏膜细胞中没有这种反馈阻遏作用。

激素的调节：胰岛素可诱导肝 HMGCoA 还原酶合成，使胆固醇合成增加，甲状腺素既可诱导肝 HMGCoA 还原酶合成，又可促进胆固醇转化成胆汁酸，而且对后者的作用大于前者，所以总结果可使血浆胆固醇水平降低。

（4）胆固醇在体内的转变

胆固醇在体内转变为胆汁酸，这是体内胆固醇的主要代谢去路。

进入肠道的初级胆汁酸（游离和结合的）和次级胆汁酸均可由肠道重吸收，经门静脉入肝。在肝内初级游离胆汁酸和次级胆汁酸均可合成结合型胆汁酸，并与肝细胞新合成的初级结合胆汁的一起由胆道重新排入肠腔即为胆汁酸的肠肝循环。石胆酸由粪便徘出。

胆汁酸具有亲水和疏水两重性，能在油、水两相间起降低表面张力的作用，故能促进脂类的消化吸收。胆汁酸的肠肝循环在于将有限量的胆汁酸反复利用。

此外，胆固醇还可转化为类固醇激素，以胆固醇为原料，可以在肾上腺皮质的球状带细胞合成醛固酮（调节水盐代谢），在束状带细胞合成皮质醇（调节糖、脂、蛋白质代谢），在网状带细胞合成脱氢表雄酮，在性腺生成性激素（包括雄激素和雌激素），转变为维生素 D_3。

（三）蛋白质降解和氨基酸代谢

蛋白质的消化部位是胃和小肠（主要在小肠），受多种蛋 A 水解酶的催化而水解成氨基酸和少量小肽，然后再吸收。蛋白质消化的终产物为氨基酸和小肽（主要为二肽、三肽），可被小肠黏膜吸收。但小肽吸收进入小肠黏膜细胞后，即被胞质中的肽酶（二肽酶、三肽酶）水解成游离氨基酸，然后离开细胞进入血循环，因此静脉血中几乎找不到小肽。未被吸收的氨基酸和小肽及未被消化的蛋白质，在大肠下部受大肠杆菌的作用，发生一些化学变化的过程称为腐败未被消化的蛋白质先被肠菌中的蛋白酶水解为氨基酸，然后继续受肠菌中其他酶类的催化。

氨基酸的主要功能是构成体内各种蛋白质和其他某些生物分子，与糖或脂肪不同，氨基酸的供给量若超过所需，过多部分并不能储存或排出体外，而是作为燃料或转变为糖或脂肪。此时它的 α-氨基必须先脱去（脱氨基作用），剩下的碳骨架则转变为代谢中间产物，如乙酰辅酶 A、乙酰、乙酰辅酶 A、丙酮酸或三羧酸循环中的某个中间产物。人体每天更新机体总蛋内的 1%～2%，一般来说，组织蛋白质分解生成的内源性氨基酸中约85%可被再利用合成组织蛋白质。

线粒体基质中存在 L-谷氨酸脱氢酶，该酶催化 L-谷氨酸氧化脱氨生成 α-酮戊二酸，反应可逆转氨基作用是在转氨酶的催化下，α-氨基酸的氨基转移到 α-酮酸的酮基生成相应的氨基酸，原来的氨基酸则转变为 α-酮酸事实上，体内绝大多数氨基酸的脱氨基作用是上述两种方式联合的结果，即氨基酸的脱氨基既经转氨基作用，又通过 L-谷氨酸氧化脱氨基作用，是转氨基作用和谷氨酸氧化脱氨基作用偶联的过程。这种方式称为联合脱氨基作用骨骼肌中谷氨酸脱氢酶活性很低，氨基酸可通过嘌呤核苷酸循环而脱去氨基，这可能是骨骼肌中的氨基酸主要的脱氨基方式。

氨有毒且能渗透进细胞膜与血脑屏障，对细胞尤其是中枢神经系统来说是有害物质，故氨在体内不能积聚，必须加以处理，通常情况下，细胞内氨浓度很低。正常人血氨浓度小于 0.1 mg/100mL。氨基酸经脱氨基后产生氨和 α-酮酸。此外，氨基酸脱羧后所产生的胺，经胺氧化酶作用也可分解产生氨。肾小管上皮细胞中的谷氨酰胺在谷氨酰胺酶的作用下水解成谷氨酸和氨，这些氨不释放进血液，而是分泌到肾小管管腔中与尿液中 H^+ 结合后再以铵盐形式随尿排出、组织产生的氨不能以游离氨的形式经血液运输至肝脏，只能以谷氨酰胺和丙氨酸两种形式运输在脑、肌肉等组织中，谷氨酰胺合成酶的活性较高，它催化氨与谷氨酸反应生成谷氨酰胺，反应需要消耗 ATP，谷氨酰胺由血液运送至肝或肾，再经谷氨酰胺酶催化，水解释放出氨。

尿素在体内的合成全过程称为鸟氨酸循环（ornithine cycle）近代的研究证实，鸟氨酸循环的详细过程比较复杂，共分为四步：①来自外周组织或肝脏自身代谢所生成的 NH_3 及 CO_2 首先在肝细胞内合成氨基甲酰磷酸，此反应由存在于线粒体中的氨甲酰磷酸合成酶 I（carbamyl phosphate synthetase I）催化，并需 ATP 提供能量；②氨甲酰磷酸在线粒体内经鸟氨酸氨甲酰转移酶（ornithine carbamyl transferase，OCT）的催化，将氨基甲酰转移至鸟氨酸而合成瓜氨酸（citrulline）；③瓜氨酸在线粒体内合成后，即被转运到线粒体外，在胞质中经精氨酸代琥珀酸合成酶（argininosuccinate synthetase，ASAS）的催化，与天冬氨酸反应生成精氨酸代琥珀酸，后者再受精氨酸代琥珀酸裂合酶（argininosuccinate lyase，ASAL）的作用，裂解为精氨酸及延胡索酸；④在胞质中形成的精氨酸受精氨酸酶（arginase）的催化生成尿素和鸟氨酸，鸟氨酸再进入线粒体参与瓜氨酸的合成，通过鸟氨酸循环，如此周而复始地促进尿素的生成。

（四） 核酸降解与核苷酸代谢

核酸在生物体内核酸酶、核苷酸酶、核苷酶等的作用下，分解为氨、尿素、尿囊素、尿囊酸、尿酸等终产物，排泄到体外。核酸降解产生的 1-磷酸核糖可由磷酸核糖变位酶催化转变为 5-磷酸核糖进入核苷酸合成代谢或糖代谢，碱基可进入核苷酸补救合成途径或分解排出体外。在组织细胞内，核苷酸在核苷酸酶（nucleotidase）或磷酸单酯酶（phosphomonoesterase）催化下生成核苷和无机磷酸，核苷再经核苷酶（nucleosidase）催化分解为碱基和戊糖－分解核苷的酶有两类：一类是核苷磷酸化酶（nucleoside phosphorylase），广泛存在于虫物体内，催化的反应可逆；另一类是核苷水解酶（nucleoside hydrolase），存在于植物和微生物体内，具有一定的特异性，只作用于核糖核苷，对脱氧核糖核苷无作用，催化的反应不可逆。

嘌呤碱分解的基本过程是脱氨和氧化。腺嘌呤脱氨生成次黄嘌呤，后者在黄嘌呤氧化酶（xanthine oxidase）作用下氧化成黄嘌呤，最后氧化成尿酸动物体内嘌呤碱的分解主要在肝、肾和小肠中进行，黄嘌呤氧化酶在这些脏器中活性较强。黄嘌呤氧化酶是需氧脱氢酶，专一性不强，它可将次黄嘌呤氧化为黄嘌呤，又可将黄嘌呤氧化为尿酸，还能以嘌呤和乙醛等作为底物。

嘧啶碱的分解主要是经脱氨、还原、水解，生成 β-氨基酸进入有机酸代谢。胞苷脱氨酶广泛分布于各种生物，胞嘧啶脱氨酶可能只存在于细菌和酵母菌中。动物体内嘧啶碱的分解主要在肝中进行。

　　嘧啶核苷酸的从头合成与嘌呤核苷酸不同，它是先合成嘧啶环，再与磷酸核糖基焦磷酸（PRPP）结合为核苷酸。整个过程分为尿苷酸（UMP）的合成和胞苷酸（CMP）的合成两个阶段。第一步是由氨甲酰磷酸合成酶Ⅱ催化生成氨甲酰磷酸、氨甲酰磷酸也是尿素合成的中间产物，但它是在肝线粒体中由氨甲酰磷酸合成酶Ⅰ催化生成：由天冬氨酸甲酰酶（aspartate transcarbamoylase，ATCase）催化，氨甲酰磷酸与天冬氨酸结合成氨甲酰天冬氨酸，后者经二氢乳清酸解催化脱水，形成具有嘧啶环的二氢乳清酸，再经二氢乳清酸脱氢酶催化脱氢成为乳清酸（orotic acid）。乳清酸在乳清酸磷酸核糖转移酶催化下与PRPP化合为乳清酸核苷酸（OMP），再由OMP脱羧酶催化脱羧生成UMP。由UMP转化为胞苷酸只能在核苷三磷酸的水平上进行，因此UMP需由相应的激酶催化生成尿苷三磷酸（UTP）后，才能氨基化生成胞苷三磷酸（CTP）。反应所需的氨基在细菌中由氨提供，在动物细胞中由谷氨酰胺供给。

　　脱氧核糖核苷酸可通过核糖核苷酸的还原合成。反应在核苷二磷酸（NDP）水平上进行，ADP、CDP、GDP、UDP经还原，脱掉其核糖C2羟基上的氧，形成相应的脱氧核糖核苷二磷酸（dNDP）。脱氧胸腺嘧啶核苷酸则由脱氧尿嘧啶核苷酸（dUMP）甲基化生成。

　　催化核苷二磷酸还原反应的酶是核糖核苷酸还原酶（ribonucleotide reductase）该酶是变构酶，ATP是其变构激活剂，dATP是其变构抑制剂，脱氧核糖核苷酸也能利用已有的碱基和脱氧核苷进行补救合成。碱基需在嘌呤或嘧啶核苷磷酸化酶催化下，先与脱氧核糖-1-磷酸合成脱氧核苷，四种脱氧核苷可分别在特异的脱氧核糖核苷激酶催化下，接受ATP的磷酸基形成相应的脱氧核糖核苷酸（dNMP）。四种NMP或dNMP可分别在特异的核苷一磷酸激酶（nucleoside monophosphate kinase）作用下被ATP磷酸化，转变为相应的NDP或dNDP。已分别从动物和细菌中提取出AMP激酶、GMP激酶、UMP激酶、CMP激酶和dTMP激酶。

　　脱氧胸腺嘧啶核苷酸（简称胸苷酸）的合成是先生成脱氧胸腺嘧啶核苷一磷酸（dTMP），再磷酸化生成dTTP、有两条合成途径：dUMP的甲基化dUDP脱磷酸或dCMP脱氨基都可生成dUMP，在胸腺嘧啶核苷酸合酶（thymidylate synthase）催化下，dUMP接受N^{-5}，N^{-10}-甲稀四氢叶酸提供的甲基，生成dTMP。

　　DNA的合成需要充分的脱氧胸苷酸，抑制脱氧胸苷酸的合成即可阻止DNA合成和肿瘤生长。dTMP的合成需要四氢叶酸，因此二氢叶酸还原酶和胸苷酸合酶是肿瘤化疗中重要的靶酶。临床上常用氨基蝶呤和甲氨蝶呤治疗急性白血病和绒毛膜上皮细胞癌它们是叶酸的类似物，竞争性抑制二氢叶酸还原酶，造成四氢叶酸缺乏，既使dUMP甲基化生成dTMP受阻，又使嘌呤核苷酸从头合成所需的甲酰基无从获得，故能同时抑制脱氧胸苷酸和嘌呤核苷酸的从头合成。5-氟尿嘧啶（5-FU）是胸腺嘧啶的类似物，常用于治疗胃癌、直肠癌等消化道癌和乳腺癌。5-FU可在体内转变为氟尿嘧啶脱氧核苷酸，后者与胸腺嘧啶核苷酸合酶牢固结合，抑制其活性使 dTMP 合成受阻；也可转变为氟尿嘧啶核苷酸并以 5-FUMP 形式掺入 RNA 分子，影响 RNA 的结构和功能，干扰蛋白质的合成。这些肿瘤化疗药物都是抗代谢物，对正常细胞核苷酸的合成也有一定影响，毒副作用较大。

催化 dTMP 补救合成的胸苷激酶（TK）在正常肝脏中活性很低，在再生的肝脏中活性升高；在恶性肿瘤中明显升高，并与恶性程度有关。

细胞融合实验中常利用胸苷激酶缺陷型（TK$^-$，胸苷激酶活力丧失）和 HGPRT 缺陷型（HGPRT$^-$，次黄嘌呤鸟嘌呤磷酸核糖转移酶活力丧失）筛选融合细胞。例如，欲使细胞株 A 和细胞株 B 形成融合细胞，可将一株诱变为 TK$^-$，另一株诱变为 HGPRT$^-$。这两株缺陷型能通过从头合成途径合成嘧啶核苷酸或嘌呤核苷酸而成活，但若在培养基中加入氨基蝶呤阻断从头合成，它们就不能生长。因此，在含有氨基蝶呤（A）、次黄嘌呤（H）、胸腺嘧啶（T）的培养基（简称 HAT 培养基）内同时接种 TKZ$^-$ 和 HGPRT$^-$ 细胞后，只有二者形成的融合细胞才能生长，未融合的 TK？ 和 HGPRK 细胞均被氨基蝶呤抑制而淘汰。融合细胞可通过 TIC 株的 HGPRT 利用次黄嘌呤，通过 HGPRT 株的 TK 利用胸腺嘧啶，这样就能补救合成核苷酸而得以生长。

三、遗传信息传递与表达中的酶

生物的遗传信息是以 DNA 的碱基顺序形式储存在细胞之中，而生物遗传信息最终要以蛋白质的形式表现出来，在遗传信息传递过程中，以原来 DNA 分子为模板合成出相同分子的过程称为复制（replication）。生物的遗传信息从 DNA 传递给 mRNA 的过程称为转录（transcription）。

（一）DNA 复制过程有关的酶

1. DNA 的复制

在 DNA 聚合酶催化下，DNA 由四种脱氧核糖核苷三磷酸 dATP，dGTP，dCTP 和 dTTP 聚合而成。在 Mg^{2+} 存在、DMA 聚合酶催化作用下，脱氧核糖核苷酸被加到 DNA 链的末端，同时释放出无机焦磷酸。与 DNA 聚合反应有关的解包括多种 DNA 聚合酶、DNA 连接酶，拓扑异构酶及解螺旋酶等。

DNA 聚合酶催化脱氧核糖核苷三磷酸的游离 3′-羟基与脱氧核糖核苷三磷酸 5′-α-磷酸之间形成 3′，5′-磷酸二酯键并脱下焦磷酸、所需要的能量来自 α-与 β-磷酸基之间高能键的裂解。DNA 链由 5′向 3′方向延长。DNA 聚合酶需要互补于 DNA 模板的小段 RNA 作引物。

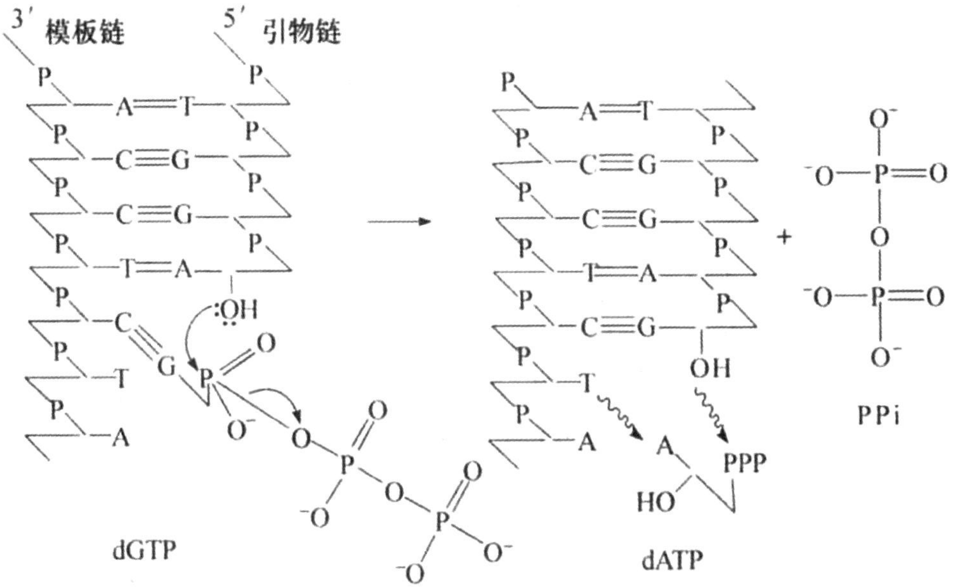

大肠杆菌中共含有三种不同的 DNA 聚合酶，分别称为 DNA 聚合酶Ⅰ、Ⅱ和Ⅲ。DNA 聚合酶Ⅰ、Ⅱ和Ⅲ均具有 5′→3′聚合酶活性和 3′→5′核酸外切酶活性。

在正常聚合条件下，3′→5′外切酶活力受到抑制；若一旦出现错配碱基时，聚合反应立即停止，由 3′→5′外切酶迅速除去错误进入的核苷酸，然后聚合反应得以继续进行下去。核酸外切酶被认为起着校对的功能，它能够纠正聚合过程中碱基的错配。

DNA 聚合酶 I 也具有 5′→3′核酸外切酶活力，它只作用于双链 DNA 的碱基配对部分。从 5′末端水解下核苷酸或寡核苷酸。

在真核生物中存在五种 DNA 聚合酶，分别以 α、β、γ、δ 和 ε 来命名。它们的基本特性与大肠杆菌 DNA 聚合酶相似，均以四种脱氧核糖核苷三磷酸为底物，需 Mg^{2+} 激活，聚合时必须有模板和 3′-OH 末端的引物链存在，链的延长方向为 5′→3′。

DNA 聚合酶不能以完整的双链 DNA 作为模板，将 DNA 经脱氧核糖核酸酶处理后形成切口或缺口才能成为有效的模板但是，真核生物的 DNA 聚合酶本身往往不具有核酸外切酶活性，可能由另外的酶在 DNA 复制中起校正作用。

DNA 聚合酶只能催化多核苷酸链的延长反应，不能使链之间连接。而 DNA 连接酶（DNA ligase）能催化双链 DNA 切口处的 5′-磷酸基和 3′-羟基生成磷酸二酯键。大肠杆菌和其他细菌的 DNA 连接酶以烟酰胺腺嘌呤二核苷酸（NAD）作为能量来源；动物细胞和噬菌体的连接酶则以腺苷三磷酸（ATP）作为能量来源。

反应分三步进行。首先由 NAD 或 ATP 与酶反应，形成腺苷酰化的酶（酶-AMP 复合物），其中 AMP 的磷酸基与酶的赖氨酸的 ε-氨基以磷酰胺键相结合。然后酶将 AMP 转移给 DNA 切口处的 5′-磷酸，以焦磷酸键的形式活化，形成 AP-P-DNA。然后通过相邻链的 3′-OH 对活化的磷原子发生亲核攻击，生成 3′，5′-磷酸二酯键，同时释放出 AMP。

DNA 新链合成前需要先合成一段与 DNA 模板互补、7～10 个核苷酸的 RNA 引物，合成的方向也是 5′→3′走向，然后 DNA 聚合酶根据碱基配对的原则，从 RNA 引物的 3′-OH 端开始合成新的 DNA 链。催化 RNA 引物合成的酶称为 DNA 引物酶（primase）。真核细胞 DNA 引物酶由相对分子质量 58 000 和 49 000 的两个亚单位组成。DNA 引物酶和 DNA 多聚酶 α 紧密结合成一个复合体。

在 DNA 复制过程中，由于复制叉的移动速度较快，DNA 的双螺旋不断解开，在复制叉前方的 DNA 双链会出现过度的正超螺旋甚至打结现象，阻碍 DNA 的继续复制，生物体系需要依靠一系列 DNA 解旋解链酶来不断消除产生的正超螺旋，以保证复制的正常进行。

拓扑异构酶 I 首先在大肠杆菌中发现，只能消除负超螺旋，对正超螺旋无作用。真核生物的拓扑异构酶 I 对正、负超螺旋均能作用，除消除超螺旋外，拓扑异构酶还能引起 DNA 其他的拓扑转变。

拓扑异构酶 I 与 DNA 结合时，DNA 的一条链断裂，并且 5′-磷酸基与酶的酪氨酸羟基形成酯键。随后使原来断裂的 DNA 链重新连接，即磷酸二酯键又由蛋白质转到 DNA。整个过程并不发生键的不可逆水解，没有能量的丢失。

拓扑异构酶 II 又称 DNA 旋转酶（gyrese），它可连续引入负超螺旋到同一个双链闭环 DNA 分子中，反应需要由 ATP 供给能量。在无 ATP 存在时，旋转酶可松弛负超螺旋，但不作用于正超螺旋。

DNA 解螺旋酶（helicase）能通过水解 ATP 获得能量来解开双链，每解开一对碱基需要水解 2 分子 ATP 成 ADP 和磷酸盐。要有单链 DNA 存在才能水解 ATP。如双链 DNA 中有单链末端或缺口，解螺旋酶即可结合于单链部分，然后向双链方向移动。大肠杆菌解螺旋酶 A、B 和 C 可以沿着模板链的 3′→5′方向随着复制叉的前进而移动，而 rep 蛋白（也属于一种解螺旋酶）则在另一条模板链上沿 3′→5′方向移动。这两种解螺旋酶的配合作用推动着 DNA 双链解开。

单链结合蛋白（SSB）主要作用是结合解开的两条单链 DNA，刺激 DNA 聚合酶活化并与其他复制蛋白作用形成复合物。它的功能在于稳定 DNA 解开的单链，阻止复性和保护单链部分不被核酸酶降解。

2. DNA 的损伤与修复

某些物理化学因素，如化学诱变剂、紫外线和电离辐射等都可以引起基因突变和细胞凋亡，其化学本质是这些物理化学因素直接作用与 DNA，造成其结构和功能的破坏。

生物体都具有一系列起修复作用的酶系，可以除去 DNA 上的损伤，恢复 DNA 的正常双螺旋结构。目前已知有多种修复系统，如光复活修复、碱基切除修复、核苷酸切除修复和重组修复等。光复活是一种酶促反应过程，它可以完全修复因紫外线照射引起的嘧啶二聚体 DNA 的损伤。

光修复酶结合到嘧啶二聚体上，吸收蓝光光子，通过电子转移使环断裂，恢复正常的碱基配对结构。

碱基切除修复主要修复小段的 DNA 损伤,如烷化剂、氧化和电离辐射造成的碱基损伤。碱基切除修复过程主要涉及的酶有 DNA 糖苷酶、AP 内切核酸酶、DNA 聚合酶和 DNA 连接酶等。

碱基切除修复首先由 DNA 糖苷酶水解损伤的碱基或碱基残留物与脱氧核糖之间的糖苷键,产生无碱基脱氧核糖核酸(AP);再由 AP 内切核酸酶分别水解无碱基脱氧核糖核酸两侧的磷酸二酯键;然后由 DNA 聚合酶进行复制补平切除后产生的缺口;最后由连接酶连接切口。

如果 DNA 在复制过程中发生错误的配对,如 G 与 T 配对,可以通过 DNA 聚合酶的 $3'$ $\rightarrow 5'$ 外切酶活性校正,使基因编码信息得到恢复,但是如果这个错误没有被校正,复制的 DNA 在这个部位含有一个错配的碱基对,引起基因突变。这个错误可以被细胞的错配修复系统校正,该系统能够对新复制的 DNA 进行扫描,搜索错配的碱基对或单个碱基插入和删除所产生的复制错误。

3. RNA 指导下的 DNA 合成

以 RNA 为模板,即按照 RNA 的核苷酸顺序合成 DNA,这与通常转录过程中遗传信息从 DNA 向 RNA 传递的方向相反,因此称为反转录。

催化反转录反应的酶(RNA 指导的 DNA 聚合酶)一般称为反转录酶。

(1) RNA 病毒与反转录酶。

反转录病毒的基因组由两条相同的正链 RNA 组成,RNA 链的长度依病毒的种类不同而定,一般为 $3.5 \sim 9.0$ kb(碱基),$3'$ 端有 poly A,$5'$ 端有帽子,类似于真核细胞的 mRNA 结构,中间是编码序列。

RNA 病毒颗粒携带有反转录酶,该酶具有以下功能:依赖于 RNA 的 DNA 聚合作用;RNA 酶 H 作用和依赖于 DNA 的 DNA 聚合作用。

反转录酶催化的 DNA 合成同样以四种脱氧核糖三磷酸核苷为底物,需要 Mg^{2+}、Mn^{2+} 作辅助因子,并要求有模板和引物的存在。

(2) 反转录酶的作用机制。

反转录病毒感染宿主细胞后,反转录酶以基因组 RNA 为模板,宿主的 tRNA 为引物,按 $5' \rightarrow 3'$ 方向合成出与模板互补的 DNA 链(负链)。新生的 DNA 链与模板 $3'$ 端碱基互补配对,按 $5' \rightarrow 3'$ 方向继续合成 DNA 负链,直到模板的 $5'$ 端。

RNA 酶 H 以新合成的 DNA 链为模板合成 DNA 正链,并降解 tRNA。此时,发生第二次跳跃,负链 $3'$ 端引物结合序列与新合成的正链 $3'$ 端引物结合部位配对互补,以负链为模板合成全长的正链。再以全长的正链为模板,补充合成 $3'$ 端的序列。

病毒携带的整合酶(integrase)与双链 DNA 结合并除去两条 DNA 链 $3'$-末端各两个核苷酸,使双链末端成为 $5'$-端突出的黏端病毒 DNA 与整合酶的复合物乂与宿主 DNA 结合，整合酶随机切割宿主 DNA 链，使 5′-端产生突出的 4~6 个核苷酸的黏端，病毒 DNA 与宿主 DNA 末端对接，并由宿主的酶系统将末端修补连接。病毒 DNA 就这样随机整合到宿主基因组中。

（二）DNA 指导下的 RNA 合成

细胞内的各种 RNA（包括 mRNA、tRNA 和 rRNA）都是以 DNA 为模板，在 RNA 聚合酶催化下合成的，最初转录的 RNA 产物通常需要一系列断裂、拼接、修饰和改造才能成为成熟的 RNA 分子。

1. 核糖核酸的酶促合成

DNA 中储存的遗传信息的表达首先是以 DNA 为模板转录出互补的 RNA 分子，转录过程与 DNA 的复制过程有较多相似之处、在转录过程中，需要以 DNA 为模板，以 4 种核糖核苷三磷酸 ATP、GTP、CTP 和 UTP 为底物，在 RNA 聚合酶催化下进行。

转录出互补的 RNA 碱基序列与 DNA 的另一条链基本相同，只是 T 被换成 U。

在体外，RNA 聚合酶能使 DNA 的两条链同时进行转录，但在体内，DNA 分子的两条链仅有一条链可用于转录；或者某些区域以这条链转录，另一些区域以另一条链转录；对应的链只能进行复制，而无转录的功能。

在 RNA 聚合反应中，RNA 聚合酶以完整双链 DNA 为模板，DNA 碱基顺序的转录是全保留方式，转录后，DNA 仍然保持双链的结构。虽然转录时双链结构部分解开，但天然的（双链）DNA 作为模板比变性的（单链）DNA 更有效。

2. RNA 聚合酶及转录因子

（1）RNA 聚合酶

在原核细胞中只有一种 RNA 聚合酶，大肠杆菌的 RNA 聚合酶全酶的相对分子质量约 500 000，由 5 个亚基（α2σ′ββ）组成，没有 σ 亚基的酶称为核心酶（α2′ββ）。

核心酶只能使已经开始合成的 RNA 链延长，但不具有起始合成 RNA 的能力，因此称 σ 亚基为起始因子。

目前已知的真核细胞 RNA 聚合酶有 3 种，它们在结构上具有极大的相似性，都是由两个大亚基和多个小亚基构成，3 种酶的大亚基的氨基酸序列有同源性，某些小亚基为 3 种酶共有。

RNA 聚合酶在结构上虽有相似性，但分工不同，RNA 聚合酶Ⅰ负责转录出 rRNA 前体（前体中不包括 5S rRNA）；RNA 聚合酶Ⅱ转录编码蛋白质的基因和 snRNA 基因；RNA 聚合酶Ⅲ合成 5S rRNA、tRNA、U6RNA 及 7SRNA 等。

（2）真核转录因子

真核基因转录过程中，RNA 聚合酶必须在一系列转录因子的辅助下才能与启动子结合，形成稳定的起始复合物。根据转录因子的功能，可以分为 3 类：①普遍因子，与 DNA 聚合酶一起在转录起始点周围形成复合物；②上游因子，是 DNA 结合蛋白，能够特异地识别转录起点上游的顺式作用单元（特异的 DNA 调控序列）并与之结合；③可诱导的因子，也是一种 DNA 结合蛋白，其作用方式与上游因子相同。

3. 原核细胞的转录过程

（1）RNA 聚合酶与 DNA 模板的结合

RNA 聚合酶需要先与 DNA 模板的一定部位结合，并局部打开 DNA 双螺旋，然后开始转录。DNA 上与酶结合的部位称为启动子。与酶结合的启动子核苷酸中常有高 AT 含量的区域，双链比较容易打开。σ 亚基能够增强 RNA 聚合酶对启动子的别能力。

（2）转录的开始

当 RNA 聚合酶进入合成的起始点后，遇到起始信号而开始转录，即按照模板顺序选择第一个和第二个核苷三磷酸，使两个核苷酸之间形成磷酸二酯键，同时释放焦磷酸。

转录开始后，σ 亚基对便从全酶中解离出来，与另一个酶结合，开始另一转录过程。

与 DNA 合成不同，RNA 的合成不需要引物。在新合成的 RNA 链的 5′-端通常为带有三个磷酸基团的鸟苷或腺苷（pppG 或 pppA），也就是说合成的第一个底物必定是 GTP 或 ATP。

（3）链的延长

RNA 链的延长反应由核心酶催化，聚合酶在 DNA 模板上以一定速度滑行，同时根据被转录 DNA 链的核苷酸顺序选择相应的核苷三磷酸底物，使 RNA 链不断延长。

RNA 链的合成方向是 3′→5′由于 DNA 链与合成的 RNA 链具有反平行的关系，所以 RNA 聚合酶是沿着 DNA 链的 3′→5′沥向移动。

（4）链的终止

DNA 分子具有终止转录的核苷酸序列信号。在这些信号中，有些能被 RNA 聚合酶本身所识别，转录进行到此即行终止，mRNA 与 RNA 聚合酶便会从 DNA 模板上脱落下来。

另外还有一些信号可以被一种参与转录终止过程的蛋白质 ρ 因子所识别，ρ 因子能辨别 DNA 上特殊的终止位点（ρ 位点），使 mRNA 从 DNA 模板上脱离，而 RNA 聚合酶却不脱离。

4. 转录后核糖核酸链的加工

在细胞内，转录过程中合成的 RNA 链一般需要经过一系列的变化，包括链的断裂和化学修饰等过程，才能转变为成熟的 mRNA、tRNA 和 rRNA，这个过程通常称为 RNA 的转录加工过程。

（1）核内不均—RNA（snRNA）的加工

细胞质中的 mRNA 是由核内相对分子质量极大的前体，即核内不均一 RNA（snRNA）

转变而来，其分子中只有 10% 左右转变为 mRNA，其余部分将在加工过程中被降解掉。

由 snRNA 转变成 mRNA 需要经过一系列复杂的加工步骤，其中包括：①在 RNA 链的特异部位断裂，除去非结构信息部分；②在 mRNA 的 3′末端连接长为 150~250 个核苷酸的多聚腺苷酸（poly A）片段；③在 mRNA 的 5′末端形成"帽结构"（m7G5′ppp5′Nmp-Np-）。

（2）rRNA 前体的加工

在各种细菌细胞中，编码核糖体 RNA 的基因是排列在一起的，它们包括 16S、23S 以及 5S rRNA 的特异序列，构成一串长长的转录单位。

正常情况下，当 16S、23S 以及 5S rRNA 的前体被转录出来后，即被核糖核酸酶Ⅲ切割下来，会经过甲基化修饰成为成熟的 rRNA。

（3）tRNA 前体的加工

刚转录出来的 tRNA 前体需要经过下列几方面的改造过程，才能形成成熟的 tRNA：在 RNA 链的 5′末端头部和 3′末端尾部切去一定的核苷酸片段；在酶催化下，对核苷进行修饰，如甲基化、假尿嘧啶的形成等；tRNA 的 3′末端连接上胞苷酸 – 胞苷酸 – 腺苷（CCA）

（三）蛋白质生物合成与酶

1. 密码

mRNA 是 DNA 的转录本，携带有合成蛋白质的全部信息蛋白质的生物合成实际上是以 mRNA 作为模板进行的。

mRNA 分子中所储存的蛋白质合成信息是由组成它的四种碱基（A、G、C 和 U）以特定顺序排列成三个一组的三联体代表的，即每三个碱基代表一个氨基酸信息。这种代表遗传信息的三联体称为密码子，或三联体密码子。因此，mRNA 分子的碱基顺序即表示了所合成蛋白质的氨基酸顺序，mRNA 的每一个密码子代表一个氨基酸。20 种基本氨基酸的三联体密码子都已经确定，由于 mRNA 分子中的碱基序列是连续的，两个密码子之间没有任何间隔，所以遗传密码是没有标点符号的，要准确地阅读密码，必须从一个正确的起点开始，此后方可连续地读下去，直到碰到终止信号。

64 个密码中 61 个为氨基酸编码密码，因此大多数氨基酸具有多组密码子。还有一个密码子是肽链合成起始密码子（也是甲硫氨酸的密码子），三个是终止密码子，以保证蛋白质合成能够有序地进行。

2. 蛋白质的生物合成过程

蛋白质的合成过程相当复杂，整个过程涉及三种 RNA（mRNA、tRNA 和 rRNA），几种核苷酸（ATP、GTP）以及一系列酶、蛋白质、辅助因子等。

（1）氨基酸的活化

tRNA 在氨基酰-tRNA 合成酶的帮助下，能够识别相应的氨基酸，并通过 tRNA 氨基酸臂的 3′-OH 与氨基酸的羧基形成活化酯 – 氨基酰-tRNA。

每一种氨基酸至少有一种对应的氨基酰-tRNA 合成酶它既催化氨基酸与 ATP 的作用，也催化氨基酰基转移到 tRNA。氨基酰-tRNA 合成酶具有高度的专一性。每一种氨基酰-tRNA 合成酶只能识别一种相应的 tRNA。tRNA 分子能接受相应的氨基酸，取决于它特有的碱基顺序，而这种碱基顺序能够被氨基酰-tRNA 合成酶所识别。

肽合成完成后，有专一性的酶将 N-甲酰甲硫氨酸从肽链的 N 端切除。

（2）肽链合成的起始

在大肠杆菌中，mRNA 在起始因子 3（IF3，相对分子质量为 21000 的蛋白质）的参与下，首先与核糖体的 30S 亚基结合，形成 mRNα-30S-IF3 复合体，然后在起始因子 1（IF1，相对分子质量约为 1000 的蛋白质）和起始因子 2（IF2，相对分子质量约为 8000 的蛋白质）的参与下，与 fMet-tRNAf、GTP 结合，并释放出 IF3，形成一个 30S 起始复合物：30S 核糖体亚基-mRNα-fMet-tRNAf、GTP。这个复合物再与 50S 亚基结合，形成具有生物学功能的 70S 起始复合物。同时，GTP 水解成 GDP 和磷酸，释放出起始因子 IF1 和 IF2。这时，fMet-tRNAf 占据了核糖体上肽酰位点（P 位点），空着的氨酰-tRNA 准备接受另一个氨酰 tRNA，为肽链的延伸做好了准备。

首先 eIF2-GTP 使 Met-tRNAi 与 40S 亚基结合形成 40S 起始复合物，5′-帽子结合蛋白（cap-binding protein，CBP）与 mRNA 的 5′-帽子结合，eIF3 与 mRNA 5′ 端的 AUG 相识别。eIF4 则促使 ATP 水解成 ADP，提供反应的能量。eIF5 诱导 eIF2 和 eIF3 参与 Met-tRNAi 与 AUG 识别后的释放，在 eIF4 的作用下，促使 eIF2-GTP 中的 GTP 水解为 GDP，一起离开复合体，最后核糖体的 60S 亚基结合到复合体上，eIF4 被释放，从而形成 80S 起始复合物。

（3）肽链的延伸

肽酰基从 P 位点转移到 A 位点，同时形成一个新的肽键，即进入 A 位点的氨酰-tRNA 上的氨基与 P 位点上的肽酰-tRNA 上的羧基之间形成一个新的肽键。

这一步需要 50S 核糖体上的蛋白质因子即肽酰转移酶参加。同时 P 位点上的 tRNA 卸下肽链成为无负载的 tRNA，而 A 位点上的 tRNA 这时所携带的不再是一个氨基酸而是一个二肽。这一步反应还需要有较高浓度的 K^+ 与 Mg^{2+} 参加。

（4）多肽链合成的终止和释放

肽链合成的终止包括两个步骤：①对 mRNA 上终止信号的识别；②完工的肽酰-tRNA 酯键的水解，以便使新合成的肽链释放出来。

mRNA 上肽链合成的终止密码子为 UAA、UAG、UGA，3 三种蛋白质因子（RF1、RF2、RF3）参与这一步反应。

RF1 用以识别密码子 UAA、UAG。RF2 帮助识别 UAA、UGA。RF3 不能识别任何密码子，但能协助肽链释放，RF1 或 RF2 可能还可以使 P 位点上的肽酰转移酶活力转变为水解酶活力，从而使肽酰-tRNA 不再转移到氨酰-tRNA 上，而脱落进入溶液中。一旦 tRNA 从 70S 核糖体上脱落，该核糖体就立即离开 mRNA，解离成 50S 和 30S 亚基，重新投入新一轮反应中，RF3 与 30S 亚基结合后，可防止 50S 与 30S 亚基的聚合。

四、遗传信息表达过程的化学调控

细胞的生长、发育以及死亡过程涉及许多生物化学反应。遗传信息的传递与表达牵涉到各种生物大分子的合成、跨膜转运、修饰加工、折叠复性、生化反应、生物降解等过程。许多化学物质在体内与参与这些过程的生物大分子发生相互作用，从而起到诱导、抑制某些蛋白质、DNA、RNA 多糖以及肽聚糖等的生物合成的作用。

因此，通过化学物质对遗传信息表达的调控可以探索未知基因、蛋白质的生物合成过程，达到对生物通路的调控，发现新的药物靶点，从而推动生命科学、药学的理论研究。

（一）抑制核酸合成的化学物质

许多化学物质能与核酸或者核酸合成过程中的酶、蛋白质结合，从而抑制核酸的合成，其中有些化合物可以作为抗病毒或抗肿瘤方面的药物，在临床上得到广泛的应用。在分子生物学、分子进化以及基因表达调控研究中也常使用一些抑制剂，探索核酸及其合成过程涉及的酶和蛋白质的功能。

（二）抑制蛋白质合成的化合物

氯霉素、四环素、链霉素等抑制原核细胞蛋白质的生物合成，但对真核细胞蛋白质合成无影响。氯霉素可与原核细胞的 70S 核糖体结合，从而影响了肽酰转移反应，对真核细胞 80S 核糖体无作用，但却可以抑制真核细胞线粒体内蛋白质的合成，因此对人产生毒性。

亚胺环己酮抑制真核细胞蛋白质的合成，对原核细胞没有作用，它与 80S 核糖体结合后，阻止肽链的形成。

嘌呤霉素和酪氨酰-tRNA 的结构与氨酰基-tRNA 分子的腺苷相连接的氨基酸末端基团相似，因此作为氨酰基-tRNA 的类似物与正在延伸的多肽链结合而抑制了蛋白质的合成。

红霉素（erythromycin）可与原核细胞核糖体的 50S 亚基结合，抑制了肽酰基转移酶的活性，阻碍了肽链的延伸。

梭链孢酸（fusidic acid）是一种类固醇类抗生素，它抑制 EF-G：GDP 从核糖体上的移位反应，从而抑制蛋白质的合成。

第二节 化学物质对酶的抑制作用

许多分子因素能干扰催化作用，使酶促反应速率减慢或完全停止。这类效应称为酶的抑制作用。这些能使酶活性受抑制的分子因素称为酶的抑制剂。酶的抑制作用不同于酶的失活作用和去激活作用。酶的失活作用常指酶蛋白变性引起的酶活力降低或者消失。去激活作用是因为激活剂的去除而引起酶活力的降低。抑制剂之所以能够抑制酶促反应，主要是它们能与酶分子的某些必需基团（主要是活性部位）结合，使这些必需基团的性质和结构发生改变，从而导致酶活性降低或消失。

1913 年米凯利斯（Mi chaelis）和门顿（Men ten）首先利用化学反应动力学原理得出了酶催化反应的速率定律。假设体系的游离底物为 S，游离酶为 E，且酶只有含单底物结合位点，则酶的催化反应的动力学模型为

$$E + S \underset{k_{-1}}{\overset{k_1}{\rightleftharpoons}} ES \overset{k_2}{\longrightarrow} E + P$$

通过酶抑制作用的研究，不仅可以了解酶的专一性、酶活性部位的物理和化学结构、酶的动力学性质及酶的催化性质等，还可阐述某些代谢途径，为新药和新农药的合理设计提供理论依据。根据抑制剂与酶作用的方式，可以把抑制作用分为可逆抑制与不可逆抑制两大类。

酶反应的抑制剂可认为是首先与酶分子经分子间作用力（如静电引力、疏水键、氢键或范德华力等）形成可逆的酶 – 抑制剂复合物。该复合物可以解离回到游离的酶及抑制剂分子，这就是可逆抑制剂。若酶与抑制剂之间发生的是共价结合，则是不可逆抑制剂。

一、可逆抑制作用

按可逆抑制剂对酶 – 底物结合影响不同，可分为许多类型。以 E、S 和 I 分别代表酶、底物和抑制剂，它们的反应历程可用下列通式表示：

$$
\begin{array}{ccccc}
E & + & S & \underset{}{\overset{K_s}{\rightleftharpoons}} & ES & \overset{k_p}{\longrightarrow} E + P \\
+ & & & & + \\
I & & & & I \\
K_i \big\updownarrow & & & & \big\updownarrow K_i' \\
EI & + & S & \overset{K_s'}{\rightleftharpoons} & EIS
\end{array}
$$

根据此反应历程，得到总速率方程，将该方程做双倒数处理得

$$\frac{1}{v} = \frac{k_m}{V_{max}}\left(1 + \frac{[I]}{K_i}\right)\frac{1}{[S]} + \frac{1}{V_{max}}\left(1 + \frac{[I]}{K_i'}\right)$$

在不同的抑制作用中，仅在于 EI 的解离常数 K_i 和 E1S 的解离常数 X; 两个数值不同，

一般可分为四个类型，即竞争性抑制、非竞争性抑制、反竞争性抑制和混合性抑制。

（一）竞争性抑制作用

竞争性抑制是一类最常见的可逆抑制。发生竞争性抑制时，抑制剂 I 和底物 S 争夺酶 E 的活性部位，因为酶不能同时与底物结合又与抑制剂结合。而底物又不能与 EI 结合，抑制剂也不能与 ES 结合，所以 EIS 不存在，就是说 K_i' 和 K_s' 的值都是无穷大。一般来说，竞争性抑制剂和底物有相似的结构，因此抑制剂也能与酶的活性部位结合，但不能转化为产物。抑制剂的结合部位与底物与酶的结合部位相同。抑制剂浓度越大，则抑制作用也越大，但增加底物浓度可使抑制程度减小。乙醇，竞争性抑制可以借助增加底物浓度而解除。

（二）非竞争性抑制作用

抑制剂 I 是在活性部位以外的结合部位与酶结合的，并且底物和抑制剂与酶的结合严格地互不干扰。这种抑制就是非竞争性抑制。

非竞争性抑制剂并非结合于酶活性中心的底物结合位点，而是结合于活性中心附近的某些区域或基团，不影响酶与底物的亲和力，S 和 I 都可可逆独立地结合于酶的不同部位上。由于非竞争性抑制剂的作用部位不是十分清楚，因此不能根据酶的底物及酶活性中心的结构设计非竞争性抑制剂。目前所发现的一些酶的非竞争性抑制剂大多数都是随机筛选得到的化合物。

染料木素（genistein）对葡萄糖苷酶的抑制作用就是非竞争性抑制作用。他克林（tacrine）是治疗老年痴呆症的乙酰胆碱酯酶的非竞争性抑制剂。

（三）反竞争性抑制作用

反竞争性抑制剂 I 不能与自由酶结合，只能与 ES 可逆结合生成不能分解成产物的 EIS。这一点与竞争性抑制相反，K_i 值为 ∞，EIS 只能解离成 ES + I，而不能解离成 EI + S。

反竞争性抑制程度取决于 [I]、[S]、K_i 和 k_m 等。它的抑制程度随底物浓度的增加而增加。反竞争性抑制剂使酶的 k_m 值降低，从这一点看，反竞争性抑制剂不是一个抑制剂，而像是一个激活剂。它之所以造成对酶促反应的抑制作用，完全是它使 V_{max} 降低而引起。因此，如果 [s] 很小，反应主要为一级反应，则抑制剂对 V_{max} 的影响几乎完全被对 k_m 的相反影响所抵消，这时几乎看不到抑制作用。

反竞争性抑制的动力学特点是，抑制剂使 k_m 和 V_{max} 值都降低，而且降低同样的倍数，因此 k_m/V_{max} 的值一直保持不变，反映在双倒数作图中呈一组平行的直线。

反竞争性抑制在单底物酶催化反应中比较少见。胎盘碱性磷酸酯酶以葡萄糖-6-磷酸或 β-萘酚磷酸酯为底物时，L-苯丙氨酸为反竞争性抑制剂；顺铂对乙酰胆碱酶的抑制作用也是属于反竞争性抑制类型。

(四) 混合性抑制作用

混合性抑制作用中 S 与 E 或 EI 都能够结合，I 也可与 E 或 ES 结合，但亲和力都不相等，表明 S 和 I 对酶的结合互有影响，K_s 和 K_s' 两者既不无穷大，又互不相等，K_s 和 K_s' 也不相等。

有关可逆抑制作用的通式就是混合性抑制作用的通式。

$$\frac{1}{v} = \frac{k_m}{V_{max}}\left(1 + \frac{[I]}{K_i}\right)\frac{1}{[S]} + \frac{1}{V_{max}}\left(1 + \frac{[I]}{K_i'}\right)$$

二、不可逆抑制作用

这类抑制作用的抑制剂与酶分子上的某个必需基团以牢固的共价键结合使酶失活。不能用透析、超滤等物理方法除去抑制剂而使酶复活。不可逆抑制作用的特点是随着时间的延长逐渐增加抑制，最后达到完全抑制。其抑制作用可用下式表示：

$$E + S \rightleftharpoons ES \longrightarrow E + P$$
$$\Big\downarrow{+I}$$
$$EI$$

不可逆抑制作用分为非专一性不可逆抑制作用和专一性不可逆抑制作用，相应地，不可逆抑制剂也分为指向活性部位抑制剂和基于机理的不可逆抑制剂。

(一) 非专一性不可逆抑制作用

这类抑制剂是作用于酶分子中的一类或几类基团，这些基团中包含了必需基团，因而引起酶的失活。类型有酰化剂 RCOX，作用于 SH、OH、NH_2、对苯酚基；烷化剂 RX，作用于 OH、SH、COO^-、SH^+—CH_3、咪唑阳离子；还原剂和氧化剂，分别作用于 S—S 和 SH；有机汞、有机磷，作用于 SH。

(二) 专一性不可逆抑制作用

这类抑制剂选择性很强，它只能专一性地与酶活性中心的某些基团不可逆结合，引起酶的活性丧失，如有机磷杀虫剂。

（三）酶自杀性底物抑制作用

这类抑制剂呈现其活性是在酶的催化过程中实现的。其结构与底物有很大的相似性，与酶分子有较高的亲和力，它本身无化学活性或者没有化学活性基团，从而与酶的活性部位处的亲和性基团发生不可逆的结合反应，使酶失活。

自杀性底物有以下几种：

（1）K_s 型

一种抑制剂只作用于酶分子中一种氨基酸侧链基团，该氨基酸残基属于酶的必需基团，如有机汞专一作用于巯基，有机磷农药（如乐果、敌百虫）专一作用于丝氨酸羟基。

（2）K_{cat} 型

抑制剂为底物的类似物，但其结构中潜藏着一种化学活性基团，在酶的作用下，潜在的化学活性基团被激活，与酶的活性中心发生共价结合，不能再分解，酶因此失活。

自杀性底物具有以下结构特征和性能：①与正常底物的化学结构具有相似性；②可以与酶结合成复合物，有较大的亲和力；③在通常状态下，有低反应性能或化学惰性的基团或结构片段；④在酶的催化阶段，可将惰性基团转化为反应性能强的中间体；⑤与酶的活性部位发生化学反应，特别是共价键合，使酶不可逆失活。

酶的自杀性底物的特异性：基于它与正常底物的结构相似性，这是酶与该抑制剂结合成复合物并经催化反应暴露出活性基团的前提。所暴露出的反应活性基团大多是亲电基团，含不饱和羰基的醛、酮、亚胺或酯等与酶分子的亲核基团发生迈克尔加成反应，生成的负碳型中间体被负电性的羰基共振稳定化，使邻位碳发生消去反应或去质子化，生成邻位不饱和键。

（四）指向活性部位抑制剂

指向活性部位抑制剂的作用特征是，抑制剂分子中含有化学活泼的功能基，它与酶的活性部位处的基团或原子发生共价结合，使酶失活。这类抑制剂的结构类似于酶的底物，可被酶的活性部位识别，可用于酶活性中心的结构研究，也称为亲和标记试剂。

指向活性部位的不可逆抑制剂的化学活性基团多为亲电试剂，与其发生反应的酶活性部位的基团则是亲核性基团，形成共价键。

第三节　化学物质对酶的激活作用

某些酶在一些物质的作用下才能表现出酶的催化活性或酶的催化活性增强，这种作用称为酶的激活（activation）作用。能够引起酶的激活作用的物质称为酶的激活剂（activator），又称酶的激动剂。许多酶包括蛋白水解酶、激酶、磷酸化酶都是通过翻译后修饰的方式（如磷酸化）被激活的。研究表明一些化学物质及合成小分子也可以实现对酶的激活。

激活剂的作用特点是：

第一，酶对激活剂具有一定的选择性，一种激活剂对某种酶起激活作用，但对另一种却起抑制作用。例如，Mg^{2+}对脱羧酶有激活作用，而对肌球蛋白的 ATP 酶活性却是抑制作用；Ca^{2+}对这两种酶的作用刚好相反。

第二，某些离子具有拮抗作用。例如，Na^+抑制 K^+的激活作用，Ca^{2+}抑制 Mg^{2+}的激活作用。

第三，有些金属离子激活剂可互相替代，如 Mg^{2+}被 Mn^{2+}替代。

第四，激活剂的作用常与它的浓度有关。例如，NADP + 合成酶，当［Mg^{2+}］为（5 ~ 10）$\times 10^{-3}$ mol/L 时起激活作用，当［Mg^{2+}］升高至 30×10^{-3} mol/L 时，活性反而下降。

第五，激活剂的作用机制是多种多样的，可能是作为辅酶或辅基的一个组成部分，也可能直接作为酶活性中心的构成部分；有些激活剂如 Cys 和 GSH 是作为还原剂，将巯基酶中的某些二硫键（—S—S—）还原为 SH，因而提高酶活性，某些部位的 SH 是巯基酶起催化作用所需的基团。有些激活剂（如 EDTA 和柠檬酸盐等）是通过螯合以除去具有抑制作用的金属离子。

激活剂大部分是离子或简单的有机化合物。激活剂大致可分为四种类型，即无机离子、有机分子、生物大分子、高分子物质。

一、有机分子激活剂

作用机理研究发现，小分子对蛋白质的激活作用主要包括四种途径：①小分子结合到蛋白质催化结构域的变构部位上，导致蛋白质的构象发生变化，从而激活整个蛋白；②小分子结合到蛋白质的催化结构域的变构部位上，激活蛋白质的翻译后修饰过程；③小分子结合到蛋白质的调节亚基上，激活蛋白质的催化结构域；④小分子结合到蛋白质的调节亚基上，促进蛋白质的寡聚化。

（一）具有巯基的还原剂

巯基蛋白酶（也称半胱氨酸蛋白酶）的活性中心含一双氨基酸，即 Cys-His 不同族的酶中 Cys 与 His 前后顺序不同。酶活性部位半胱氨酸是易被氧化的，因而这些酶在还原环境是最有活力的。木瓜及菠萝蛋白酶就属巯基蛋白酶，其活性中心的巯基易被氧化而失活，当其与半胱氨酸、2-巯基乙醇和还原型谷胱甘肽等含有巯基的物质结合后，可以使酶分子中被氧化的 SH 还原，从而使酶的催化活力得以提高。

这些含有巯基的化合物还可以作为金属酶，活性中心是轴向配体，从而激活酶的催化作用，如巯基苯甲酸、巯基乙酸、半胱氨酸对细胞 P450、过氧化氢酶的激活作用。

（二）多羟基化合物

多羟基化合物（如甘油、乙二醇、糖类物质等）不但可以作为酶的稳定剂实验，而且它们对许多酶具有催化作用。例如，在 Mg^{2+} 或 Mn^{2+} 节在的情况下，蔗糖对天冬氨酸酶具有较强的激活作用，天冬氨酸酶的催化活力与不加蔗糖时的相比可提高 5.18 倍。

另外，3-磷酸甘油是腺苷二磷酸葡萄糖焦磷酸化酶最有效的激活剂，用 0.1 mol/L 3-磷酸甘油作为激活剂可使腺苷二磷酸葡萄糖焦磷酸化酶的 V_{max} 提高近 4 倍。

（三）金属螯合剂

EDTA 和柠檬酸盐等通过螯合以除去具有抑制作用的金属离子，从而显著提高酶的活性。

（四）变性剂

某些变性剂（如脲、盐酸胍等）可以完全破坏酶蛋白的空间构象，使酶失去活性，但是当变性剂的浓度较低时，酶蛋白仅发生了部分变性。由于酶活性中心附近的多肽链的柔性，部分变性剂使活性中心的空间构象发生的改变，有利于底物的结合以及产物的离去，从而使酶的催化活性提高。

（五）溶剂

在某些情况下，低浓度的有机溶剂有助于底物的溶解，故可采用加有机溶剂的方法提高酶的催化活性胰蛋白酶催化的反应在适量甲醇的存在下，胰蛋白酶分子的共价结构没有被破坏，分子构型没有改变，但其分子构象却改变了。这种构象的改变可以导致酶催化的升高，从而提高了催化活性。

生物酶催化反应具有反应条件温和、无环境污染、反应速度快、选择性好等优点，但是传统的有机溶剂的使用往往限制了酶的活性、选择性或稳定性。研究表明离子液体可以作为生物催化反应的介质，并且表现出许多传统的有机溶剂所没有的性质和现象。

二、生物大分子

某些蛋白质包括某些酶是无活性的前体，如激素原（prohormone）、酶原（proenzyme 或 zymogen）形式合成并储存的，酶原经专一的蛋白酶解断开某个（些）肽键，有时并除去部分肽链才转变成有活性的酶，此过程称为酶原激活（zymogen activation），这些蛋白酶也称为激活剂。

（一）消化系统中的酶原激活

消化道中有许多水解食物的蛋白质的消化酶。一类是水解多肽链内部肽键的内肽酶，包括胃黏膜分泌的胃蛋白酶和胰腺分泌的丝氨酸蛋白酶：胰蛋白酶、胰凝乳蛋白酶和弹性蛋白酶（elastase）；另一类是从肽链的一端逐个切除氨基酸残基的外肽酶，如胰液中的羧肽酶和肠黏膜分泌的氨肽酶。这些消化酶被分泌前在组织中都以酶原形式存在。

胰腺中的蛋白酶确实是以酶原形式，如胰蛋白酶原（trypsinogen）、胰凝乳蛋白酶原（chymotrypsinogen），弹性蛋白酶原（proelastase）和羧肽酶原（procarboxypeptidase）存在并分泌的。酶原的稳定性并不强，如极少量的胰蛋白酶便能激活胰蛋白酶原，产生更多的胰蛋白酶，引起自我催化或自我激活。一般胰蛋白酶抑制剂能有效地抑制胰蛋白酶的活性免遭因自我激活而造成严重后果。

2. 凝血系统中的酶原激活

生物体要求血液在血管中能畅流无阻，又要求一旦血管壁破损能及时凝固堵漏。血液中存在一个至少含有 12 种凝血因子（clotting factor）的凝血系统。正常生理情况下凝血因子以无活性的前体或酶原形式存在，当受伤流血时，这些前体立即被激活，使伤口处血液凝固并把伤口封住，以阻止继续流血。

血液凝固是极其复杂的生物化学过程，涉及一系列酶原被激活形成一个庞大的级联放大系统，使血凝块迅速成为可能。如果血凝过度，则血液中会出现血栓，血栓会引起严重的疾病，如心肌梗死、脑血栓和肺血栓等。好在血液中还存在一个所谓纤溶系统（fibrinolysis system）。该系统包括纤溶酶原（plasminogen）和纤溶酶原激活剂（plasminogen activator，PA），如组织型纤溶酶原激活剂（t-PA）等，它们也都是丝氨酸蛋白酶类。t-PA 仅能激活黏附在血凝块上的纤溶酶原，不影响血液中的游离纤溶酶原，因此不会造成过度纤溶而引起出血。近年来 t-PA 已被应用于临床，治疗急性心肌梗死。

三、高分子化合物

高分子化合物，如聚乙烯亚胺、聚精氨酸、聚赖氨酸等聚电解质，在低浓度的溶液可以与酶蛋白分子表面的相反电荷相互作用，多点的静电引力结合可能使酶活性中心附近的空间构象发生变化，从而提高酶的催化活力。例如，低浓度的聚乙烯亚胺可使乳酸脱氢酶和天冬氨酸酶活力分别提高 5.0 倍和 1.0 倍，聚乙烯吡咯酮（PVP）对烟草硝酸还原酶也具有较强的激活作用。

第四章 糖的化学生物学

糖是地球上量最大的一类有机化合物，在生命体中起着非常重要的作用。糖的生物学和生物科学的多个领域相关，如分子生物学、细胞生物学、病理学、免疫学、神经生物学等，而糖化学的深入研究又进一步促进了相关学科的发展。糖作为生物体内传导识别和调控信息的关键分子，其化学生物学意义重大。可以预料，在不远的将来，糖化学的研究将大放光彩。本章着重阐述糖化学基础知识，在介绍与糖相关的应用技术过程中提出糖的化学生物学问题。

第一节 糖与糖的化学生物学

一、糖化学与糖生物学

长期以来，糖被认为仅是一种能量储存物质，而且糖类分子的合成与结构研究非常困难，导致糖的研究一直较为沉寂。直到19世纪后叶，德国化学家费歇尔才首次阐明了多种单糖结构构型及其相互之间的关系，为糖化学研究奠定了基础。英国化学家哈沃斯首先发现并确定糖的环状结构，提出了单糖的"构象"概念，强化了糖的研究基础。直到发现糖核苷二磷酸的生物学作用，并证明生物体内糖缀合物的合成需要活化的糖苷酸作为供体，才奠定了糖的生物化学基础。

20世纪70年代以后，随着现代分离分析技术的快速发展，人们对糖化学有了更为深入的理解。在生命过程中，糖不仅能够储能、充当细胞骨架，而且在细胞识别、信号转导等多方面也起到了重要的作用。糖化学和生物化学的交叉产生了生命科学领域中一个重大前沿学科，即糖生物学（glycobiology）。糖生物学可定义为一门以寡糖或糖缀化合物为研究对象，以糖化学、免疫学及分子生物学为手段，研究寡糖链作为"生物信息分子"在多细胞、高层次生命中的功能的学科。

在糖生物学几十年的发展过程中，研究者对聚糖的结构、化学性质、生物合成及功能进行了广泛而深入的研究，糖基化修饰的生物学意义及与疾病的关系也得到了一定程度的揭示。然而，相对于蛋白质和核酸等生物大分子的研究，对聚糖在分子层次的功能解析仍是滞后的造成这种局面最重要的原因之一就是聚糖的生物合成不受基因模板直接控制，而是通过基因编码的糖基转移酶控制的突破传统生物学方法局限性的糖生物学研究新方法新技术亟待发展糖的化学生物学这一交叉领域应运而生，并迅速发展。

二、糖生物学的意义

糖生物学研究的主要内容是糖作为信息分子和调节分子在生物体的各项生命活动以及病理机制中的作用在后基因组时代，人们认识到糖类分子是继核酸和蛋白质之后的构成生物信息的又一大类重要生物分子。20 世纪拯救了亿万人生命的两大发现均与糖有关。分别是：血型的发现和配型输血技术，以及青霉素的发现。人类血型这一科学领域涉及天然糖抗体、血型糖抗原的表达及糖基转移酶基因多态性等研究。青霉素的作用机制是通过阻断细菌多糖的合成，破坏细菌细胞壁的结构而杀菌。

很多疾病与细胞表面糖结构的改变密切相关，糖生物学的研究有利于疾病的诊断和治疗。例如，流感病毒通过与宿主细胞表面的带有唾液酸的糖链结合感染生物体。另外，可以利用单克隆抗体技术确定糖蛋白和糖脂中糖链的组成来对抗癌症。科学界已经证实糖链作为信息分子在受精、增殖、分化、神经系统和免疫系统稳态的维持等方面均起着重要的作用。

糖生物学领域的科研工作者经过多年努力得到了一系列的成果，主要有：糖基转移酶转基因细胞的发现、钙黏素 N-CDI 单晶三维结构的阐明、糖基化对糖蛋白作用的阐明、血型抗原 Lewis X 三糖结晶分子结构的确定、岩藻糖基化肽的合成，寡糖配体和糖结构数据库的出现、肝素抗凝血五糖模拟物的合成等。

从化学生物学的角度看，所谓糖生物学，实际上是糖的化学生物学研究内容中侧重解决生物学问题的部分。糖生物学研究对糖的生物学功能的揭示，离不开糖分子与其他生物分子的作用，也不能回避其他分子对糖分子行为、合成及代谢的影响。

三、寡糖

寡糖一般指由 2 ~ 10 个糖苷键聚合而成的糖类化合物，其重要功能是参与信号转导等生物过程。寡糖的结构十分复杂，这主要体现在糖基的连接方式多种多样，而且由于 α- 和 β- 两种构型糖苷键的并存，更加丰富了寡糖的结构类型。此外，应该认识到寡糖的构象是动态的，在局部区域中/间存在电子的相互作用、协同相互作用和近程及远程相互作用，多种构象的能量差别不大，有些寡糖以最稳定的构象存在，而有些则在两种可能的构象之间翻转寡糖构象的不均一性，导致寡糖的构象分析十分困难。目前，主要的测试手段有 X 射线晶体学（XRD）和核磁共振（NMR）方法，仅得到很少的寡糖或寡糖缀合物构象数据。尽管同一种寡糖在不同条件下出现不同的构象，但总体形状没有太大变化。

寡糖测序非常困难，目前还没有发展出一套成熟的测定单一寡糖序列的方法，现有的方法一般采用酶法分析、凝集素分析等，并需要质谱和核磁结果来共同确定寡糖的结构。

四、糖缀合物与糖基化

单糖、寡糖或多糖与蛋白质和脂质连接形成糖缀合物通常把糖蛋白与糖脂中的糖部分称为聚糖，目前研究较多的聚糖主要有三大类，即通过氮原子与蛋白质连接的聚糖、通过氧原子与蛋白质连接的聚糖以及与脂质连接的聚糖糖缀合物是在细胞内质网和高尔基体内合成的。糖基化的各个步骤是组成细胞完整分化结构的必要部分。

（一）N-连接糖基化

目前，了解最为清楚的蛋白质糖基化过程是从连接糖基化途径加深对这一过程的理解有利于人们对糖基化功能及其进化史的认识。

N-连接糖基化一般经过三个主要的步骤：①脂连接前体寡糖的形成；②寡糖整体转移到多肽；③寡糖的加工和再加工过程脂连接前体合成、寡糖转移和初始加工过程在粗面内质网中进行，而再加工新生糖蛋内的过程是在高尔基体中完成的。需要认识到，每个过程都需要酶的催化才能完成，如第二步需要寡糖基转移酶的介入，而寡糖的加工和再加工过程需要多种酶的参与。

不同的N-连接聚糖有共同的核心结构，在动物细胞中，能够被糖基化的潜在位点总是Asn-X-Ser/Thr（其中 X 可以是脯氨酸以外的氨基酸），与天冬酰胺残基（Asn）连接的总是 N-乙酰葡萄糖胺，同时一般以 β-构型形成糖苷键。不同的 N-连接聚糖的精细末端结构有所差别。例如，ABO 血型取决于红细胞聚糖的各种末端糖。A 型个体末端半乳糖残基被从乙酰半乳糖胺修饰，而 B 型个体只附加一个牛乳糖。O 型个体对 A 和 B 个体都产生抗体，末端比 A、B 缺少两个糖基。

需要认识到的是，单个糖蛋白的 N-连接聚糖是不均一的。有共同的多肽链但携带不同聚糖的糖蛋白分子称为糖型（glycoform）。虽然糖蛋白的糖型具有多样性，但只有少数几种糖型起主要作用。

（二）O-连接糖基化

多肽链中含有的丝氨酸（Ser）和苏氨酸（Thr）[周围脯氨酸（Pro）序列比较集中]都是 O-连接聚糖的潜在结合位点。这些 O-连接聚糖是有特殊功能的，如暴露在环境中保存水分的黏蛋白就是一大类 O-连接糖基化的蛋白。将唾液酸化的聚糖簇连接到丝氨酸和苏氨酸上，能形成强的负电荷区，增强其与水的结合能力。此外，黏蛋白还起到润滑的作用，诱捕潜在的病原体，并能将其从细胞表面上清除，防止微生物的入侵。

O-糖基化的生物合成发生在高尔基体内，但是与；N-糖基化有所不同。首先，所有的糖是从与 Ser/Thr 相结合的第一个；N-乙酰半乳糖胺（GalNAc）残基开始，按顺序逐个加上去，同时不存在预先形成的核心或整体转移。O-糖基化不存在类似 2V-糖基化位点的简单靶序列。导致这种结果的原因是催化 GalNAc 与 Ser/Thr 残基结合的寡糖转移酶有很多，然而 N-连接核心的糖基化只有单一的一种寡糖转移酶。

O-连接聚糖有多种结构和功能，存在多种不同的蛋白质聚糖链连接，其中包括 Gal-NAc、岩藻糖、GlcNAc、甘露糖、木糖或半乳糖与丝氨酸、苏氨酸或羟基赖氨酸残基连接。O-连接聚糖进化出了许多独特的功能，关于这方面还有很多不清楚的地方，仍有待深入的探究。

（三）糖脂

糖脂是糖缀合物中一类重要的化合物，包括糖基甘油酯和糖鞘脂两种化合物。一般文献中所说的"糖脂"主要指糖鞘脂类化合物。糖鞘脂是真核细胞膜的组成部分，具有重要的生理功能，不仅维持着细胞的正常结构，同时参与细胞的多种社会行为，如细胞黏附、生长、增殖、分化、衰老、凋亡及信号转导等。

糖鞘脂为一类两性分子，由糖链、脂肪酸和神经鞘氨醇的长链碱基三部分组成。其结构非常复杂，目前已发现 200 多种不同的结构。它们之间的差别主要体现在糖苷链部分。根据糖链的变化，糖鞘脂可分为四类，分别为脑苷脂、硫苷脂、中性糖鞘脂和神经节苷脂。

细胞表面糖脂在神经系统发育中起着重要的作用。神经系统绝缘轴突的髓鞘脂含量超过 25%，其主要成分为以半乳糖为基础的半乳糖脑酰胺和硫苷脂，并含有大量的各种葡萄糖鞘脂类分子。通过敲除小鼠个体细胞的介导葡萄糖脑酰胺合成酶，科学研究者发现介导葡萄糖脑酰胺合成酶不影响小鼠的基本生理功能，但是影响其发育，同时小鼠表现为神经缺陷，髓鞘功能不全。除了糖脂之外，还有其他糖类分子在神经系统的发育中也发挥了重要的作用，如唾液酸、海藻糖以及葡萄糖胺聚糖。随着这方面研究的深入，基于糖生物学的一门新的前沿学科——神经糖生物学产生了。

糖鞘脂结构复杂，天然产物分离获得的数量有限，纯化困难。因此，化学合成糖鞘脂受到了越来越多的关注，为研究糖鞘脂结构与生理作用提供了强有力的工具。化学全合成糖鞘脂的关键在于神经鞘氨醇（或神经酰胺）和寡糖片段的偶联。目前主要有两种方式实现偶联。第一种是直接将制备好的神经酰胺与糖基相连；第二种由两步组成，首先将神经酰胺氨醇与糖相连，然后用适宜的脂肪酸进行 N-酰基化。实践证明第二种方式的效率较高。同时，寡糖合成中存在的问题在糖鞘脂的合成中也反映出来，所以酶催化的糖鞘脂的合成尤为重要。科研工作者应该在此方面探索新方法和新技术。只有这样才能促进糖鞘脂生物活性与药物应用的深入研究。

第二节 糖的合成

越来越多的实验证明糖类生物大分子在生命体中发挥的重要作用与其复杂的结构密切相关，即使是化学结构差别细微的寡糖分子在生命体中表现出的性质也有非常大的区别。均一的糖样品获得是许多糖基化问题研究的重要基础，然而糖在生物体系中具有不均一性，从生物体系分离提纯往往难度很大。因此，糖的化学合成无疑是该问题的一个解决方案，合成特定结构的寡糖分子对于理解生命过程具有重要的价值。

寡糖合成涉及的内容非常丰富，是一个庞杂的化学工程。对于一个复杂寡糖的设计与合成，我们需要一种战略性的合成设计思想。与复杂有机分子合成类似，寡糖的合成需要考虑保护基的合理选择以及最优化的合成策略

一、糖的保护基

糖类分子含有大量的功能基团，如羟基、氨基及羧基。在合成流程中，当进行选择性反应时，一些功能基团必须被保护。因此，选择合适的保护基是目标化合物成功合成的关键。理想的保护基应该满足下列条件：①保护基便宜、易得、稳定及无毒，引入条件合适；②保护基在整个反应过程是稳定的；③保护基的脱除高效且条件温和；④分子脱保护基后，保护基部分与产物容易分离3保护基可分为保留保护基和临时保护基。在整个合成流过程中，保留保护基一直存在，在合成流程最后才脱除；而临时保护基脱除是不影响其他保护基的。

在糖分子中引入保护基后，有些保护基会影响其他功能基团的活性。这些影响因素包括电子效应、位阻效应等。例如，吸电子酯类保护基会降低邻近羟基的亲核性，大位阻的保护基对其他功能基团会有空间位阻。

选择保护基时要考虑保护基的正交性，即当同时存在多种保护基，脱除一种保护基不对其他保护基产生影响。这对于合成复杂的寡糖非常重要。糖类分子富含多个羟基，因此羧基是经常需要保护的，羟基的保护基一般有：酯类保护基、醚类保护基、缩醛及缩酮类保护基。它们的脱除条件各不相同，酯类保护基通常是在碱性条件下脱除的，而缩醛及缩酮类保护基则是在酸性条件下脱除的。此外，氨基糖常作为糖蛋白、糖脂等糖基化生物大分子结构的一部分。因此，糖类分子中氨基的保护对于寡糖类生物大分子的合成也是非常有意义的。最常见的氨基保护基为乙酰基和邻苯二甲酰基。在碱催化条件下，酸酐能高效地以酰基的形式保护氨基，解除保护是在强碱性的条件下实现的。叠氮化物、二硫代丁二酰基、烯丙氧羰酰基，及三氯乙氧羰酰基也能用于氨基的保护。

二、糖的液相合成

聚糖的液相线性合成要求运用多次复杂的保护和去保护，以实现糖苷键连接的选择性。传统的糖化学合成方法多适用于相对分子质量小的聚糖合成，并且往往无法大量合成。为了突破这些局面，科学家发展了"一锅法"等新的合成策略，大大提高了糖链液相合成效率。

（一）线性合成

线性合成策略的基本思想：采用逐步接长法，按位置和构型的要求将单糖用糖苷键连接起来，合成指定结构的寡糖、该策略一般用于相对分子质量较小的寡糖的线性合成，对相对分子质量较大的寡糖的线性合成有总体步骤多、工程量大、风险高的缺点。

（二）收敛式合成

收敛式合成策略的基本思想：采用预先合成的小的寡糖片段以收敛的方式组装完成目标寡糖的合成。与线性合成相比，收敛式合成有多个优点：首先，小的寡糖片段可能是天然存在的二糖衍生物，可以直接用于合成；其次，昂贵的单糖片段可以在收敛合成流程的后期引入，使成本降低；最后，操作步骤减少，降低了合成的风险。基于以上优势，相对分子质量较大的寡糖的合成一般采用收敛式合成策略。

（三）双向式合成

双向式合成策略的基本思想：以目标寡糖中一个中心单糖为出发点，利用此单糖既可以作为受体也可以作为供体的特征，向两侧延长糖链，最终完成目标寡糖的化学合成。此策略兼备了线性合成和收敛式合成的优点。

（四）"一锅法"合成

聚糖的液相线性合成要求运用多次复杂的保护和去保护，以实现糖苷键连接的选择性。一般来说，传统寡糖的合成往往步骤长、效率低、成本高，多适用于相对分子质量小的聚糖的合成，无法大量合成。"一锅法"合成（one-pot synthesis）新策略在合成中通常不分离，在一个反应器中完成所有反应。因此，这种策略避免了保护基操作和中间体的分离与纯化，合成效率得到了很大的提高用"一锅法"合成寡糖，前人的研究结果主要分为三大类型：第一类，利用糖基供体活性的差别实现糖基化的连续性；第二类，利用糖基受体活性的差别实现糖基化的连续性；第三类，综合通过糖基供体和受体的不同活性实现糖基的连续性，著名生物有机化学家翁启惠教授在该领域做出了非常重要的贡献。

三、糖的固相合成

提高糖化学合成效率的另一个重要策略就是糖的固相合成。自从 1963 年梅里菲尔德发展了固相法合成多肽以来，固相合成在核酸、糖化等多领域得到了广泛应用。与液相合成相比，寡糖的固相合成要简单得多。首先，连接到树脂的羟基可以为端基羟基也可为非端基羟基，这导致外加的试剂大为不同。一般选择将端基的羟基连接到树脂上，使用大量的可溶性的糖基供体以确保糖基化延长的产率。其次，固相合成寡糖中糖苷键的形成受到保护基的电子效应、脱保护条件的影响，同时还要考虑形成糖苷键的区域选择性和立体选择性，相关的溶剂效应、糖基供体及相关的促进剂的影响。最后，目前还没有一种通用的正交保护单糖的糖基供体。因此，寡糖的固相合成还需要科研工作者的改进与完善。

（一）固相载体的选择

载体、试剂以及反应条件的选择对于寡糖的固相合成有着重要的影响。一般来说，载体分为不溶性载体和可溶性载体两大类。常用的不溶性载体有 Merrifield 树脂、Wang 树脂以及嫁接高聚物的 TentaGel 树脂、POEPOP、SPOCC 等。与不溶性载体相比，可溶性载体具有所有化学转化都在均相中进行的优点，而且反应中不必加入过量的反应试剂，在分析监测方面也有很大的优势。但是，可溶性树脂存在沉淀过程中产物的损失较大的缺陷。以聚乙二醇为基础的可溶性载体（MPEG）在寡糖的固相合成中得到广泛的应用。

（二）连接臂的选择

连接臂的选择决定着寡糖合成中保护基和偶联条件的选择，因此至关重要。常用的连接臂有以下几类：①采用四丁基氟化铵为切割剂的硅醚类连接臂；②对酸或碱敏感的连接臂，如氨基功能化的 Rink 树脂、亚苄基型、三苯甲基型以及琥珀酰基型连接臂；③采用亲硫试剂［NBS/DTBP（二叔丁基吡啶）/MeOH］作为切割剂的硫苷连接臂；④采用氧化或氢化可断裂的连接臂；⑤采用光断裂的连接臂，如邻硝基苄醚连接臂。

（三）糖固相合成中常用的糖基化试剂

目前主要的糖基化试剂有：①使用催化量三甲基硅二氟甲磺酸酯（TMSOTf）就可以活化的糖基三氯乙酰亚胺酯；②路易斯酸活化（三氟甲磺酸野）的糖基亚砜；③亲硫试剂活化的糖基硫苷；④一些糖基化试剂，如 1，2-缩水内醚糖、氟代糖、正戊烯基糖苷和糖基磷酸酯等。

在过去的几十年里，寡糖的固相合成方法得到了很大的发展。然而，目前还没有找到复杂寡糖合成的通用方法，仍有许多基本问题亟须解决，如糖基化过程的立体选择性的控制。因此，在这方面还需科研工作者大胆的探索与发现。

四、酶促寡糖的合成

作为化学合成寡糖方法的重要补充，酶促有机合成寡糖具有高的立体选择性和区域选择性的优点，越来越受到大多数合成化学家的重视。从酶的来源和实际应用状况看，目前用于寡糖和糖缀合物合成的主要有糖基转移酶、糖苷酶以及糖基合成酶。

（一）糖基转移酶

自然界生物合成寡糖主要采用了两组酶体系，即尿苷酰转移酶（Leloir 转移酶）和非尿苷酰转移酶（非 Leloir 转移酶）。两者的差别在于它们利用的糖供体不同：Leloir 转移酶利用经核苷酸活化的单磷酸化或二磷酸化的单糖为活性供体，非 Leloir 转移酶利用磷酸化的单糖为活性供体。后者的研究和应用较少，目前人工酶催化合成寡糖主要是通过 Leloir 糖基转移酶途径。糖基转移酶催化寡糖的合成过程是将一个单糖基（活化的核苷磷酸糖作为糖基的供体）转移到另一个糖基受体完成的。这个过程一般是高区域选择性和立体专一性的，被转移的单糖端基构型是保留或反转的。

糖基转移酶的分类方法和标准多种多样，根据底物和产物立体化学异构性可分为反向型（inverting）和保留型（retaining）。需要注意的是，反应产生的核苷酸（NDP）是对应糖基转移酶的强抑制剂（负反馈作用），为了提高转移效率，研究者有必要将生成的 NDP 除去或循环利用。人工利用糖基转移酶合成寡糖的前提是获得对座的糖基核苷酸。这些天然糖基供体来源少，十分昂贵，限制了此方法的广泛应用。最近，研究者通过化学合成或酶催化制备，改变了这一局面。近些年研究者成功实现供体的原位、连续、再循环转化的"一锅法"合成寡糖，这也成为一个具有挑战性的研究方向。

目前，还有几种糖苷键很难通过化学法构建，如 α-唾液酸苷键、β-甘露糖苷键的合成，而使用糖基转移酶催化的寡糖合成法能得到高的产率与立体选择性。虽然糖基转移酶催化的寡糖的合成已经取得了重要的进展，但是实现多种糖苷键的合成仍是一个急需解决的问题。

（二）糖苷酶

催化糖苷键水解的酶称为糖苷酶，即糖基水解酶。糖苷酶应用于糖苷键的合成可采用两种模式：一种是逆水解反应，这一过程是单糖和醇的缩合反应，离去基团是水，产物为热力学控制的；另一种模式为转糖基反应，特定活化的苷元或单糖基为离去基团，产物为动力学控制的，但是水的存在会导致产物的部分水解。

研究表明糖苷酶合成寡糖存在较大的缺点。首先，糖基化产物的含量很难得到大的提高，这就是平衡反应的特点；其次，转糖基反应的区域选择性不高。正是这些因素，糖苷酶催化寡糖的合成存在产物复杂、分离非常困难的问题。

（三）糖基合成酶

糖基合成酶（glycosynthase）是一类能够催化糖苷键形成的蛋白质，是糖苷酶的衍化物。通常情况下糖苷酶的主要功能是催化糖苷键的水解。但是，通过突变，改造活性位点部分亲核性的氨基酸（通常将天冬氨酸或谷氨酸改造为丙氨酸或甘氨酸），能够得到失去催化糖苷键水解但能催化糖苷键形成的糖基转移酶。首例报道的糖基合成酶是通过基因突变被改造过的土壤杆菌中的 β-葡萄糖苷酶和半乳糖苷酶。

虽然糖基合成酶已经用于合成寡糖，但仍存在很多缺点。首先，糖基合成酶只能催化形成已知的糖苷酶能催化的糖苷键。糖基合成酶必须由糖苷酶突变而来，而这并不总是成功的；其次，利用糖基合成酶催化得到的产物仍是酶底物，会转化为长度不同的寡糖化物；最后，糖基合成酶对糖供体并不总是专一性的。

第三节　糖－蛋白质相互作用

20 世纪上半叶，大部分科学家认为糖类是一种惰性化合物，它们只是充当结构保护材料（如植物体上的纤维素、昆虫的外壳）和作为能量来源（如动物体内的糖原），而缺乏生物特异性。随着分子生物学的发展，越来越多的证据表明，糖类物质是很多生理和病理过程分子识别的决定因素，糖的生物学功能可通过与蛋白质的识别作用来实现。研究糖和蛋白质的相互作用对了解糖的生物功能具有非常重要的意义。

分子间的特异性识别是生命过程的核心。糖－蛋白质相互作用被认为是很多细胞识别过程的基础。细胞表面的糖基和蛋白质是细胞识别外来分子的主要途径，这种相互作用在很多生理和病理过程中扮演重要角色，如细胞黏附、病原体感染、植物与病原菌相互作用、豆科植物与根瘤菌共生过程、细胞凋亡、受精过程、癌细胞异常增生及转移和免疫反应等。

一、凝集素

糖类物质与蛋白质之间的相互作用涉及种类繁多、可特异性识别糖链的蛋白质，主要包括单克隆抗糖抗体、酶、糖转运蛋白和凝集素等，其中凡能够与糖类特异性结合但不具备针对糖类的酶活性且不属于抗体的分子均可称为凝集素（lectin）。作为糖类物质的探针分子，糖－凝集素作用的研究越来越受到人们关注。

凝集素是一类糖蛋白或结合糖的蛋白，是从各种植物、无脊椎动物和高等动物中提取的，能够凝集红细胞。依据凝集素的分子结构，凝集素可分为 C 型凝集素、S 型凝集素、P 型凝集素、I 型凝集素和正五聚蛋白（pentraxin）。C 型凝集素在识别时需要钙的参与；S

型凝集素结构的稳定需要"游离的"硫醇类分子的介入；P 型凝集素能够特异性识别 6-磷酸甘露糖；I 型凝集素归属于免疫球蛋白超家族中的一个糖结合蛋白家族；正五聚蛋白凝集素是由五个亚基组成的。

凝集素的一个突出的功能在于它们能够专一性地识别细胞表面的单糖或寡糖。例如，Body 和 Renkonen 发现利马豆（Phaseolus lunatus）和野豌豆（Vicia cracca）的粗提取物可凝集 A 型血，却不能凝集 B 型和 O 型血，但是芦笋豆（Lotus tetragonolobus）却能凝集 O 型血。微生物正是通过凝集素专一性识别寄主细胞膜表面的糖链来实现感染寄主或共生的。流感病毒的凝集素 IVH 专一性识别寄主细胞的唾液酸化的糖类，吸附细胞膜，实现与寄主细胞的融合，释放致病基因。正是基于凝集素能够专一性识别糖链这一性质，药物研究者可以开发结构相似的糖类药物，抑制有害的识别，达到治疗疾病的效果。

20 世纪 90 年代前期，研究者发现动物凝集素基本都是多价的。这主要是因为动物凝集素通常含有多个亚基结构或者在它们的侧链中含有多个糖基结合部位，多价结合提高了凝集素与受体的亲和力。正因如此，凝集素又称为"非抗体多价糖结合蛋白"。当然，凝集素与配体的多价结合并不是绝对的。选凝素就是一个例外，其胞外多肽结构域只有单一的糖识别域（carbohydrate cognition domain）位点。

根据凝集素与糖相互作用的特征，凝集素可以用于恶性肿瘤的诊断和治疗，具有广泛的医学应用前景。肿瘤细胞是正常细胞推动控制异常分化形成的，常伴随着细胞膜上的糖基的改变，通过凝集素测试肿瘤细胞表面糖基的变化，可以对肿瘤做出初步诊断。

二、细胞表面的糖 – 蛋白质相互作用

细胞表面的糖基在很多基本的细胞过程中有着重要的作用和功能，主要是分子识别、免疫反应、神经冲动的传导、激素受体和 cAMP 的代谢调节作用、血型抗原和酶的催化作用。不同的细胞类型通常表现为其表面糖基表达的不同，细胞表面糖基的表达也会随其生长和分化过程不同而发生变化。肿瘤细胞能够躲避免疫系统的监控就与其表面糖基表达的改变有关，借此发展了基于糖的抗癌疫苗。对细胞表面的糖 – 蛋白质间相互作用的理解将极大地帮助人们阐明细胞间的信号转导途径，有助于发现新的疾病诊断途径和开发新的治疗试剂。

人类长期受流感病毒的威胁，每年都有数万人死于流行感冒。14 世纪的"黑死病"和 1918 ~ 1919 年的"西班牙流感"均造成全球数千万人丧生。多年来，科学家致力于流感病毒的研究，发现流感病毒感染细胞的过程是通过病毒囊膜表面的血凝素糖蛋白与细胞表面糖蛋白或糖脂上的唾液酸结合后，进入细胞质，继而感染细胞。

流感病毒主要由遗传物质、脂质层、血凝素蛋白（HA）和神经氨酸酶（NA）组成。血凝素蛋白负责病毒粒子与细胞外表面接触并与糖链结合，而神经氨酸酶负责释放被侵袭细胞中新生的病毒粒子。流感病毒包括三类：抗原变异性最强的能够感染人和其他动物的

甲型流感，变异性较弱、仅感染人类的乙型流感和抗原性比较稳定、仅引起婴幼儿感染和成人散发病例的丙型流感。根据 H 和 N 抗原的不同，甲型流感病毒又可分为许多亚型，H 可分为 15 个亚型（$H_1 \sim H_{15}$），N 有 9 个亚型（$N_1 \sim N_9$），其中仅 H_1N1、H_2N_2、H_3N_3 主要感染人类，其他许多亚型的自然宿主是多种禽类和其他动物。

影响病毒与细胞结合的因素主要有唾液酸糖链、HA 受体结合位点和其他病毒结合因子。糖链的长短、唾液酸的键合类型影响着病毒与细胞的亲和力。禽 H_4N_6 病毒能结合人的多种糖脂，但是人的 H_1N_1 病毒却只能结合含 10 个以上糖结构单元的糖脂。不同类型病毒的 HA 氨基酸序列不同，导致病毒对不同的细胞受体的识别能力有所不同。例如，H_3 亚型流感病毒的 HA_1 蛋白的第 226 位氨基酸突变后（由 Leu 突变为 Gin），病毒倾向结合的受体由 $SA_\alpha2$，6Gal 转变为 SA，2，3Gal。

据美国疾病控制和预防中心报告，全球每年死于流感的患者多达几万人。因此，研发抗流感病毒类的药物对于人类的健康意义重大。流感病毒是通过与人类呼吸系统细胞表面受体结合感染人体的。神经氨酸酶存在于流感病毒上，有助于病毒打破细胞壁，从而感染其他细胞并进行自我复制。达菲是瑞士罗氏公司经销的一种抗流感病毒的高效处方药，其有效成分是一种强效的神经氨酸苷酶抑制剂，结构与细胞外主要唾液酸分子结构相似，能够高效地与病毒表面的神经氨酸苷酶结合，干扰病毒从被感染的细胞中释放，从而减少流感病毒的传播。达菲的制造过程非常复杂，涉及 10 多个步骤。罗氏公司利用发酵的方法获得合成达菲的原料，降低了合成药物的成本。达菲对于治疗数种流感病毒都是十分有效的。但是，流感或禽流感都没有完全治愈的方法，使用抗生素也只能杀死细菌。有些病例证实过多地使用达菲等抗病毒类药物会导致病毒产生抗药性。因此，研究和开发新型的治疗流感病毒的药物和方法仍然是当今药物研发的重大课题。

第四节　糖的生物医药向用

一、糖的标记

N-连接或 O-连接的糖缀合物中的糖类化合物在生命过程中起了重要的作用。糖类化合物直接影响蛋白质的折叠、提高对蛋白酶的抵抗力、提供分子识别位点以及在许多其他生理事件中也起了重要的作用，如细胞 – 细胞之间的信号转导、细胞分化和病毒感染等。

与蛋白质和核酸不同，糖缀合物的合成不是由基因直接控制的，而是蛋白质在内质网和高尔基体中通过翻译后修饰完成的。它涉及多个复杂的过程，很多还不为我们所了解。了解细胞表面糖基化和人类疾病之间的关系是糖生物中的一大热点问题。糖类分子自身没有发色基团，为了有效地检测糖链，往往需要对其进行标记或衍生化。因此，细胞表面的糖标记手段对于阐述糖类化物和疾病的关系有重要的生物学意义。

细胞表面糖标记的基本策略是采用生物正交性的连接反应［叠氮、炔基等生物体内不存在且能在体内稳定存在的点击（click）反应］将可以监测的荧光分子结合到含有反应活性官能团的糖类分子上。目前存在多种满足此条件的生物正交性的连接反应，其中 Bertozzi-Staudinger 连接和 Huisgen 发展的叠氮与炔基的点击反应被证明是标记细胞表面糖基化物的非常有效的方法。同时，最为适用的反应官能基团是叠氮官能团，因为天然的生物体内不含有叠氮基团，同时叠氮十分稳定，在大多数生物转化或化学反应中都能稳定存在。

细胞表面糖标记过程大体分为两个步骤。首先，实现细胞表面糖基的官能化。这个过程一般是将已被官能团（如叠氮化）修饰过的单糖分子通过生物的同化作用，在体内自身酶的催化下引入糖缀合物中；其次，通过生物正交性反应将荧光探针分子以共价方式结合到糖缀合物中。传统的点击化学反应需要铜催化，但是由于铜具有细胞毒性，所以不能直接用于体内的糖基标记。

许多疾病与糖基的异常表达相关。例如，帕金森病、风湿性关节炎和其他与自由基相关的疾病与铁转移蛋白糖基化水平过高相关。肿瘤细胞具有较高的抗药性的重要原因是细胞膜上 P-糖蛋白的过度表达，这类蛋白质能将细胞内的抗肿瘤药物泵出细胞外。通过细胞表面糖基的标记，可以实现肿瘤生长和与其相关的糖代谢的可视化观察。

二、糖类疫苗

糖基化是蛋白质的翻译后修饰中比较常见的行为。在病理过程中，承载重要生物功能的糖链通常会异常表达（高表达）以及异种生物糖链的特异性表达。因此，糖类化合物常作为抗原决定簇引起体内特异性免疫反应，产生针对病原的抗体。基于此，最近糖类疫苗取得了较大的发展。

开发糖类疫苗的前提是获得特定结构的糖修饰蛋白。最近，寡糖的合成化学取得了骄人的进步，科研工作者可以将多个 B-细胞糖抗原决定簇缀合在同一个疫苗分子中，有希望产生针对多种肿瘤细胞的特异性抗体，实现对肿瘤的预防和治疗。科研工作者正从事多种疫苗的研发工作，如细菌荚膜多糖疫苗、肿瘤疫苗、HIV 疫苗和寄生虫疫苗等。

通常病原体能逃避宿主的免疫监控是因为其外壳被一层具有弱免疫原性的多糖包裹。此类细菌荚膜多糖具有高度保守的结构和可靠的免疫应答。因此，这种疫苗在感染性疾病控制方面取得了很大的成功例如，抵御 b 型流感嗜血杆菌感染的 ProHIBiT 多糖疫苗、婴儿肺炎和脑膜炎预防的 Quimi-Hib 或 Theratope 疫苗都已经取得了巨大的成功。

与正常细胞相比，许多肿瘤细胞的糖基化反应异常，这是研制肿瘤疫苗的分子基础。一般来说，肿瘤相关糖抗原引起的免疫应答较弱不足以杀死癌细胞，但能够使瘤体明显减少。长期以来，HIV 疫苗的研制没有取得突破性进展，导致这一现象的原因是引起体内对该抗原的免疫应答强度不够、范围不广。最近，发现 HIV 表面糖蛋白 gpl20 的单一糖抗原产生的抗体在治疗 HIV 方面有突出的作用。人们从此看到了通过糖类疫苗的研制发展抗 HIV 疫苗的希望。此外，糖类疫苗在研发治疗寄生虫侵害方面也取得了突出的进步。

影响糖类疫苗效率的因素有很多。首先，作为引起体内免疫应答的抗原决定簇的糖基化形式、构象及与之相关的多肽序列和天然蛋白抗体的相似性大大影响了产生抗体的有效性；其次，糖的免疫原性低，只能作为半抗原，需要各种策略来制备有免疫原性的糖类疫苗，结合的蛋白质以及辅助剂对疫苗的效率都有很大的影响。因此，研发有效的糖类疫苗是比较庞大的工程，需要合成有机化学和生物免疫学的紧密结合。

三、糖芯片

糖芯片（又称碳水化合物微阵列）是一种生物芯片，根据糖结合蛋白和糖之间的特异性识别作用，将糖或其复合物固定在芯片之上，采用此负载糖的芯片与蛋白质杂交，检测信号，分析糖与蛋白质的相互作用。糖芯片所需样品少，可以同时检测多个样品。此外，还具有高通量、标准化和自动化的特点。在糖组学中，糖芯片发挥了重要的作用，推动了糖与其他生物大分子之间相互作用的研究。早在 20 世纪 80 年代，英国糖化学家已经研发出第一块糖芯片，但是在很长时间内并没有引起关注。

糖芯片的制备主要包括糖库的建立、样品的固化、生物分子相互反应及结果监测分析。用于糖芯片制备的理想载体材料要求有良好的生物兼容性和足够的稳定性以及较大的用于结合的活性表面积，但是很难开发出满足所有条件的材料，目前常用的固相载体有玻璃片、硅胶片、纤维膜和微孔板。根据糖体与载体的相互作用力的不同，样品的固定可分为非共价和共价两种固定方法。例如，Wong 小组利用烷烃与微孔表面的非共价的疏水作用，将带有炔基的长链脂肪烃固定于微孔板上，然后采用环加成反应将修饰的糖化合物原位结合到脂肪链上。这种方法简化了糖芯片的制备过程。此外，采用迈克尔加成反应将糖的马来酰亚胺化合物共价固定到含巯基活性基团的玻璃表面，通过调节糖与载体表面的链长制备出高密度的糖芯片。理想的糖芯片检测方法要求具有高灵敏度、能够定量、高通量分析且无需标记被测物。常用的检测方法有表面基质共振技术、荧光分析、质谱及同位素标记分析。

糖芯片还不够完善，处于开发的早期阶段，但是在很多方面已经显示出了广泛的应用前景。糖芯片在糖组学、蛋白组学、药物开发和临床诊断方面发挥重要的作用。因此，发展高效的糖芯片势在必行。

四、糖的生物医药应用

糖类或糖复合物主要分布在细胞表面，参与细胞和细胞、细胞和活性分子的相互作用；而这也是一系列疾病发生的第一步。通常以糖类为基础的药物都是通过阻断这一过程而发挥作用的糖类药物的作用靶点在细胞表面，而不进入细胞内部。因而，它是副作用相对最小的药物，而且能作为保健类药物。

依据糖类分子的作用机制，糖类药物可以分为三类：第一类为抗黏着类药物。虫媒病毒等多种病毒在吸附和侵入细胞过程中，与细胞表面硫酸肝素蛋白聚糖有强的亲和力。正是因为这种原因，硫酸肝素在抗病毒方面起了重要的作用。同时，某些硫酸化的多糖能阻断 HIV 对辅助性淋巴细胞（CD4 细胞）的黏附或阻止幽门螺杆菌依附到胃肠道上，起到抗病毒或抗菌的作用。第二类为调理作用的药物。这类药物一般参与免疫体系的调控，主要包括大量的多糖以及糖类抗体和凝集素。例如，伴刀豆球蛋白 A、植物凝集素（PHA）在淋巴细胞的有丝分裂方面有促进作用。第三类为糖酶抑制剂。这类药物通过干扰病毒蛋白的糖基化过程而抑制病毒的生长。德国拜耳集团开发的阿卡波糖是一种肠道 α-葡萄糖苷酶抑制剂，阻断食物中单糖的水解，减轻了胰岛 α-葡萄糖苷酶的负担。

五、总结和展望

近年来，糖化学生物学研究领域蓬勃发展，一些传统生物学方法难以解决的糖问题开始得到新的阐释。糖的合成研究为糖生物学功能提供了重要的原料。糖芯片技术促进了新的糖结合蛋白的发现以及糖与蛋白质相互作用机制的研究。总体来说，糖的化学生物学在分子水平阐明多细胞生物的高层次生命现象，是化学生物学的核心领域之一，还处于方兴未艾的阶段。糖的化学生物学的研究涉及有机化学、分子生物学、细胞生物学、病理学、免疫学、神经生物学等多个领域；它在解读生命过程、预防与治疗人类疾病等多方面将发挥出不可替代的作用。

第五章　核　　酸

核酸（nucleic add）是生物体内一类含磷酸基团的高分子化合物，其基本组成单位是核苷酸，核酸又称多聚核苷酸，主要作用是储存和传递遗传信息。核酸是生物化学和分子生物学主要研究的对象和领域，广泛存在于所有动物、植物细胞和微生物体内。生物体内核酸常与蛋白质结合形成核蛋白不同的核酸，其化学组成、核苷酸排列顺序等不同。根据化学组成不同，核酸可分为脱氧核糖核酸（deoxyribonucleic acid，简称 DMA）和核糖核酸（ribonucleic acid，简称 KNA）。

第一节　概　　述

一、核酸的种类和分布

（一）核酸的组成

核酸分子主要由 C、H、O、N、P 五种元素组成，此外还含存少量的硫，其中磷元素的含量在核酸中比较恒定，为 9%～10%，可用定磷法来测核酸的含量。

核酸的基本结构单位是核苷酸，核苷酸可以分解成核苷和磷酸，核苷再继续分解为戊糖和含氮碱基。

（二）分类

根据核酸彻底水解产物中所含戊糖的不同，分为脱氧核糖核酸和核糖核酸两大类。所有生物细胞都含有这两类核酸。生物机体的遗传信息以密码形式编码在核酸分子上，表现为特定的核苷酸序列。DNA 是主要遗传物质，通过复制将遗传信息由亲代传给子代。RNA是某些病毒的遗传物质，还与遗传信息的表达有关。

1. 脱氧核糖核酸

原核细胞 DNA 集中在核区真核细胞中 90% 以上分布于细胞核内，组成染色体（染色质）线粒体、叶绿体等细胞器也含存 DNA。病毒或只含有 DNA，或只含有 RNA，尚未发现两者兼有的病毒。

2. 核糖核酸

参与蛋白质合成的 RNA 有三类：分别为信使 RNA（messenger RNA，mRNA）、转运 RNA（transfer RNA，tRNA）和核糖体 RNA（ribosomal RNA rRNA）。原核生物和真核生物都有这三类 RNA。两者 tKNA 的大小和结构基本相同，rRNA 和 mRNA 却有明显的差异。除此之外，细胞的不同部位还存在着另外一些小分子的 RNA，它们分别被称为小核 RNA、小核仁 RNA、小胞质 RNA 等。这些 RNA 分别参与 hnKNA（核内不均 -KNA）和 rRNA 的转运和加工。

二、核酸的生物学功能

（一）DNA 是主要的遗传物质

DNA 的基本功能就是作为生物遗传信息复制的模板和基因转录的模板，它是生命遗传繁殖的物质基础，也是个体生命活动的基础。

（二）RNA 参与蛋白质的生物合成

mRNA 约占细胞总 RNA 量的5%，其作用是将遗传信息从 DNA 传递到蛋白质，在肽链合成中起决定氨基酸排列顺序的模板作用。tRNA 约占细胞总 KNA 的15%，主要功能是在蛋白质合成中携带氨基酸并起解译作用。rRNA 约占细胞总 RNA 量的80%，是核糖体的组成成分（占60%左右），核糖体是蛋白质合成的场所。

（三）RNA 功能的多样性

RNA 的种类、大小和结构都比 DNA 多样，其功能也是多样的，包括：控制蛋白质的合成，参与 RNA 转录后的加工和修饰，调节基因表达和细胞功能，某些 RNA 还具有催化活性，等等。

第二节　核　苷　酸

核酸是多聚核苷酸（polynucleotide），它的基本结构单位是核苷酸（nucleotide）。核酸采用不同的方法降解，可以得到多核苷酸、核苷酸；核苷酸进一步分解为核苷（nucleoside）和磷酸核苷再进一步分解为碱基（base）和戊糖（pentose）。

核酸中的戊糖有两类，即 D-核糖和 D-2-脱氧核糖核酸中的碱基为嘧啶碱和嘌呤碱，RNA 中的碱基主要为腺嘌呤、鸟嘌呤、胞嘧啶、尿嘧啶；DNA 中的碱基主要也是四种，三种与 RNA 中的相同，只是胸腺嘧啶代替了尿嘧啶。

一、核酸中的糖

核酸中的糖有两种，分别是 D-核糖和 D-2-脱氧核糖其链式结构和环状结构（均为 β-构型）分别如下：

D-核糖   β-D-核糖   D-2-脱氧核糖   β-D-2-脱氧核糖

二、含氮碱基

含氮碱基是核酸中含氮的碱性杂环化合物。

（一）嘧啶碱

嘧啶碱是母体化合物嘧啶的衍生物。嘧啶上的原子编号有新旧两种方法。采用新系统核酸中常见的嘧啶有三类：胞嘧啶、胸腺嘧啶和尿嘧啶。其中胞嘧啶为 DNA 和 RNA 两类核酸所共有。胸腺嘧啶只存在于 DNA 中，但是 tRNA 中也有少量存在；尿嘧啶只存在于 RNA 中。

2. 嘌呤碱

嘌呤碱由母体化合物嘌呤衍生而来。核酸中常见的嘌呤碱有两类：腺嘌呤及鸟嘌呤。

构成核酸的五种碱基成分中的酮基或氨基均位于杂环上氮原子的邻位，受介质 pH 的影响，时形成酮式和烯醇式两种互变异构体或氨基和亚氨基的互变异构体。在生理条件下，酮式和胺型是优势结构，其含量比烯醇式和亚胺型多。

除上述几种碱基外，核酸中还有一些稀有碱基，多数稀有碱基是上述主要碱基甲基化、硫代、乙酰化等的衍生物。

三、核苷

核苷是一种糖苷，由戊糖和含氮碱基缩合时成，并以糖苷键相连接。其糖苷键由戊糖的半缩醛羟基与碱基上的 N 原子缩合而成，称为 N-苷键。

四、核苷酸

核苷（或脱氧核苷）与磷酸通过酯键结合构成核苷酸（或脱氧核苷酸）。即核苷中的戊糖羟基被磷酸酯化形成核苷酸因此核苷酸是核苷的磷酸酯。虽然核苷的核糖上有三个羟基（$2'$、$3'5'$）可以和磷酸酯化；脱氧核糖上存两个羟基（$3'$、$5'$）可以和磷酸酯化，但生物体内多数核苷酸却是 $5'$-核苷酸（$2'$-核苷酸、$3'$-核苷酸都不如 $5'$-核苷酸稳定）或 $5'$-脱氧核苷酸含有一个磷酸基团的核苷酸称为核苷——磷酸（nucleoside monophosphate，NMP），含有两个磷酸基团的核苷酸称为核苷二磷酸（nucleoside diphosphate，NDP），含有三个磷酸基团的核苷酸称为核苷三磷酸（nucleoside triphosphate，NTP）。常见的核苷一磷酸和脱氧核苷一磷酸各有四种。

第三节　DNA 的 结 构

核酸是由核苷酸聚合而成的生物大分子，是没备分支的多核苷酸长链核汁酸之间通过 $3'$、$5'$-磷酸二酯键（$3'$、$5'$-phosphodiester bond）连接起来，即磷酸分子的一个酸性基团与一个核苷的核糖 C_3 位羟基缩合成酯，该磷酸分子的另一个酸性基团与第二个核苷的核糖 C_5 位羟基缩合成酯。

一、DNA 的碱基组成及 Chargaff 规则

参与 DNA 组成的碱基主要有 4 种，即腺嘌呤、鸟嘌呤、胞嘧啶和胸腺嘧啶 Chargaff 等科学家在 20 世纪 40 年代应用纸层析及紫外吸收分析等技术测定了各种生物 DNA 的碱基组成。

1950 年他总结出 DMA 碱基组成的规律，称为 Chargaff 规则。

第一，腺嘌呤和胸腺嘧啶的物质的量相等，即 $A = T$；鸟嘌呤和胞嘧啶的物质的量也相等，即 $G = C$。

第二，嘌呤的总数等于嘧啶的总数，即 $A + G = C + T$。

第三，不同生物种属的 DNA 碱基组成不同。

第四，而同一个体不同组织、不同器官的 DNA 具有相同的碱基组成，不受生长发育、营养状况以及环境条件的影响。

所有 DNA 中碱基组成必定是 $A = T$、$G = C$，这一规律暗示 A 与 T、G 与 C 相8 配对的8 4 3 5可能性，为 Watson 和 Crick 提出 DNA 双螺旋结构提供重要依据。

二、DNA 的一级结构

DNA 是由数量极其庞大的 4 种脱氧核糖核苷酸，即腺嘌呤脱氧核苷酸、鸟嘌呤脱氧核

苷酸、胞嘧啶脱氧核苷酸和胸腺嘧啶脱氧核苷酸，通过 3′，5′-磷酸二酯键连接起来的直线形或环形多聚体。由于 DNA 的脱氧核糖中 C-2′位上不含羟基，C-1′位又与碱基相连接，唯一可以形成的键是 3′，5′-磷酸二酯键，所以 DNA 没有支链。

三、DNA 的高级结构

(一) DNA 的二级结构

1. DNA 双螺旋结构模型提出的依据

根据 20 世纪 40 年代 X 射线衍射技术对核酸结构的研究，不少人做出了核酸 X 射线衍射图谱，特别是英国伦敦大学的 Wilkins 和 Franklin 用高纯度 DNA 纤维拍摄的高质量 X 射线衍射图，对 DNA 结构模型的提出做出了重大的贡献。1953 年，剑桥大学卡文迪许实验室工作的詹姆斯·沃森（James Watson）与弗朗西斯·克里克（Francis Crick）在前人研究工作的基础上，提出了著名的 DNA 二级结构模型——双螺旋（double helix）结构模型，双螺旋结构的提出是核酸研究的历史性突破，是现代分子生物学的开始，揭示了生物界遗传性状世代相传的分子奥秘。

双螺旋模型提出主要有三方面的依据：一是已知核酸化学结构和核苷酸键长与键角的数据；二是 Chargaff 发现的 DNA 碱基组成规律，显示碱基间的配对关系；三是对 DNA 纤维进行 X 射线衍射分析获取的精确结果。

2. DNA 双螺旋的结构类型

DNA 分子具有柔性。在糖–磷酸基骨架上，DNA 分子可以围绕许多键进行旋转，如每个核苷酸残基都有 6 个可自由旋转的单键，使得 DNA 具有不同的构象形式。DNA 的构象受环境条件影响而改变，主要取决于制备 DNA 晶体时的相对湿度、盐的种类及盐浓度。根据对天然及合成核酸的 X 射线衍射分析，得知 DNA 构象除 B 型外通常还有 A 型、C 型、D 型、E 型和左手双螺旋的 Z 型。

(二) DNA 与蛋白质复合物的结构——核酸四级结构

原核生物的双链环状 DNA，通过与碱性蛋白、少量 RNA 结合并形成突环进而组装成拟核。压缩在细胞内，基因组相对简单在真核生物内，核酸与蛋白质结合成复合物即核蛋白（nucleoprotein）。DNA 通过不同层次的组装结构，以非常致密的染色质或染色体形式存在，染色体的基本结构单位是核小体。

核小体由核心组蛋白和盘绕其上的 DNA 构成组蛋白包括 H_1、H_2A、H_2B、H_3 和 H_4 五种组分。其中两分子的 H_2A、H_2B 与 H_3 和 H_4 构成了核小体的核心，称为核心组蛋白，也称为组蛋白八聚体。双螺旋 DNA 以左手螺旋缠绕在组蛋白核心上，形成核小体核心颗粒

（core particle）。核小体的核心颗粒之间再由 DNA （约 60 bp） 和组蛋白构成的连接区连接起来形成串珠样结构。

真核细胞染色体在核小体的基础上进一步螺旋折叠，形成纤维状结构及襻状结构，最后形成棒状的染色体，DNA 被压缩 8 400 倍，使近 1 m 长的 DNA 分子组装在只有几微米的细胞核中。

第四节 RNA 的 结 构

一、RNA 的一级结构

RNA 是无分支的线型多聚核糖核苷酸，主要由 4 种核糖核苷酸组成，即腺嘌呤核糖核苷酸、鸟嘌呤核糖核苷酸、胞嘧啶核糖核苷酸和尿嘧啶核糖核苷酸组成 RNA 的核苷酸也是由 3′，5′-磷酸二酯键彼此连接起来的。尽管 RNA 分子中核糖环 C-2′ 位上有一羟基，但并不形成 2 \ 5′-磷酸：酯键。用牛脾磷酸二酯酶降解天然 RNA 时，降解产物中只有 3′-核苷酸，并无 2′-核苷酸。

RNA 的一级结构也是指其核苷酸的排列顺序。RNA 分子中也含有某些稀有碱基。

RNA 在生命活动中同样具有重要作用，参与蛋白质合成及基因表达的调控等。RNA 分子比 DNA 分子小得多，小的仅有数十个核苷酸，大的由几千个核苷酸组成。由于 RNA 功能的多样性，所以 RNA 的种类、结构等都比 DNA 多样化。参与蛋白质合成的主要 RNA 又分为信使 RNA、转运 RNA 和核糖体 RNA 原核生物和真核生物都有这三类 RNA。两者 tRNA 的大小和结构基因基本相同，rRNA 和 mRNA 却有明显的差异。

（一）信使 RNA

mRNA 含量较低，约占细胞总 RNA 量的 2%~5%，其作用是将 DNA 所携带的遗传信息，按碱基互补配对原则，抄录并传送至核糖体，作为指导蛋白质合成的模板，在肽链合成中起决定氨基酸排列顺序的作用 mRNA 种类较多，分子大小不一，由几百到几千个核苷酸组成，其代谢速度快，更新迅速，半衰期短，便于细胞内蛋白质合成速度的调控大肠杆菌的某些 mRNA 的平均寿命仅有 2~5 min，真核生物中的 mRNA 寿命较长，但一般也只有几小时到几天。

原核生物以操纵子作为转录单位，产生多顺反子 mRNA，即一条 mRNA 链上有多个编码区 （coding region），5′端和 3′端各有一个非翻译区 （untranslated region，UTR），非翻译区与翻译起始和终止有关，原核生物 mRNA，包括噬菌体 RNA，都无修饰碱基，在编码序列之间有间隔序列，可能与核糖体的识别和结合有关。原核生物的 mKNA 转录后一般不需要加工直接进行蛋白质翻译，其转录和翻译不仅发生在同一细胞空间，而且几乎是同时进行的。原核生物 mRNA 的半衰期比真核生物的要短得多，一般认为转录后 1 min，mRNA 就开始降解。

真核生物成熟 mKNA 是由其前体——核内不均一 KNA 剪接并修饰后才能进入细胞质中参与蛋白质合成的。因此，真核细胞 mRNA 的合成和表达发生在不同的时间和空间。

二、RNA 的高级结构

RNA 通常是右手螺旋构象的单链分子，可自身回折使得互补的碱基对相遇并配对，形成 A 型右手双螺旋，不能配对的区域形成突环，邻近的自身互补序列形成发夹结构发夹结构在 RNA 的二级结构中是最普遍的，二级结构进一步折叠形成二级结构。除 IKNA 外，几乎全部细胞中的 RNA 都与蛋白质形成核蛋白复合物（四级结构）。

（一）tRNA 的高级结构

tRNA 在核内生成并迅速加工后进入细胞质，在蛋白质生物合成过程中起转运氨基酸和识别密码子的作用。细胞内 tRNA 的种类很多，每一种氨基酸都有其相应的一种或几种 IRNA。1965 年，在测出酵母丙氨酸转移核糖核酸（tRNA^Ala）的一级结构后，提出了酵母 IRNA^Ala 的"三叶草"形二级结构模型。

tRNA 的二级结构都呈三叶草形。双螺旋区构成了叶柄，突环区像三叶草的三片小叶。由于双螺旋结构所占的比例很大，tRNA 的二级结构十分稳定。三叶草形结构由氨基酸臂、二氢尿嘧啶环、反密码子环、额外环和 T + C 环等部分组成

tRNA 三叶草模型的基本特征如下：

第一，四臂四环结构形如三叶草，以氢键连接的双螺旋区称为臂；以单链形式存在的臂连接的突出部位称为环。

第二，氨基酸臂是 tRNA 5′端和 3′端的 7 对碱基对形成的臂；还包括游离 3′末端不成对的——CCAOH 固有序列。tRNA 的 3′末端羟基是结合氨基酸的部位。

第三，反密码子环在氨基酸接受臂对侧，一般由 7 个核苷酸组成，是由 5 个核苷酸对组成的臂连接一个突环，这个突环正中的 3 个核苷酸称为反密码子（anticodn），可与 mRNA 编码区的三联体密码相互识别，互补配对，结合不同氨基酸的 tRNA 所含反密码子结构不同，反密码子中常出现次黄嘌呤核苷酸（I）

第四，二氢尿嘧啶环位于左侧（5′端），是一个含有 2 个二氢尿嘧啶（DHU）的单链环，由 8 ~ 12 个核苷酸组成；与该环相连的臂称为二氢尿嘧啶臂，由 3 ~ 4 个核苷酸对组成二氢尿嘧啶是第 5、6 位加双氢饱和的尿嘧啶，是一种稀有组分 DHU 环具有识别和特异性结合氨酰 tRNA 合成酶的作用。

第五，TΨC 环位于右侧（3′端），由 7 个核苷酸组成；连接它的臂称 TΨC 臂，由 5 个核苷酸对组成，"Ψ"为假尿嘧啶核苷酸，是一种稀有组分，其结构是尿嘧啶的 5 位碳与核糖形成的 C-C 苷键，这种键比 N-苷键稳定。TΨC 环能识别和结合核糖体。

第六，额外环位于反密码子环和 TΨC 之间，这个环的长度变化比较大，因此也叫可变环。它由 4 ~ 21 个核苷酸组成，大小随 tKNA 的种类而异，是 tRMA 分类的重要指标。

2. rRNA 的高级结构

2000 年解析了核糖体大亚基和小亚基的结构原核生物 16S rKNA 的二级结构极为相似，形似 30S 小亚基。真核生物 18S rRNA 的二级结构呈花状，形似 40S 小亚基，其中多个茎环结构为核糖体蛋白的结合和组装提供了结构基础。

目前对 mRNA 的二级结构和三级结构了解很少根据一些实验结果可以推测在原核生物和真核生物的 mRNA 非翻译区区域含有的互补碱基可能折叠成简单的发夹结构。

第五节 核酸的性质

核酸的性质由其组成成分和结构决定。其组成成分是碱基、戊糖和磷酸核酸为多元酸，具有较强的酸性核酸相对分子质量大，分子中具有双键、氢键、糖苷键和 3′，5′-磷酸二酯键，还有许多活性基团，如羟基、磷酸基团、氨基等，这些组分及结构特点决定了核酸的性质。

一、核酸的溶解性

RNA 及其组成成分核苷酸、核苷、嘌呤碱和嘧啶碱的纯品都是白色粉末或晶体，而大分子 DNA 则像疏松的石棉一样的纤维状固体。

（一）溶解性

DNA 和 RNA 都是极性化合物，一般都微溶于水，不溶于乙醇、乙醚、氯仿、三氯乙酸等有机溶剂。它们的钠盐比自由酸易溶于水。

（二）0.14 摩尔法

在生物体细胞内，大多数核酸（DNA 和 RNA）都与蛋白质结合成核蛋白，即 DNA 蛋白（DNP）和 RNA 蛋白（RNP）。而 DNP 和 RNP 在水中的溶解度受盐浓度的影响而有所不同。DNP 的溶解度在低浓度盐溶液中随盐浓度的增加而增加，在 1mol/L NaCl 溶液中的溶解度要比纯水中高两倍，可是在 0.14 mol/L NaCl 溶液中溶解度最低（几乎不溶）。RNP

在溶液中的溶解度受盐浓度的影响较小，在 0.14 mol/L NaCl 溶液中溶解度较大因此，在核酸分离提取时，常用 0.14 mol/L NaCl 溶液来分别提取 DNP 和 RNP，然后用蛋白质变性剂（如十二烷基硫酸钠）去除蛋白，即得纯的 DNA 或 RNA 此法称为 0.14 摩尔法。

因为核酸是两性电解质，溶解度与 pH 值也有关。DNP 在 PH = 4.2 时溶解度最低，而 KNP 在 PH = 2 ~ 2.5 时溶解度最低。

二、核酸的水解

核酸分子中的糖苷键和磷酸酯键都能被酸、碱和酶水解。

（一）酸水解

糖苷键和磷酸酯键都能被酸水解，且糖苷键比磷酸酯键更易被酸水解。嘌呤碱的糖苷键相比于嘧啶碱的糖苷键对酸更不稳定，其中嘌呤与脱氧核糖之间的糖苷键对酸最不稳定。因此，DNA 在 pH = 1.6、37℃ 下对水透析可完全除去嘌呤碱，成为无嘌呤核酸（apurinic acid）；如在 pH = 2.8、100℃ 加热 1 h，也可完全除去嘌呤碱。

嘧啶碱的糖苷键较稳定，其水解常需要较高的温度。用甲酸（98% ~ 100%）密封 175℃ 加热 2 h，可将 RNA 或 DNA 完全水解，产生嘌呤碱和嘧啶碱，缺点是尿嘧啶的回收率较低_ 如改用三氟乙酸在 155℃ 加热 60 min（水解 DNA）或 80 min（水解 RNA），嘧啶碱的回收率可显著提高。

（二）碱水解

RNA 的磷酸酯键易被碱水解，产生核苷酸 DNA 的磷酸酯键则不易被碱水解。这是因为 RNA 的核糖上有 2′-OH，在碱作用下形成磷酸三酯磷酸三酯极不稳定，随即水解，产生核苷 2′，3′-环磷酸酯。该环磷酸酯继续水解产生 2′-核苷酸和 3′-核苷酸。DNA 的脱氧核糖无 2′-OH，不能形成碱水解的中间产物，故对碱有一定抗性。

常用 NaOH、KOH 水解 RNA，且 KOH 水解效果较好，水解后可用 $HClO_4$ 中和碱浓度一般为 0.3 ~ 1mol/L，在室温至 37℃ 下需水解 18 ~ 24 h 如采用较高温度，则时间应缩短在上述条件下水解 RNA 的产物为 2′-单核苷酸和 3′-单核苷酸，但也可能有少量核苷、2′，5′-核苷二磷酸和 3′，5′-核苷二磷酸。DNA 一般对碱稳定，如在 1 mol/L NaOH 中 100 t 加热 4 h，可以得到小分子的寡聚脱氧核苷酸。

（三）酶水解

水解核酸的酶种类很多，磷酸二酯酶（phosphodiesterase）可非特异性水解磷酸二酯键，专一水解核酸的磷酸二酯酶称为核酸酶（nuclease）。

1. 核酸酶的分类

（1）按底物专一性

按底物专一性，将核酸酶分为核糖核酸酶（ribonuclease，RNase）和脱氧核糖核酸酶（deoxy ribonuclease，DNase）两类。作用于核糖核酸的酶称为核糖核酸酶，作用于脱氧核糖核酸的酶称为脱氧核糖核酸酶。

（2）按对底物的作用方式。

将核酸酶分为内切核酸酶（endonuclease）与外切核酸酶（exonuclease）。内切核酸酶是在多核苷酸链的内部进行切割，而外切酶的作用点从多核苷酸链的末端开始，逐个地将核苷酸切下也有少数酶既可内切，也可外切，如微球菌核酸酶（micrococral nuclease）。

2. 核糖核酸酶类

牛胰核糖核酸酶（编号 EC2.7.7.16，bovine pancreatic ribonuclease），简称 RNase I，于 1940 年制成结晶。它只作用于 RNA。相对分子质量为 13 700，最适 PH 值为 7.0 ~ 8.2，耐热。此酶的结构已经全部清楚，人工合成该酶也获得了成功，RNase I 是专一性极高的内切核酸酶，其作用点为嘧啶核苷-3′-磷酸与其他核苷酸之间的连键，产物为 3′-嘧啶核苷酸或-3′-嘧啶核苷酸结尾的寡核苷酸。

3. 脱氧核糖核酸酶类

牛胰核糖核酸酶（pancreatic deoxyribonuclease，DNase Ⅰ，编号 EC3.1.4.5），此酶切断双链 DNA 或单链 DNA，成为以 5′-磷酸为末端的寡聚核苷酸，平均长度为 4 个核苷酸需要镁离子（或 Mn^{2+}，Co^{2+}），最适 PH 值为 7 ~ 8，用 0.01 mol/L 柠檬酸盐可完全抑制被镁离子激活的活性。柠檬酸盐的作用在于螯合了镁离子而使酶失去活性，对锰离子无抑制作用。

核糖核酸酶（spleen deoxyribonuclease，DNase Ⅱ，编号 EC3.1.4.6），此酶降解 DNA 成为 3′-磷酸末端的寡聚核苷酸，平均长度为 6 个核苷酸。最适 pH 值为 4 ~ 5，需 0.3 mol/L 钠离子激活，镁离子可以抑制此酶，DNase Ⅱ 的性质与 DNase Ⅰ 的性质几乎完全不同。

链球菌脱氧核糖核酸酶（Streptococcal deoxyribonuclease）是内切核般酶，作用于 DNA，产物为 5′-磷酸为末端的碎片，其长度不一。最适 pH 值为 7，需要镁离子。

三、核酸的酸碱性

核酸既含有呈酸性的磷酸基团，义含有呈碱性的含氮碱基，因此为两性电解质：其碱基、核苷、核苷酸及大分子核酸的解离情况决定了核酸的酸碱性。

（一）碱基的解离

由于嘧啶和嘌呤化合物杂环中的氮原子以及各取代基团具有结合和释放质子的能力，

所以含氮碱基既有碱性解离又有酸性解离的性质。

胞嘧啶环所含氮原子上有一对未共用电子,可与质子结合,使 3 号位上的 =N—转变成带正电的 =N⁺H—基团。此外,胞嘧啶 2 号位上的烯醇式羟基与酚基性质相似,可释放质子,呈酸性、因此,在水溶液中,胞嘧啶的中性分子、阳离子和阴离子具有一定的平衡关系。

过去一直以为 pH =4.4 的解离与胞嘧啶的氨基有关,其实氨基在嘧啶碱中所呈的碱性极弱,这是因为嘧啶环与苯环相似,具有吸引电子的能力,使得氨基氮原子上的未共用电子对不易与氢离子结合,而氢离子主要与环中 N-3(第三位氮原子)相结合。

(二) 核苷的解离

在核苷中,戊糖的存在对碱基的解离有一定影响例如,腺嘌呤环的 pK_1' 以值由原来的 4.15,在核苷中降至 3.63。胞嘧啶 pK_1' = 4.6,胞嘧啶核苷中降至 4.15。pK' 值的下降说明糖的存在增强了碱基的酸性解离。核糖中的羟基也可以发生解离,其 pK_1' 值通常在 12 以上,所以一般不予考虑。

(三) 核苷酸的解离

由于磷酸基团的存在,使核苷酸具有较强的酸性。在核苷酸中,碱基部分的 pK' 值与核苷的相似,而额外增加的两个解离常数是由磷酸基团引起的。这两个解离常数分别为 pK_1' =0.7~1.6,pK_2' =5.9~6.5。

(四) 核酸分子的解离

在核酸分子中,除了末端磷酸基团外,磷酸二酯键中的磷酸基团只有一个解离常数,pK_1' = 1.5。核酸分子中含有许多磷酸基团,磷酸残基解离常数较低。当溶液 pH 值大于 4 时,核酸分子的磷酸基团全部解离呈多阴离子状态。因此,可以把核酸看作为具有较强酸性的多元酸多阴离子状态的核酸可与金属离子结合产生盐,也可以与碱性蛋白(如组蛋白)结合,有利于维持核酸的结构。

此外,碱基的解离状态也与溶液的 pH 值有关,而碱基对之间氢键的性质与其解离状态有关,所以溶液的 pH 值会影响核酸双螺旋结构中碱基对之间氢键的稳定性 DNA 分子的碱基对在 pH =4.0~11.0 之间最稳定,超过此范围,DNA 的结构和性质会发生变化。

四、紫外吸收

(一) 紫外吸收

核酸分子中的嘌呤碱和嘧啶碱都含有共轭双键,因为碱基、核苷、核苷酸、核酸都具有独特的紫外吸收光谱，在 240~290 nm 紫外光区有较强的吸收、碱基结构上的差异，使各种单核苷酸的紫外吸收也不相同。如最大吸收波长 AMP 为 257 nm、GMP 为 256 nm、CMP 为 280 nm、UMP 为 262 nm 通常在对核酸及核苷酸进行测定时，选用 260 nm 波长。

（二）定量测定

紫外吸收光谱与分子中可解离基团的解离状态、pH 值、光波波长等因素有关，一定组分具有特征的最大吸收波长（λ_{max}）、最小吸收波长（λ_{min}）和特定的摩尔消光系数（ε_{max}、ε_{min}），这些数据可作为核酸及其组分定性、定量测定的依据进行定量测定时，可用下式求出核苷酸的质量分数，即：

$$核苷酸的质量分数 = \frac{M_r \times A_{200}}{\varepsilon_{260} \times c} \times 100\%$$

式中：M_r——核苷酸相对分子质量；

　　ε_{260}——在 260 nm 的摩尔消光系数；

　　C——样品质量浓度（mg/mL）；

　　A_{260}——样品在 260 nm 波长下的吸收值。

对大分子核酸的测定，由于样品纯度不同，相对分子质量大小不一，很难用核酸的质量来表示它的摩尔消光系数。核酸分子中碱基和磷原子的含量相等，所以可用比消光系数法或摩尔磷原子消光系数法来计算核酸的吸光值。比消光系数 ε 是指一定质量浓度（mg/mL、μg/mL 或%）的核酸溶液在 260nm 的吸收值，是非常有用的数据。如浓度为 1μg/mL 的天然状态的双螺旋 DNA 的比消光系数为 0.020，即当测得 A_{260} 为 1 时，相当于样品中含 DNA 50 μg/mL。RNA 的比消光系数为 0.025。

摩尔磷相当于摩尔核苷酸。摩尔磷原子消光系数 $\varepsilon(p)$ 是指含磷浓度为 1 mol/L 时的核酸水溶液在 260 nm 处的吸收值。

$$\varepsilon(p) = A/cL$$

式中：A——260 nm 处核酸的紫外吸收值；

　　c——每升溶液中磷的物质的量；

　　L——比色杯的内径。

因为

　　　　C = 每升中磷的质量（克）W/磷的原子量（30.98）

所以，上式可改写成

$$\varepsilon(P) = \frac{30.98A}{WL}$$

这样只要测定核酸溶液中磷原子含量和紫外吸收值，就时以算出核酸的物质的量在 pH = 7.0 条件下，天然 DNA 的 $\varepsilon(p)$ 值为 6 000~8 000，RNA 为 7 000~10 000，当核酸变性或降解时，$\varepsilon(p)$ 值大大升高。测定 $\varepsilon(p)$ 值可判断核酸是否变性或降解。

五、变性与复性

核酸是具有一定空间构象的功能分子，维持构象的主要作用力是氢键、碱基堆积力等，破坏这些作用力可使核酸变性。

（一）DNA 变性

DNA 受到某些理化因素的影响，使分子中的氢键、碱基堆积力等被破坏，双螺旋结构解开，分子由双链（dsDNA）变为单链（ssDNA）的过程称为变性。变性的实质是维持二级结构的作用力受到破坏，即双螺旋被破坏。与蛋白质变性作用不同的是，DNA 发挥功能时常需要变性，而蛋白质变性会引起功能的降低或丧失。且 DNA 的一级结构未变，即变性不引起共价键的断裂；引起变性的理化因素很多，如加热、过酸、过碱、有机溶剂、尿素、甲酰胺、射线等。

由加热引起的变性叫作热变性当将 DMA 的稀盐溶液加热到 80~100℃时，双螺旋结构即发生解体，两条链分开，形成无规则线团，藏在双链内侧的碱基全部暴露出来，使 DMA 的 A_{260} 增加，即表现出增色效应（hyperchromic effect）。同时，DNA 溶液的黏度降低，沉降速度加快，双折射现象消失，比旋下降，酸碱滴定曲线改变等。

2. DNA 复性

DNA 变性是可逆的，解除变性条件并满足一定条件后，解开的两条 DNA 互补单链可重新恢复形成双螺旋结构，并恢复有关的性质和生物功能，这个过程称为 DNA 复性（renaturation）。

加热后变性的 DNA 在缓慢冷却到室温时，可以复性，这个过程称为退火（annealing），这是变性过程的逆过程，但若使加热变性的 DNA 溶液骤然冷却，则变性的 DNA 分子是不能重新结合成双螺旋的，这种变性是不可逆变性。

变性 DNA 能够复性，是由于互补链的存在，且满足了复性条件，如复性温度、DNA 浓度、溶液离子强度等。

在核酸研究中，尤其是在核酸分子杂交研究和基因改变工程中，经常是利用 DNA 分子的变性和复性的性质利用不同来源的 DNA 或 RNA 片段，使它们热变性成为游离的单链，然后缓慢冷却到复性温度，各种单链会按照碱基互补配对原则重新缔合成双链片段或部分双链区段，并可能形成双螺旋，形成不同的杂交核酸分子，包括 DNA 双链，DNA-RNA 双链。根据异源 DNA 或 RNA 间重新配对的概率大小和新双链区段长短，可判断异源核酸分子间的相似程度或同源性大小，可用于基因定位或测定基因频率等。

六、聚合酶链式反应

聚合酶链式反应（polymerase chain reaction，PCR）是 20 世纪 80 年代后期建立的一种

体外酶促扩增特异 DNA 片段的技术 PCR 是利用针对目的基因所设计的一对特异寡核苷酸引物，以目的基因为模板进行的 DNA 体外合成反应。由于反应循环可进行一定次数，所以在短时间内即可扩增获得大量目的基因。PCR 技术具有灵敏度高、特异性强、操作简便等特点。

DNA 的半保留复制是生物进化和传代的重要途径。在生物体内，双链 DNA 在多种酶的作用下可以变性解链成单链，在 DNA 聚合酶与启动子的参与下，根据碱基互补配对原则复制成同样的两个分子。在实验中发现，DNA 在高温时也可以发生变性解链，当温度降低后又可复性成为双链。因此，在生物体外，通过温度变化控制 DNA 的变性和复性，并设计引物做启动子，加入 DNA 聚合酶、dMTP 就可以实现特定基因的体外复制。PCR 通过变性、退火、延伸三个基本步骤完成一个循环。

第六节　核酸的分离、纯化和鉴定

细胞内大部分的核酸与蛋白质结合，且核酸是具有生物活性的大分子，为了获得天然状态的核酸，除要去除蛋白质和其他杂质外，在核酸提取分离时应注意核酸酶、化学和物理因素等所引起的核酸降解例如应在低温、合适的 pH 值条件下提取，防止过酸、过碱，避免剧烈搅拌；通常需要加入核酸酶抑制剂，防止内源核酸酶对核酸的降解等。

一、DNA 的分离

真核生物中的染色体 ONA 与碱性蛋白（组蛋白）结合成核蛋白（DNP）存在于核内 DNP 溶于水和浓盐溶液（如 1 mol/L NaCl），但不溶于生理盐溶液（0.14 mol/L NaCl）。利用这一性质，可将细胞破碎后用浓盐溶液提取，然后用水将盐浓度稀释至 0.14 mol/L，使 DNP 纤维沉淀出来将其缠绕在玻璃棒上，再溶解和沉淀多次以纯化接着用蛋白质变性剂苯酚抽提，除去蛋白质用水饱和的苯酚与 DNP 一起振荡，冷冻离心，DNA 溶于上层水相，不溶性变性蛋白质残留物位于中间界面，一部分变性蛋白质停留在酚相，如此操作反复多次除净蛋白质将含 DNA 的水相合并，在有盐存在的条件下加入 2 倍体积的冰乙醇，可将 DNA 沉淀出来用乙醚和乙醇洗涤沉淀。用此方法可以得到纯的 DNA。

用氯仿-异戊醇与 UNP 溶液振荡，借助表面变性除去蛋白质，反复多次直至得到不含蛋白质的 DNA。此操作过程与苯酚法相似。

为了得到大分子 DNA，避免核酸酶和机械振荡对 DNA 的降解，在细胞悬液中直接加入 2 倍体积含 1% 十二烷基硫酸钠的缓冲溶液，并加入广谱蛋白酶（如蛋酶 K，最后浓度达 100 Mg/mL），在 65℃保温 4 h，使细胞蛋白质全部降解，然后川苯酚抽提，除净蛋白酶和蛋白质部分降解产物 DNA 制品中的少量 RNA 可用纯的 RNase 分解除去氯化艳密度梯度离心（cesium chloride density gradient centrifugation）也是实验室制备高质量 DNA 常用的方法。

二、RNA 的分离

RNA 比 DNA 更不稳定，且 RNase 无处不在，因此 RNA 的分离更困难。制备 RNA 通常需要注意三点：

第一，所有用于制备 HNA 的玻璃器皿都要经过高温焙烤，塑料用具要经高压灭菌，不能高压灭菌的用具要用 0.1% 焦碳酸二乙酯（diethyl pyrocarhonate，DEPC）处理，再煮沸以除净 DEPC。DEPC 能使蛋白质乙基化而破坏 RNase 活性。

第二，在破碎细胞的同时加入强变性剂（如盐）使 RNase 失活。

第三，在 RNA 的反应体系内加入 RNase 的抑制剂（如 RNasin）。

常用的分离 RNA 方法有两种：第一种，用酸性胍盐/苯酚/氯仿抽提。异硫氰酸狐是极强烈的蛋白质变性剂，几乎使所有的蛋白质变性。然后用苯酚和氯仿多次除净蛋白质。此方法用于小量制备 KNA 现在实验室常采用 TRlzol 试剂一步法提取总 KNA，可提高产率 30%～150%。这种酚和异硫氰酸胍的均相液还可直接用于从人类、动物、植物、细菌等的细胞或组织中同时分离出 DNA 和蛋白质。第二种，用胍盐/氯化铯将细胞抽提物进行密度梯度离心，蛋白质密度 < 1.33 g/cm^3，在最上层。DNA 密度在 1.71 g/cm^3 左右，位于中间。RNA 密度 > 1.89 g/cm^3，沉在底部。用此方法可制备较大量高纯度的天然 KNA。

三、核酸含量测定法

（一）紫外吸收法

紫外吸收不仅能测核酸含量（前面已介绍），还能测核酸纯度。通常测定 260 nm 和 280 nm 的光吸收并计算它们的比值来判断核酸的纯度。纯 DNA 的 A_{260}/A_{280} 为 1.8，纯 RNA A_{260}/A_{280} 为 2.0。在纯化 DNA 时，通常用 $A_{260}/A_{280} = 1.8～2.0$ 作为纯度标准，若大于此值，表示有 KNA 污染；若小于此值，表示有蛋白质或酚等的污染。

（二）定磷法

纯的核酸含磷量约为 9.5%，可通过测定磷的量来测定核酸含量其方法是：先将核酸样品用强酸（如浓硫酸，过氯酸等）消化成无机磷酸；然后，磷酸与定磷试剂中的钼酸铵反应生成磷钼酸铵，在还原剂作用下被还原成蓝色的钼蓝复合物，其最大吸收峰在 660 nm 处，在一定范围内溶液吸光值与磷含量成正比得出总含磷量（核酸磷与无机磷），再减去无机磷（即不经消化直接测定）的量即为核酸磷的实际含景，此值乘以系数 10.5（100/

9.5）即为核酸含量。

定磷法的测定范围为 $10 \sim 100\mu g$ 核酸。

（三）定糖法

定糖法常用的也是比色法。核酸分子含有核糖或脱氧核糖，这两种糖具有特殊的呈色反应，据此可进行核酸的定量测定。

RNA 在浓盐酸或浓硫酸作用下，受热发生降解，生成的核糖进而脱水转化成糠醛，糠醛与 3.5-二羟甲苯又称（苔黑酚或地衣酚）反应生成绿色物质，最大吸收峰在 670 nm 处，反应需要三氯化铁作为催化剂定糖法的测定范围：苔黑酚法为 $20 \sim 250~\mu g$ RNA，在此范围内光吸收与核酸浓度成正比 3 有关反应为：

DNA 受热酸解释放出脱氧核糖，后者在浓硫酸或冰醋酸存在下可与二苯胺反应生成蓝色物质，最大吸收峰在 595 nm 处二苯胺法测定范围为 $40 \sim 400~\mu g$ DNA，在此范围内光吸收与 DNA 浓度成正比。

（四）凝胶电泳法鉴定 DNA 纯度

在核酸研究中用的较多的是琼脂糖凝胶电泳，它是目前分离纯化和鉴定核酸特别是 DNA 的标准方法。琼脂糖凝胶电泳操作简单迅速，用低浓度的溴化乙锭（EB）染色，可直接在紫外分析系统下观察、分析和鉴定 DNA，并进而制备、测定 DNA。

DNA 在琼脂糖凝胶电泳中的泳动率（迁移率）取决于下面几个因素：DNA 的分子大小、琼脂糖的浓度、DNA 的构象、电流强度等在凝胶电泳中，DNA 相对分子质量的对数与它的泳动率成反比。应用琼脂糖凝胶电泳能正确地测定 DNA 片段分子的大小如果 DNA 样品很纯，电泳后只呈现出一条区带，因此，可测定纯度，凝胶上的样品还可以回收。

现在已经有许多高精密的分析仪器可用于核酸和核苷酸的分析测定例如：高效液相色谱仪、毛细管电泳仪等。新的芯片技术可以将细胞内微量成分直接在芯片上分离和检测。传统的测定方法越来越让位于新的检测仪器。

第六章 糖 代 谢

第一节 概 述

糖是大部分生物体能量的主要来源，葡萄糖在糖代谢中占据中心地位，在新陈代谢中也起着重要作用。葡萄糖含有丰富的能量，主要以淀粉或糖原等多糖形式存在，当机体需要能量增加时，葡萄糖迅速从储存的聚合物中释放，通过无氧分解或有氧分解产生能量。

一、多糖及寡糖的降解

多糖和寡糖均需在酶的催化下，降解成单糖，才能进入分解代谢。按照发生部位的不同，降解途径分为细胞外降解和细胞内降解。

（一）细胞外降解——淀粉的水解

多糖及寡糖在细胞外的降解是一种水解过程，催化多糖及寡糖细胞外水解的酶称为糖苷酶（glycosidase）动物体内水解淀粉的淀粉酶，主要包括以下四类：

第一，α-淀粉酶是一种淀粉内切酶，它只能从淀粉分子内部随机水解 α-（1→4）糖苷键，产物为葡萄糖、麦芽糖、麦芽三糖和含 α-（1→4）糖苷键的各种分支糊精，所以又称为 α-糊精酶。该酶作用于黏稠的淀粉糊时，能使黏度迅速下降，使淀粉糊成为稀溶液状态，所以工业上又称其为液化酶。

第二，β-淀粉酶是一种淀粉外切酶，水解淀粉的 α-（1→4）糖苷键，从淀粉的非还原性末端依次切下两个葡萄糖单位，产物为麦芽糖。作用于支链淀粉时，遇到分支点即停止作用，剩下的分子质量大的分支糊精，称为 β-极限糊精或核心糊精。

第三，γ-淀粉酶又称糖化酶或葡萄糖淀粉酶，水解淀粉的 α-（1→4）糖苷键和 α-（1→6）糖苷键，从非还原端开始逐个切下葡萄糖残基可作用于直链淀粉和支链淀粉，终产物均是葡萄糖。

第四，R 酶即 α-（1→4）葡萄糖苷酶，只作用于淀粉的 α-（1→6）糖苷键，将支链淀粉的分支切下，生成长短不等的直链淀粉（糊精）。

其他，纤维素酶水解纤维素的奶（1→4）糖苷键，产物为纤维二糖和葡萄糖。麦芽糖酶、蔗糖酶和乳糖酶等寡糖酶催化寡糖发生细胞外的水解注意乳糖酶缺乏是广泛存在的问题，乳糖酶分泌少，不能完全降解母乳或牛乳中的乳糖，饮用母乳或牛乳后会出现腹痛、腹泻、腹胀及肠痉挛等症状。

（二）细胞内的降解——糖原的磷酸解

在动物的肝脏和肌肉中，糖原是葡萄糖的一种高效的能量贮存形式。当机体细胞内能量充足时，葡萄糖合成糖原，将能量贮存；当能量供应不足时，糖原在细胞内降解成葡萄糖（过程称为糖原的分解代谢），进而提供能量糖原的分解代谢主要包括三个酶的作用。

二、单糖的吸收与转运

多糖需先消化成单糖才能被吸收与转运人或动物口腔中的唾液淀粉酶（α-淀粉酶）能将淀粉部分水解，再由胃转运至小肠，经胰液淀粉酶、麦芽糖酶、蔗糖酶和乳糖酶水解，产生葡萄糖，果糖和半乳糖等单糖小肠是多糖消化的重要器官，又是吸收葡萄糖等单糖的重要器官。

葡萄糖被小肠黏膜细胞和肾细胞吸收是单糖与 Na^+ 的同向协同运输过程，即葡萄糖和都由细胞外向细胞内转运。葡萄糖跨膜运输所需要的能量来自细胞膜两侧的 Na^+ 浓度梯度。进入膜内的 Na^+ 通过细胞膜上 Na-K 泵又运输到膜外以维持 Na^+ 浓度梯度，从而使葡萄糖不断利用离子梯度形式的能量进入细胞。

三、糖的中间代谢

（一）糖的转化

糖的中间代谢是指糖在细胞内分解与合成，糖的分解代谢是产能过程，糖的合成代谢是耗能过程，在糖的分解代谢中，多糖及寡糖可以转化成单糖，从小肠吸收的葡萄糖、果糖、半乳糖、甘露糖等在细胞内各种酶的催化下，转化成葡萄糖-1-磷酸、葡萄糖-6-磷酸、果糖-6-磷酸等进入糖酵解途径而产能。

（二）糖分解代谢的类型

糖的分解代谢主要有两种类型：无氧分解和有氧分解。

第一，无氧分解。糖的无氧分解（又称无氧呼吸）是糖在无氧条件下不完全分解并释放较少能量的过程糖的无氧分解过程不仅是生物体共同经历的葡萄糖的分解代谢的前期途径，而且是有些生物体在无氧或供氧不足条件下给机体提供能或供应急需能量的一种糖代谢途径糖的无氧分解释放出的能量远远少于糖的有氧分解人和高等动物的肌肉及酵母菌均能进行无氧分解葡萄糖在细胞中进行无氧分解生成乳酸的过程称为酵解（glycolysis），葡萄糖在酵母菌中进行无氧分解产生乙醇的过程称为发酵（fennenlation）。

第二，有氧分解糖的有氧分解（又称有氧呼吸）是糖在有氧条件下彻底分解成 CO_2 和 H_2O，同时释放大量能量的过程有氧分解在糖的分解代谢中占主导地位，供氧充足时，糖的有氧分解抑制无氧分解的现象称为巴斯德效应。

糖的无氧分解与有氧分解的主要区别在于，糖的无氧分解在酵解过程中以中间产物乳酸为最终受氢体，在发酵过程中以乙醛为最终受氢体，而糖的有氧分解以氧作为最终受氢体。

第二节　糖的无氧分解

一、酵解途径（EMP 途径）

酵解和发酵是糖无氧分解的两种主要形式，代谢的初始物质都是葡萄糖，从葡萄糖到丙酮酸的生成，二者都是相同的通常将葡萄糖至丙酮酸生成的 10 步分解代谢途径称为酵解途径（Embden-Meyerhof-Pam as pathway，EMP 途径），是体内利用葡萄糖最主要的代谢途径，在所有细胞中均可发生。发酵和酵解都在细胞浆中进行，EMP 途径可分为两个阶段。

（一）准备阶段

糖酵解的准备阶段（preparatory stage）是指从 1 分子六碳葡萄糖裂解为 2 分子三碳片甘油醛-3-磷酸的代谢过程，包括以下 5 步化学反应（1~5），其中 1 和 3 是耗能反应。

1. 葡萄糖磷酸化生成葡萄糖-6-磷酸（G-6-P）

葡萄糖由己糖激酶 EC2.7.1.1 催化，消耗 1 分子 ATP，形成葡萄糖-6-磷酸，此酶催化的反应不可逆，这是 KMP 途径中的第一个限速（关键）步骤。葡萄糖-6-磷酸是各个糖代谢途径的交叉点，如在糖原的分解代谢中，由糖原磷酸化酶的催化生成葡萄糖-1-磷酸（G-1-P），再由磷酸葡萄糖变位酶催化产生葡萄糖-6-磷酸进入 EMP 途径。

己糖激酶除催化葡萄糖生成葡萄糖-6-磷酸以外，也能催化甘露糖（M）、果糖（F）和半乳糖（Gal）分别生成甘露糖-6-磷酸（M-6-P）、果糖-6-磷酸（F-6-P）和半乳糖-6-磷酸（Gal-1-P）。激酶是能够在 ATP 和任何一种底物之间起催化作用，转移磷酸基团的一类酶。在人和动物的肝脏中还存在一种专一性很强的葡萄糖激酶 EC2.7.1.2（glucokina. se），它实际上属于己糖激酶同工酶的第 IV 型，只能催化葡萄糖生成葡萄糖-6-磷酸，不能催化其他己糖的磷酸化。

2. 葡萄糖-6-磷酸异构化生成果糖-6-磷酸

葡萄糖-6-磷酸经磷酸葡萄糖异构酶 EC5.3.1.9（phosphoglucose isomerase）催化转变为果糖-6-磷酸，该酶催化可逆反应。

3. 果糖-6-磷酸经磷酸化生成果糖-1，6-二磷酸（fructose-1，6-bisphosphate，FBP）

这一步是糖酵解过程中消耗第二个 ATP 分子的第二次磷酸化反应，果糖-6-磷酸经磷酸果糖激酶 EC2.7.1.11（phosphofructokinase）催化，进一步磷酸化生成果糖-1，6-二磷酸。磷酸果糖激酶是一种变构酶，糖酵解速率严格依赖该酶的活力水平。该酶催化的反应不可逆，是糖酵解过程中的第二个限速反应。

4. 果糖-1.6-二磷酸裂解为 2 分子磷酸丙糖

果糖-1，6-二磷酸在醛缩酶 EC4.1.2.13 催化下，在 C-3 位和 C-4 位之间裂解，生成 1 分子磷酸二羟丙酮（DHAP）和 1 分子甘油醛-3-磷酸（GAP）醛缩酶也可催化 1 分子磷酸二羟丙酮和 1 分子甘油醛-3-磷酸经醛醇缩合反应生成 1 分子 FBP。

5. 磷酸二羟丙酮和甘油醛-3-磷酸的互变

磷酸二羟丙酮和甘油醛-3-磷酸在磷酸丙糖异构酶 EC5.3.1.1（phosphotriose isomerase）催化下可以互变。磷酸丙糖异构酶催化可逆反应达平衡时，磷酸二羟丙酮占 96%，甘油醛-3-磷酸仅占 4%，但甘油醛-3-磷酸随分解代谢不断被消耗，仍有利于正反应进行。

在 EMP 途径的准备阶段，经以上 5 步反应，将 1 分子葡萄糖转变为 2 分子丙糖，并消耗 2 分子 ATP，所以，EMP 途径的准备阶段是耗能的。

（二）偿还阶段

糖酵解的偿还阶段（payoff stage）是指从甘油醛-3-磷酸至丙酮酸的代谢过程，也包括 5 步化学反应（6-10），除偿还准备阶段磷酸化消耗的 2 分子 ATP 外，还净产生 2 分子 $NADH + H^+$ 和 2 分子 ATP。

6. 甘油醛-3-磷酸氧化成为甘油酸-1，3-二磷酸

甘油醛-3-磷酸在甘油醛-3-磷酸脱氢酶 EC1.2.1.12（GAPDH）的催化下，由 NAD^+ 和无机磷酸（Pi）参加，脱氢并磷酸化生成甘油酸-1，3-二磷酸，该化合物含 1 个酰基磷酸，酰基磷酸是具有高能磷酸基团转移势能的化合物。

7. 甘油酸-1，3-二磷酸转变为甘油酸-3-磷酸（3-PG）

在磷酸甘油酸激酶 EC2.7.2.3（PGK）催化下，甘油酸-1，3-二磷酸分子中的酰基磷酸转移到 ADP 上，产生 1 分子 ATP 和甘油酸-3-磷酸。

8. 甘油酸-3-磷酸生成甘油酸-2-磷酸（2-PG）

由磷酸甘油酸变位酶 EC5.4.2.1（phosphoglycerate mutase）催化，甘油醛-3-磷酸转变

成甘油酸-2-磷酸。

9. 甘油酸-2-磷酸脱水生成磷酸烯醇式丙酮酸（PEP）

在烯醇化酶 EC4.2.1.11（enolase）催化下，甘油酸-2-磷酸脱水生成磷酸烯醇式丙酮酸，烯醇化酶在与底物结合前需先与 2 价阳离子如 Mg^{2+} 或 Mn^{2+} 结合成一个复合物，才有活性。

10. 磷酸烯醇式丙酮酸转变为丙酮酸

在丙酮酸激酶 EC2.7.1.40（pyruvate kinase）催化下，磷酸烯醇式丙酮酸分子中的磷酸基转移至 ADP 上，产生]分子 ATP 和丙酮酸，属于 EMP 途径的第二次底物水平磷酸化。这是 EMP 途径的最后一步反应，反应不可逆，是第三个限速反应。

二、无氧条件下丙酮酸的去向

EMP 途径生成丙酮酸，丙酮酸是代谢的重要连接点在无氧或供氧不足的条件下，丙酮酸的代谢途径随机体所处的条件和发生在何种生物体中而各不相同。

（一）丙酮酸转变为乙醇

在无氧条件下，在酵母和其他部分微生物体内，丙酮酸转变为乙醇，转变过程包括两步酶促反应第一步，丙酮酸在丙酮酸脱羧酶 EC4.1.1.1（pyruvate decarboxylase）催化下，脱去羧基产生乙醛，丙酮酸脱羧酶的辅酶是硫胺素焦磷酸（TPP）；第二步，在乙醇脱氢酶 EC1.1.1.2（alcohol dehydrogenase）催化下，由 $NADH + H^+$ 提供氢（$NADH + H^+$ 来源于 EMP 途径中甘油醛-3-磷酸脱氢），使乙醛还原为乙醇，此过程称为乙醇发酵。

（二）丙酮酸转变为乳酸

人和动物在激烈运动发生供氧不足时，缺氧的细胞必须用糖酵解产生的 ATP 分子暂时满足对能量的需要为使甘油醛-3-磷酸继续氧化，必须提供氧化型的 NAD^+。丙酮酸作为 $NADH + H^+$ 的受氢体，使细胞注无氧条件下重新生成 NAD^+，于是丙酮酸的羰基被还原，生成乳酸。

第三节　糖的有氧分解

EMP 途径使葡萄糖变成丙酮酸，在有氧条件下，丙酮酸通过线粒体内膜上的转运蛋白进入线粒体基质，丙酮酸氧化脱羧生成乙酰 CoA，拉开了三羧酸循环（TCA 循环）的序幕，葡萄糖被彻底氧化成 CO_2，H_2O，呼吸链磷酸化释放 ATP。

一、丙酮酸氧化脱羧

丙酮酸脱氢酶系 (pyruvate dehydrogenase complex)，又称为丙酮酸脱氢酶复合体，催化丙酮酸氧化脱羧生成乙酰 CoA，这个多酶系统包括 3 种酶，即丙酮酸脱氢酶 EC1.2.4.1（E_1）、二氢硫辛酰转乙酰基酶 EC2.3.1.12（E_2）和二氢硫辛酰胺脱氢酶 EC1.8.1.4（E_3），还包括 6 种辅助因子，即 TPP、CoASH、FAD、NAD^+、硫辛酸和 Mg^{2+}。

二、三羧酸循环

在有氧条件下，葡萄糖分解分解生成乙酰 CoA，继续进行有氧分解，所经历的途径分为两个阶段，分别为三羧酸循环 (tricarboxylic acid cycle，TCA 循环) 和氧化磷酸化，氧化磷酸化由于 TCA 循环的第一个关键中间产物是具有三个羧基的柠檬酸，所以又称之为柠檬酸循环；为了纪念德国科学家 Hans Krebs 为阐明 TCA 循环所做的突出贡献，这一循环又称为 Krebs 循环。这项成就成为生物化学发展史的一个经典，1953 年该项成就获得了诺贝尔奖。

(一) TCA 循环的代谢途径

TCA 循环在线粒体基质中进行乙酰 CoA 进行脱羧反应和脱氢反应，羧基形成 CO^2，氢原子随着载体（NAD^+、FAD）进入呼吸链，经过氧化磷酸化作用，形成 H_2O，并用释放出的能量合成 ATPO TCA 循环不只是丙酮酸氧化的途径，也是脂肪酸、氨基酸等各种能源分子氧化分解所经历的共同途径。另外，TCA 循环的中间体还可作为许多生物合成的前体，因此可以说 TCA 循环是两用代谢途径。

(二) TCA 循环的调控

调节 TCA 循环速度的关键酶有 3 种：柠檬酸合酶、异柠檬酸脱氢酶和 α-酮戊二酸脱氢酶系，它们在生理条件下都远离平衡，其 ΔG^{00} 都是负值 TCA 循环中酶的活性主要由底物充足与否决定，并受其形成产物浓度的抑制等影响循环中关键的底物是乙酰 CoA、草酰乙酸。乙酰 CoA 主要来源于丙酮酸，所以它还受丙酮酸脱氢酶活性的调节草酰乙酸主要来源于苹果酸，它与苹果酸的浓度保持一定的平衡关系。

ADP 是异柠檬酸脱氢酶的变构促进剂，可增加该酶对底物的亲和力。当机体处于静息状态时，ATP 的消耗下降、浓度上升，对该酶产生抑制作用 Ca^{2+} 对异柠檬酸脱氢酶和 α-酮戊二酸脱氢酶系都有激活作用。

在肝脏中，TCA 循环不仅提供能量，由于肝脏功能的多样性（合成葡萄糖、脂肪酸、胆固醇、氨基酸及卟啉类等），TCA 循环还有为其他代谢提供中间产物的作用。

三、磷酸己糖旁路（HMS 途径）

EMP 途径是糖分解代谢的主要途径，但不是唯一的途径。研究表明，向糖酵解系统体系中添加碘乙酸、氟化物等抑制剂，并没有终止葡萄糖的利用，由此说明糖还存在其他的分解代谢途径，称为分解代谢支路或旁路。磷酸己糖旁路（hexose monophosphate shunt，HMS 途径），又称为戊糖磷酸途径（pentose phosphate pathway，简写 PPP 途径），是糖有氧分解的重要代谢旁路之一，通路分解的第一步与 EMP 途径相似，葡萄糖也先形成磷酸己糖，因而得名。

（一）HMS 途径的主要反应

HMS 途径存在于动植物体内，在细胞质中进行，由一个循环式的反应体系构成。首先葡萄糖由己糖激酶催化生成葡萄糖-6-磷酸，葡萄糖-6-磷酸经过氧化分解后产生五碳糖、Pi 和 NADPH。HMS 途径全部反应可划分为两个阶段：氧化阶段和非氧化阶段。

1. 氧化阶段

第一，葡萄糖-6-磷酸形成葡萄糖-6-磷酸-δ-内酯（gluconO-6-phosphate-δ-lactone）以 NADP$^+$ 为辅酶的葡萄糖-6-磷酸脱氢酶（glucose 6-phosphate dehydrogenase）催化葡萄糖-6-磷酸分子内 C-1 位的羧基和 C-5 位的羟基发生酯化反应。缺乏葡萄糖-6-磷酸脱氢酶会患蚕豆病，引起溶血性贫血，这是最常见的一种遗传性酶缺乏病。

第二，葡萄糖酸-6-磷酸-δ-内酯形成葡萄糖酸-6-磷酸（gluconO-6-phosphate）。在专一的内酯酶（lactonase）催化下，葡萄糖酸-6-磷酸-δ-内酯水解成为葡萄糖酸-6-磷酸。

第三，葡萄糖酸-6-磷酸形成核酮糖-5-磷酸（ribulose-5-phosphate）。葡萄糖酸-6-磷酸脱氢酶催化葡萄糖酸-6-磷酸脱氢和脱羧形成核酮糖-5-磷酸，该酶的辅酶也是 NADP$^+$。

2. 非氧化反应阶段

第一，核酮糖-5-磷酸形成核糖-5-磷酸（ribose-5-phosphate）核酮糖-5-磷酸由核酮糖-5-磷酸异构酶（rihulose-5-phosphate isomerase）催化，通过炔二醇中间产物异构化为核糖-5-磷酸。

第二，核酮糖-5-磷酸转变为木酮糖-5-磷酸（xylulose-5-phosphate）o 核酮糖-5-磷酸在核酮糖-5-磷酸差向异构酶（ribulose-5-phosphate epimerase）作用下转变成其差向异构体木酮糖-5-磷酸。

第三，木酮糖-5-磷酸与核糖-5-磷酸通过转酮作用形成景天庚酮糖-7-磷酸（*sedohep*-tulose-7-phosphate）和甘油醛-3-磷酸。木酮糖-5-磷酸经转酮酶（transketolase）作用，将木酮糖的 C-1 位和 C-2 位含有酮基的 2 个碳单位转移到核糖-5-磷酸上，其自身转变为甘油醛-3-磷酸，同时形成一个七碳产物景天庚酮糖-7-磷酸。

(二) HMS 途径的生理意义

1. HMS 途径是细胞产生还原力（NADPH）的主要途径

HMS 途径和 EMP 途径一样存在于细胞质中。作为能源分子的葡萄糖，通过 EMP 途径、TCA 循环和氧化磷酸化产生 ATP，供耗能的生命活动所需。葡萄糖经 HMS 途径主要产生 NADPH NADPH 在还原性生物合成中做氢和电子的供体，为细胞提供还原力。HMS 途径的酶类在骨骼肌中活性很低，在脂肪组织以及其他活跃合成脂肪酸和固醇类的组织如乳腺、肾上腺皮质、肝脏等组织中的活性很高，在脊椎动物的红细胞中的活性也很高因为脂肪酸、固醇类的合成需要还原力，保证红细胞中的谷胱甘肽处于还原态也需要还原力在光合作用中 HMS 的部分途径参加 CO_2 合成葡萄糖，由核糖核苷酸转变为脱氧核糖核苷酸也需要 NADPH，此外，NADPH 也可通过穿核作用进入线粒体内呼吸链进行氧化磷酸化产生 ATP，若以每分子 NADPH 产生 2.5 分子 ATP 计算，每分子葡萄糖-6-磷酸经 HMS 途径可产生 30 分子 ATP。

2. HMS 途径是联系己糖代谢与戊糖代谢的途径

HMS 途径的中间产物核糖-5-磷酸及其衍生物是 ATP、CoASH、NAD^+、FAD、RNA 和 DNA 等重要生物分子的组分。

第四节 糖原合成和糖异生

一、糖原合成

糖原的生物学意义在于它是储存能量的、容易动员的多糖糖原是葡萄糖的一种高效能的储存形式当机体细胞中能量充足时，细胞即合成糖原将能量储存起来。1957 年，Luis Leloir 等人发现糖原的生物合成和分解是完全不同的途径。在糖原合成中，糖基的供体不是葡萄糖-1-磷酸，而是尿苷二磷酸葡萄糖（uridine diphosphate glucose），简称 UDP-葡萄糖或 UDPG。

二、糖异生

糖异生是指以非糖物质为前体合成葡萄糖。非糖物质包括乳酸、丙酮酸、丙酸、甘油以及氨基酸等，糖异生是人类和其他动物绝对需要的代谢途径。人脑的能源供应高度依赖葡萄糖，人体日需葡萄糖总量约为 160 g，其中脑的需要量就达 120 g，体液中的葡萄糖约为 20 g，糖原可随时提供的葡萄糖约为 190 g。在一般状态下，机体内的葡萄糖量足够维持 1 天的需要。但如果机体处于饥饿状态或剧烈状态，则必须由非糖物质转化成葡萄糖。

（一）糖异生作用的途径

糖异生作用的途径绝大部分（但不完全）是 EMP 途程的逆反应，EMP 途径有 3 步反应是不可逆的，即由己糖激酶催化的葡萄糖与 ATP 形成葡萄糖-6-磷酸和 ADP；由磷酸果糖激酶催化的果糖-6-磷酸与 ATP 形成果糖-1，6-二磷酸和 ADP，由丙酮酸激酶催化的磷酸烯醇式丙酮酸与 ADP 形成丙酮酸和 ATP 糖异生采取以下 3 项措施通过糖酵解的 3 个不可逆反应，关键是由不同的酶催化。

（二）乳酸的再利用和可立氏循环

在激烈运动时，EMP 途径产生 NADH 的速度超出通过氧化呼吸链再形成 NAD^+ 的能力此时，肌肉中 EMP 途径形成的丙酮酸由乳酸脱氢酶催化转变为乳酸以使 NAD^+ 再生，这样 EMP 途径才能继续提供 ATP 乳酸是代谢的最终产物，除再转变为丙酮酸外，别无其他去路肌肉细胞中的乳酸扩散到血液并随血流进入肝脏，在肝细胞内经糖异生作用转变为葡萄糖，又回到血液中供应脑和肌肉对葡萄糖的需要这个过程称为可立氏循环。

第五节　糖代谢在工业上的应用

发酵工业利用微生物的糖代谢途径，满足特定的生长和代谢条件，可生产多种产品常根据某些微生物的代谢途径设法阻断某步中间反应，积累需要的中间产物；或者使其改变代谢途径，将中间产物引入其他代谢途径生成另外的产物在这些代谢中，丙酮酸是枢纽性的中间产物，由它可产生乙醇（乙醇发酵）、乳酸（乳酸发酵）、丙酮和丁醇（丙酮、丁醇发酵）及其他多种有机酸，应用于食品、医药、化工等工业部门。

一、乙醇发酵

人类发现并利用自然发酵（微生物进行酒精发酵）酿酒的历史虽很久远，但真正大规模形成啤酒、蒸馏酒、食用乙醇的生产是从巴斯德真正认识了微生物并且在很多学者充分阐明乙醇发酵原理之后开始的，如今世界各国发酵乙醇产业又发展至解决能源的补充和部分替代的燃料酒精时代向汽油、柴油中添加 10%~20% 的无水乙醇，调制成乙醇汽油，不仅解决了部分能源缺口，还解决了汽车增多造成的环保方面的一些难题，以玉米、废糖蜜、甘薯等为主原料的乙醇发酵的最大优势是原料来源的可再生。因此乙醇是稳定的环保型能源之一。发酵使川的主体微生物主要是酒精酵母、啤酒酵母，乙醇已成为世界上生产数量最大、经济建设和社会需求数量最多的生物技术产品。

二、甘油发酵

甘油是国防、化及医药工业上的重要原料。利用酵母细胞对糖的无氧代谢来生产甘油（即酵母的二型及三型发酵），是人为地改变其正常代谢途径，使乙醛不转变成乙醇，而积累甘油。主要有两种方法：亚硫酸氢钠法和碱法。

（一）亚硫酸氢钠法

向发酵液中加人亚硫酸氢钠，使发酵生成的乙醛与亚硫酸氢钠发生加成反应，这样乙醛就不能作为受氢体，不生成乙醇此时甘油醛-3-磷酸氧化产生的 NADH 就以磷酸二羟丙酮为受氢体，还原为 α-磷酸甘油，再由磷酸酶催化切去磷酸，生成甘油。

（二）碱法

使发酵液呈碱性，在碱性条件下，乙醇脱氢酶的活性被抑制，乙醛不能还原为乙醇此时乙醛可发生歧化反应，即两分子乙醛间发生氧化还原反应，一分子被氧化成乙酸，另一分子被还原成乙醇。在这种情况下，NADH 没有乙醛作为受氢体，只能以磷酸二羟丙酮为受氢体，最后生成甘油。

用于甘油发酵的酵母有假丝酵母（C albicans）、汉逊酵母（M anomala）、啤酒酵母等；由于利川甘油发酵生产甘油目前成本高于肥皂工业从废水中回收甘油，所以应用不多。

三、丙酮、丁醇发酵

丙酮，丁醇都是常用的工业溶剂，需求量很大。在 20 世纪 40、50 年代曾大量利用厌氧菌发酵生产，60 年代后由于使用石油的合成法成本低廉，发酵法曾一度停止使用。目前因使用了固定化细胞技术，发酵法又有发展的势头。

丙酮、丁醇发酵都是利用丙酮丁醇核菌（C. 等微生物在酸性（PH = 3.5）条件下，使糖无氧代谢产生丙酮酸，丙酮酸再转变成乙酰 CoA，2 分子乙酰 CoA 合成乙酰 CoA，进一步转变为丙酮和丁醇。

四、有机酸发酵

利用微生物对糖的无氧及有氧代谢，可以生产多种有机酸，在食品、医药、化工、塑料、香料等部门应用广泛。

（一）乳酸发酵

乳酸常用于化工、医药、烟草、食品等工业，许多发酵食品如酸菜、泡菜、酱菜、发酵醪、啤酒中均含有乳酸、酒精厂用的酒母醪，多先经过乳酸发酵，达到一定酸度后，再接种纯酵母，使其繁殖，这样才能避免杂菌污染，获得纯粹而不含杂菌的酒母醪。

乳酸发酵分为同型发酵和异型发酵：如果产物只有乳酸称为同型乳酸发酵；如果产物除乳酸外，还有乙醇、乙酸等其他物质，则称为异型乳酸发酵＜同型乳酸发酵是利用德氏乳杆菌对糖的无氧代谢，丙酮酸作为受氢体，直接还原为乳酸。异型乳酸发酵是肠膜明串珠菌（L. mesenteroid. es）和葡聚糖明串珠菌（A. dextranicum）等通过磷酸酮解途径进行的磷酸酮解途径是类似于 HMS 途径的糖的有氧分解途径，葡萄糖经葡萄糖-6-磷酸转变为木酮糖-5-磷酸后，经磷酸酮解酶催化，分解为乙酰磷酸和甘油醛-3-磷酸。乙酰磷酸经磷酸转乙酰酶作用变为乙酰 CoA，再经乙醛脱氢酶和乙醇脱氢酶作用生成乙醇。甘油醛-3-磷酸经多种酶作用，通过丙酮酸转变为乳酸。

（二）丁酸发酵

丁酸是常用的工业溶剂进行丁酸发酵的主要是一些专性厌氧菌，常见的有丁酸梭菌（C. butyrium）、克氏梭菌（C. kluyueri）、巴氏芽孢杆菌（B. pasteurianum）等。这些细菌在无氧条件下经 EMP 途径将己糖分解为丙酮酸，在丙酮酸－铁氧还蛋白氧化酶催化下，将丙酮酸转变为乙酰 CoA，再经乙酰 CoA、丁酰 C《A 转变为丁酸，丁酰 CoA 在硫转移酶催化下，将 CoASH 转移给乙酸，生成乙酰 CoA，将能量贮存，同时生成丁酸。

（三）柠檬酸发酵

柠檬酸是重要的工业原料，市场需求量大，主要用于食品、医药、化工。柠檬酸发酵用的菌种主要是黑曲霉（A. niger），通过对糖的有氧代谢的调节，柠檬酸积累。在黑曲霉的糖代谢途径中，柠檬酸对异柠檬酸脱氢酶和磷酸果糖激酶（PFK）有抑制作用，为了解除柠檬酸对 PFK 的抑制作用，必须限制 Mn^{2+} 的浓度及氧的供应。在缺锰的条件下，可提高黑曲霉细胞内的 NH_4^+ 的浓度，细胞内高浓度 NH_4^+；不仅可使 PFK 不受柠檬酸的抑制，而且可降低 TCA 循环中一些酶的活性，使柠檬酸大量积累。

根据微生物的糖代谢原理发酵生产的产品较多，但有的由于化学合成或半合成的成功（其成本大大低于发酵法生产），发酵生产被淘汰了；有的或因产率不高，或因效益不佳，也难用于生产；有的则随市场需求的波动，发展时快时慢，运用现代生物技术提升传统的发酵产业，是发展高新技术产业的重要组成部分、生产更多更好的发酵产品，造福人类，前景广阔。

第七章　脂类代谢

第一节　概　述

脂肪是高等动物的重要能源，与其他能源物质相比，脂肪氧化时能提供更多的能量每克脂肪氧化可以释放 38.9 kJ（9.3 kcal）的能量，而每克糖氧化仅释放 17.2 kJ（4.1 kcal）的能量，每克蛋白质氧化仅释放 23.4 kJ（5.6 kcal）的能量。所以，脂肪是生物体的能量储存库。

一、脂肪的消化

脂肪的消化是脂肪在脂肪酶催化下的降解。

人和动物的膳食中的脂肪主要是三酰甘油，此外还含有少量磷脂、胆固醇等。脂肪不溶于水，必须在胆汁中的胆汁酸盐作用下，乳化并分散为细小微团，才能在胰腺分泌的各种脂肪酶作用下顺利消化。胆汁和胰液均分泌进入十二指肠，因此小肠上段是脂肪消化的主要场所。脂肪酶包括以下三种：

第一，三酰甘油脂肪酶。在辅脂肪酶辅助下，三酰甘油脂肪酶特异催化三酰甘油中的1、3 位酯键水解，生成 2-单酰甘油和 2 分子游离脂肪酸。

第二，磷脂酶。磷脂酶包括卵磷脂酶、胆胺磷脂酶、甘油磷脂酶等，作用后生成甘油、脂肪酸、磷酸、胆碱、胆胺等。

第三，胆固醇酯酶、胆固醇酯酶催化胆固醇酯生成胆固醇和脂肪酸。

微生物的脂肪酶与动物的不同，具有双向催化特性。一方面它能降解脂肪生成脂肪酸和甘油，另一方面在一定条件下它能催化醇与酸缩合成酯。

二、脂肪的吸收

脂肪消化产物主要在十二指肠下端和空肠上段吸收。降解后的产物经胆汁乳化，甘油、短及中碳链脂肪酸可直接进入门静脉血液；而长碳链脂肪酸被动扩散进入肠黏膜细胞，在光滑内质网上脂酰 CoA 转移酶的作用下重新酯化，生成的三酰甘油与磷脂、胆固醇酯及少量胆固醇，和细胞内合成的脂蛋白构成乳糜微粒，经淋巴系统进入血液。

三、脂肪的转运——脂蛋白

脂肪不溶于水，在水中呈乳浊液，正常人血浆含脂肪虽多，却仍清澈透明，说明脂质在血浆中不是以游离状态存在的，而是与血浆中的蛋白质结合成复合体。游离脂肪酸与清蛋白结合运输，其他脂质物质则与血浆中的一类特殊的载体蛋白——载脂蛋白结合，以脂蛋白形式运输。

血浆脂蛋白是由蛋白质、三酰甘油、磷脂、胆固醇及其酯组成的，各种脂蛋白中蛋白质及脂类组成的比例和含量各不相同。根据脂蛋白的密度不同主要将其分为 5 类，即乳糜微粒（CM）、极低密度脂蛋白（VLDL）、中间密度脂蛋白（IDL）、低密度脂蛋白（LDL）和高密度脂蛋白（HDL）。血浆脂蛋白中与脂质结合的蛋白质称为载脂蛋白，它在脂蛋白代谢中发挥重要的作用。

CM 的核心是三酰甘油，占总量的 85%～95%，由小肠黏膜上皮细胞合成，是密度最小的脂蛋白。它的主要功能是从小肠转运外源性三酰甘油、胆固醇等脂质到血浆和其他组织。

VLDL 在肝细胞内质网中合成，主要功能是从肝脏中运载内源性三酰甘油和胆固醇至各靶组织正常人空腹血浆中几乎查不出 CM 和 VLDL，因为它们已被毛细血管壁上的脂蛋白脂酶所水解。

LDL 是血浆中胆固醇的主要载体，其核心由 1500 个胆固醇酯组成，胆固醇酯中最常见的酰基是亚油酸。LDL 的主要功能是转运胆固醇到外围组织，并调节该部位胆固醇的重新合成。

HDL 由肝脏和小肠合成并分泌，主要收集血浆中的胆固醇、磷脂、三酰甘油和载脂蛋白，使胆固醇酯化并运送至 VLDL 或 LDL。

四、血脂

血浆中含有的脂类统称为血脂（blood lipid），包括三酰甘油、少量二酰甘油和单酰甘油、磷脂、胆固醇及其酯、游离脂肪酸，血脂在脂类的运输和代谢上起着重要作用。按照血脂的来源有外源性及内源性两种：外源性指由食物摄取的脂类经消化吸收进入血液；内源性指由肝脏、脂肪组织及其他组织合成后释放入血液血脂的含量不如血糖稳定，波动较大，还受膳食、年龄、性别、职业及代谢等因素影响。

第二节　脂肪的分解与合成代谢

一、脂肪的分解代谢

脂肪在各种脂肪酶的作用下水解生成甘油和脂肪酸，所以脂肪的代谢是指甘油代谢和脂肪酸代谢。

（一）甘油的代谢

甘油在 ATP 存在时由甘油激酶 EC2.7.1.30（glycerol kinase）催化，磷酸化为甘油-3-磷酸，再由磷酸甘油脱氢酶催化为磷酸二羟丙酮。磷酸二羟丙酮是 EMP 途径的中间产物，它可以沿着 EMP 途径逆行合成葡萄糖和糖原，即甘油的糖异生；又可以沿着 EMP 途径转变成丙酮酸，从而进入 TCA 循环而被彻底氧化，可见脂代谢和糖代谢有着密切的关系。此外，值得注意的是脂肪细胞没有甘油激酶，所以甘油被运到肝脏才能进行代谢；甘油分解代谢途径是可逆的，所以其逆行即为甘油的合成途径。

（二）脂肪酸的氧化

脂肪酸在供氧充足的情况下，完全氧化分解为 CO_2 和 H_2O，释放大量的能量，因此脂肪酸是机体的主要能量来源之一，其最主要的氧化形式是 β-氧化（β-oxidation），所以下面重点介绍脂肪酸的 β-氧化并简要介绍脂肪酸的其他氧化方式。

1. 脂肪酸的 β-氧化

饱和偶数碳脂肪酸氧化分解时通过酶催化 α-碳与 β-碳之间断裂，β-碳被氧化成羧基，相继切下二碳单位而降解的方式称为脂肪酸的 β-氧化。β-氧化在线粒体基质中，过程如下。

首先，脂肪酸在 β-氧化前必须活化为脂酰 CoA，反应由脂酰 CoA 合成酶 EC6.2.1.3（acyl-C（iA synthetase）催化，在细胞浆中完成，反应分两步。

催化脂酰 CoA 氧化分解的酶全部分布在线粒体基质中，但是脂酰 CoA 不能自由通过线粒体内膜，必须借助一种载体——肉毒碱（ramidne）的转运而进入线粒体进行氧化。

在位于内膜外侧的肉毒碱脂酰转移酶 I（EC2.3.1.21）催化下，脂酰 CoA 与肉毒碱生成脂酰肉毒碱，再通过线粒体内膜的移位酶穿过内膜，由位于内膜内侧的肉毒碱脂酰转移酶 II 催化重新生成脂酰 CoA，最后肉毒碱经移位酶回到细胞浆。

2. 脂肪酸其他的氧化方式

（1）奇数碳脂肪酸的氧化

大多数哺乳动物中奇数碳原子的脂肪酸是罕见的，但在反刍动物中常见。奇数碳脂肪酸经 β-氧化生成多个分子的乙酰 CoA，但最终生成含有奇数碳原子的丙酰 CoA，丙酰 CoA 先经缩化，后在变位酶作用下转变为琥珀酰 CoA，后者沿 TCA 循化途径彻底氧化。

（2）不饱和脂肪酸的氧化

不饱和脂肪酸的氧化与饱和脂肪酸的 β-氧化相似，都要经过活化，转运和线粒体中 β-氧化的过程，但是它需要另外两个酶：异构酶和还原酶。β-氧化酶系要求代谢物烯酰

CoA 为 Δ^2 反式构型（trans），而天然不饱和脂肪酸的双键多为顺式构型（cis），因此需要借助异构酶和还原酶将其转变为 Δ^2 反式构型。

（三）酮体代谢

脂肪酸在肝细胞线粒体中经氧化生成的乙酰 CoA 转变为乙酰乙酸、β-羟丁酸和丙酮等，这些中间代谢物称为酮体（ketone body），其中冷 – 羟丁酸含量较多，丙酮含量极微。肝通过酮体将乙酰 CoA 转运到外周组织中做燃料。

1. 酮体的生成

以乙酰 CoA 为原料，在肝细胞线粒体内经硫解酶作用生成乙酰乙酰 CoA 后，其在 HMG-CoA 合酶催化下先缩合生成 3-羟-3-甲基戊二酸单酰 CoA（HMG-CoA），再经裂解酶催化而生成酮体 HMG-CoA 合酶 EC4.1.3.5 是酮体合成的关键酶。

2. 酮体的利用

肝有生成酮体的酶，但缺乏利用酮体的酶，所以肝产生的酮体需经血液运输到肝外组织进一步氧化分解。在肝外组织细胞的线粒体内，β-羟丁酸和乙酰乙酸可被氧化生成 2 分子乙酰 CoA，最后乙酰 CoA 进入 TCA 循环被彻底氧化利用，因此酮体是肝输出能源的一种形式。酮体分子小，易溶于水，一方面能通过血脑屏障及肌肉内毛细血管壁，是肌肉尤其是脑组织的重要能源，另一方面酮体利川的增加可减少糖的利用，有利于维持血糖水平恒定，节省蛋白质的消耗。正常情况下，血中酮体含量很少，当酮体生成过多，超过肝外组织利用酮体的能力，则引起血中酮体升高而引起代谢性酸中毒。

二、脂肪的合成代谢

生物体内脂肪的合成原料包括 α-磷酸甘油和脂酰 CoA，其中 α-磷酸甘油可以通过甘油合成代谢的逆反应完成，所以重点讨论脂肪酸的合成过程。

脂肪酸的合成包括 2 种方式：一是存在于细胞浆中从二碳单位开始的从头合成途径，二是于线粒体和微粒体中在已有的脂肪酸链上加上二碳单位使链延长。

（一）细胞浆中的脂肪酸合成

在各种生物体内，脂肪酸的合成均以细胞浆中的乙酰 CoA 为原料、由脂肪酸合酶 EC2.3.1.85 催化，但酶的结构和性质及细胞内定位在不同物种间存在着差异。如 E-.coli 和植物的脂肪酸合酶是由 7 种不同功能的酶与一种低分子质量的蛋白质聚集形成的多酶复合体；而在哺乳动物中这 7 种酶集于一条多肽链上形成多功能酶，通常以二聚体形式发挥催化活性。虽然不同生物的脂肪酸合酶具有差异，但它们的脂肪酸的合成过程是一致的。

（二）线粒体或微粒体中的脂肪酸合成——碳链的延长

在真核生物中，细胞浆中脂肪酸合酶催化的主要产物是软脂酸，而更长的脂肪酸是在线粒体或微粒体酶系催化下在软脂酸的基础上经改造、加工、延长形成的高级脂肪酸，它们的碳链延长机制有所差异。

线粒体基质的软脂酸及其他饱和或不饱和脂肪酸碳链的延长是将乙酰 CoA 连续加到软脂酸羧基末端其途径基本上为脂肪酸降解过程的逆转，但延长的最后一步是羟脂酰 CoA 还原酶催化，氢供体都是 NADPH 而不是 FAD。

微粒体也能延长饱和或不饱和脂肪酸碳链，其特点是利用丙二酰 CoA 而不是乙酰 CoA，还原过程需要 NADPH + H 供氢。中间过程与脂肪酸合酶催化的过程相同，只是微粒体系统不是以 ACP 而是 CoASH 作为酰基载体。

（三）不饱和脂肪酸合成

如前所述，不饱和脂肪酸主要有软油酸（$16:1\Delta^9$，也称棕榈油酸）、油酸（$18:1\Delta^9$）、亚油酸（$18:2\Delta^{9,12}$）、亚麻酸（$18:3\Delta^{9,2,15}$）、花生四烯酸（$20:4\Delta^{5,8,11,14}$）等。按照不饱和双键的数目不同，把不饱和脂肪酸合成过程分为以下几步。

1. 单烯酸的合成

生物体的软脂酸和硬脂酸去饱和后形成相应的软油酸和油酸，这两种脂酸在 Δ^9 位有一顺式双键。厌氧生物可通过 β-羟脂酰 ACP 脱水形成双键，需氧生物可通过单加氧酶在软脂酸和硬脂酸的 Δ^9 位引入双键，需氧生物的电子都来自 NAUPH + H^+，但是动物、植物和微生物的电子传递系统的成员不同。

2. 多烯酸的合成

多烯酸是由软脂酸通过延长和去饱和作用形成的多不饱和脂肪酸哺乳动物由 4 种前体（软油酸、油酸、亚油酸和亚麻酸，其中亚油酸和亚麻酸为不能自己合成的必需脂肪酸）转化，其他脂肪酸可由这 4 种前体通过延长和去饱和作用形成花生四烯酸是含量最丰富的多烯酸，它不仅是磷脂的组成成分，而且是用于合成前列腺素、白三烯及血栓恶烷等活性物质的前体。

（四）脂肪的合成

生物体内脂肪是以 α-磷酸甘油和脂酰 CoA 为原料合成的，其合成场所以肝细胞、脂肪组织及小肠为主。

第三节 磷脂与胆固醇代谢

一、磷脂代谢

磷脂是含磷酸的脂类，它不仅是生物膜的主要成分，而且对脂类的吸收及转运等都起重要作用。磷脂可分为两类：由甘油构成的磷脂称为甘油磷脂，由鞘氨醇构成的磷脂称为鞘磷脂，它们的合成、降解过程有部分相似。

（一）甘油磷脂的代谢

磷脂的分解需要 4 种磷脂酶的协同作用，磷脂酶 A_1、A_2、C、D 催化磷脂分子中不同的化学键水解。卵磷脂（磷脂酰胆碱）是重要的磷脂，磷脂酶对其作用。

（二）鞘磷脂的代谢

鞘磷脂是生物体唯一的含磷酸的鞘脂，一般都有脂肪链、二级胺和鞘氨醇，其中，主要结构是神经鞘氨醇。鞘磷脂的代谢合成主要发生在内质网上，直接由神经酰胺生成最初的起始物软脂酰 CoA 与丝氨酸在 3-酮鞘氨醇合酶催化下缩合生成 3-酮鞘氨醇，随后 3-酮衍生物在 3-酮鞘氨醇还原酶（以 $NADPH + H^+$ 为辅因子）作用下被还原，形成二氢鞘氨醇，其氨基部分与一分子脂酰 CoA 反应形成 N-脂酰-二氢鞘氨醇，再经 FAD 脱氢形成神经酰胺。生成的神经酰胺和磷脂酰胆碱反应脱去二脂酰甘油，生成鞘磷脂。

二、胆固醇代谢

胆固醇是类固醇家族中最突出的成员，是真核生物膜的一个重要成分，此外，还是类固醇激素，胆汁及胆汁酸盐，维生素 D_3 等多种活性物质的前体。

（一）胆固醇的合成

哺乳动物几乎所有的组织都能合成胆固醇，其中肝脏的合成占合成总量的四分之三以上，合成部位在细胞浆及内质网上，微生物中以酵母菌合成胆固醇的能力最强。胆固醇的合成原料是乙酰 CoA，全过程较复杂，大致可以概括为五个阶段：

$$乙酸\ C_2 \xrightarrow{1} 甲羟戊酸\ C_6 \xrightarrow{2} 鲨烯\ C_{30} \xrightarrow{4} 羊毛固醇\ C_{30} \xrightarrow{5} 胆固醇\ C_{27}$$

具体过程如下：

第一，3-甲基-3，5-二羟戊酸的合成。首先由乙酰 CoA 或亮氨酸合成 β-羟-β-甲基戊二酸 CoA（HMG-CoA），再由 HMG-CoA 还原酶 EC1.1.1.34 催化生成 3-甲基-3，5-二羟戊酸（简称甲羟戊酸），消耗 2 分子 NADPH，为不可逆反应，是胆固醇合成的限速步骤。HMG-CoA 还原酶有立体专一性，受胆固醇抑制酶的合成和活性都受激素控制，cAMP 时促进其磷酸化，降低活性。

第二，异戊酰焦磷酸（1PP）的合成。甲羟戊酸经 ATP 活化后脱羧过程生成 IPP。IPP 是活泼前体，可缩合形成胆固醇、脂溶性维生素、萜类等许多物质。

第三，鲨烯的合成。在二甲基丙烯基转移酶催化下 6 个 IPP 缩合生成鲨烯。鲨烯是合成胆固醇的直接前体，不溶于水。

第四，羊毛固醇的合成。在氧分子和 NADPH 存在下，固醇载体蛋白将鲨烯运到微粒体，环化成羊毛固醇。

第五，胆固醇的合成。羊毛固醇经切除甲基、双键移位、还原等步骤生成胆固醇。

（二）胆固醇的转化

如前所述胆固醇可以转变为多种生物活性物质。

第四节　脂类代谢调控

一、脂解的调控

脂解是脂类分解代谢的第一步，受许多激素调控，激素敏感脂肪酶是限速酶。肾上腺素、去甲肾上腺素和胰高血糖素通过 cAMP 激活，作用快生长激素和糖皮质激素通过蛋门合成加速反应，作用慢。甲状腺素促进脂解的原因一方面是促进肾上腺素等的分泌，另一方面可抑制 cAMP 磷酸二酯酶，延长其作用时间。

胰岛素、PG E、烟酸和腺苷可抑制腺苷酸环化酶，起抑制脂解作用。胰岛素还可活化磷酸二酯酶，并促进脂类合成，具体是提供原料和活化有关的酶，如促进脂肪酸和葡萄糖过膜，加速酵解和戊糖支路，激活乙酰 CoA 核化酶等。

二、脂肪酸代谢调控

（一）分解

长链脂肪酸的跨膜转运决定合成与氧化。肉毒碱脂酰转移酶是氧化的限速酶，受丙二酸单酰 CoA 抑制，饥饿时胰高血糖素使其浓度下降，肉毒碱浓度升高，加速氧化。能荷高时还有 NADH 抑制 3-羟脂酰 CoA 脱氢酶，乙酰 CoA 抑制硫解酶。

（二）合成

第一，短期调控。通过小分子效应物调节酶活性，最重要的是柠檬酸，可激活乙酰 CoA 羧化酶，加快限速步骤。乙酰 CoA 和 ATP 抑制异柠檬酸脱氢酶，使柠檬酸增多，加速合成。软脂酰 CoA 拮抗柠檬酸的激活作用，抑制其转运，还抑制葡萄糖-6-磷酸脱氢酶产生 NADPH 及柠檬酸合酶产生柠檬酸的过程。乙酰 CoA 羧化酶还受可逆磷酸化调节，磷酸化则失去活性，所以胰高血糖素抑制合成，而胰岛素有去磷酸化作用，促进合成。

第二，长期调控。食物可改变有关酶的含量，称为适应性调控。

三、胆固醇代谢调控

反馈调节，胆固醇抑制 HMG-CoA 还原酶活性，长期禁食则酶量增加；LDL 起调节作用，细胞从血浆 LDL 获得胆固醇，游离胆固醇抑制 LDL 受体基因，减少受体合成，降低摄取。

第五节　脂类代谢在工业上的应用

目前，脂类代谢在工业上对于代谢途径的利用很少，主要限于对脂肪酶的应用。

一、在食品上的应用

根据脂肪酶的作用和特点，在食品工业上的应用主要体现在两个方面。

（一）脂肪酶水解食品中的脂肪

脂肪酶作用于食品材料中的油脂，产生游离脂肪酸，后者很容易进一步氧化而产生一系列短碳链的脂肪酸、脂肪醛等，从而影响食品的风味。例如，脂肪酶作用于大豆产品，是产品不良风味的重要原因之一；在香料生产中，如果香料中含有脂肪酶，那么在香料和食品油同时使用时，也可能产生不良风味。

脂肪酶的作用对乳制品风味的影响比较复杂，主要也是脂肪酶作用于脂肪，产生脂肪酸，然后进一步氧化分解产生一系列低级脂肪酸，特别是丁酸、乙酸、癸酸和辛酸，这是乳制品酸败的主要原因。

（二）脂肪酶催化的脂交换

在某些情况下，采用脂肪酶水解的方法比化学水解的方法得到的产品具有更好的气味和颜色，特别是含有不饱和脂肪酸和甘油脂。例如，采用微生物脂肪酶从鱼油生产的多不饱脂肪酸，可用于食品，也可用于医药。

利用微生物脂肪酶催化脂肪水解反应具有可逆的特点，用脂肪酶可将醇和脂肪酸合成酯。改变不同的脂肪酸，即可与甘油反应生成不同的片油脂。已经采用脂肪酶催化脂化的方法合成短和中等链长脂肪酸和萜烯醇酯，作为乳化剂或食品添加剂。

当脂肪酶作用于脂肪时，同时发生甘油脂的水解和再合成反应，于是酰基在甘油脂分子间移动和发生脂交换反应。在反应体系中限制水的量，即可降低脂肪水解的程度，从而使脂肪酶催化的脂交换反应成为主要反应。根据需要在反应体系中加入不同脂肪，就有可能生产出具有独特性质并有价值的新产品，例如，通过脂交换反应由廉价的原料生产有价值的可可奶油。

二、脂肪酸的发酵

脂肪可以是肥皂、医药、食品、化工等行业的原料。利用假丝酵母 107 可以转变 C_{11} ~ C_{15} 正烷烃为脂肪酸，也可以利用固定化脂肪酶装于生物反应器中，将脂肪分解为脂肪酸和甘油。如果使用分批生产法或连续生产法，可以大大降低成本。

长链饱和二羟酸是制造合成纤维、工程塑料、涂料、香料和医药的重要原料，有机合成比较困难；中国科学院等单位以石油为原料，利用热带假丝酵母及其诱变种，生产十三碳二羟酸和十四碳二羟酸，已获成功。

三、石油开采和石油污染处理

利用一些生物可将烷烃及石油组分氧化成醛并进一步氧化成脂肪酸、供微生物生长发育或转化成其他产物，用于石油开采或海洋石油污染处理，以保护环境。

目前石油开采工业中，出油率只有 30% ~ 40%，必须进行第二次采油和第三次采油，以提高出油率，常用物理方法或化学方法。随着现代生物技术的发展，已开始利用微生物进行第二、三次采油。微生物采油包括两个方面：一是利用微生物如糖（黄原胶）、表面活性剂等；二是将微生物活细胞注入油井，如嗜热细菌。美国已经采用厌氧、嗜热耐盐细菌，经遗传工程手段加以改造使之具有分解烷烃、石蜡的能力，用这些细菌可以使石油增产 50%。

海洋石油污染是全世界，特别是沿海国家重视的问题，一些可分解烷烃类的微生物，可将烃类末端甲基氧化为伯醇，再被与 NADH 偶联的脱氢酶氧化为醛，并进一步氧化为相应的脂肪酸。除了末端氧化外，有的微生物（如假单胞菌）能够在亚末端氧化烃类，即首先将第二碳氧化成仲醇，再氧化为酮，还能将烃类的两个末端甲基同时氧化，氧化成二羧酸，细菌将此二羧酸经 β-氧化分解利用。

第八章　物质代谢的调控

代谢的基本要略在于形成 ATP、还原力和构造单元，以利于合成各种生物分子，并进而装配成生物不同层次的结构。生物合成和生物形态建成是一个耗能和增加有序结构的过程，需要有物质流、能量流和信息流来支持。

物质代谢、能量代谢与代谢调节是生命存在的三大要素。生命体都是由糖类、脂类、蛋白质、核酸四大类基本物质和一些小分子物质构成的。虽然这些物质化学性质不同，功能各异，但它们在生物体内的代谢过程并不是彼此孤立、互不影响的，而是互相联系、互相制约、彼此交织在一起的。机体代谢之所以能够顺利进行，生命之所以能够健康延续，并能适应千变万化的体内、外环境，除了具备完整的糖、脂类、蛋白质与氨基酸、核苷酸与核酸代谢和与之偶联的能量代谢以外，机体还存在着复杂完善的代谢调节网络，以保证各种代谢井然有序、有条不紊地进行。

第一节　物质代谢的相互联系

生物体内糖、脂、蛋白质及核酸的代谢是相互影响、相互转化的，其中三羧酸循环不仅是三大营养物质代谢的共同途径，也是三大营养物质相互联系、相互转变的枢纽。同时，一种代谢途径的改变必然影响其他代谢途径的相应变化，当糖代谢失调时，会立即影响到蛋白质代谢和脂类代谢（图 8-1）。

一、糖代谢与脂代谢的联系

糖和脂类都是以碳氢元素为主的化合物，它们在代谢关系上十分密切。一般来说，机体摄入糖量超过体内能量的消耗时，除可合成糖原储存在肝和肌肉组织外，还可转变为脂肪贮存起来。糖转变为脂肪的大致步骤为：糖经酵解产生磷酸二羟丙酮和 3-磷酸甘油酸，其中磷酸二羟丙酮可以还原为甘油；而 3-磷酸甘油酸能继续通过糖酵解途径形成丙酮酸，丙酮酸氧化脱羧后转变成乙酰辅酶 A，乙酰辅酶 A 可用来合成脂肪酸，最后由甘油和脂肪酸合成脂肪。此外，糖的分解代谢增强不仅为脂肪合成提供了大量的原料，而且其生成的 ATP 及柠檬酸是乙酰 CoA 羧化酶的别构激活剂，促使大量的乙酰 CoA 羧化为丙二酸单酰

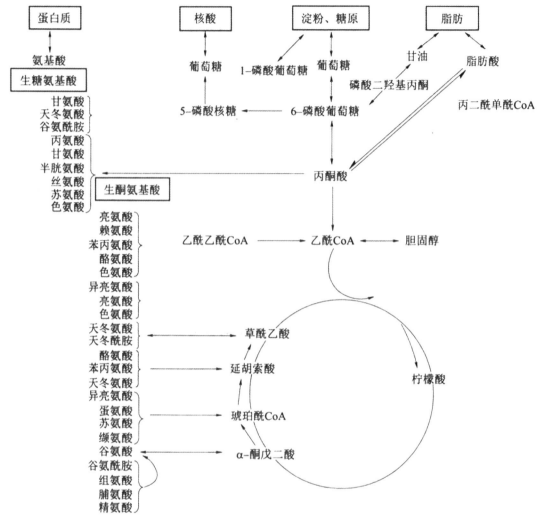

图 8-1 糖类、脂类、氨基酸和核苷酸代谢之间的相互联系

CoA，进而合成脂肪酸及脂肪，在脂肪组织中储存。脂肪分解成甘油和脂肪酸，其中甘油可经磷酸化生成 α-磷酸甘油，再转变为磷酸二羟丙酮，然后经糖异生的途径变为葡萄糖；而脂肪酸部分在脊椎动物体内不能转变为糖。相比而言，甘油占脂肪的量很少，其生成的糖量相当有限，因此，脂肪绝大部分不能在体内转变为糖（图 8-2）。

　　脂肪分解代谢的强度及代谢过程能否顺利进行与糖代谢密切相关。三羧酸循环的正常运转有赖于糖代谢产生的中间产物草酰乙酸来维持，当饥饿或糖供给不足或糖尿病糖代谢障碍时，引起脂肪动员加快，脂肪酸在肝内经 β-氧化生成酮体的量增多，其原因是糖代谢的障碍而致草酰乙酸相对不足，生成的酮体不能及时通过三羧酸循环氧化，而造成血酮体升高。

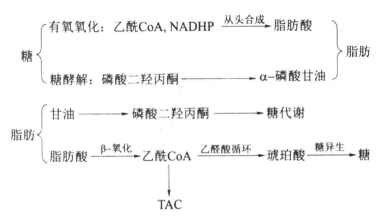

图 8 - 2　糖代谢与脂类代谢的相互联系

二、糖代谢与氨基酸代谢的联系

糖类是生物体内重要的能源和碳源。糖经酵解途径产生磷酸烯醇式丙酮酸和丙酮酸，丙酮酸羧化生成草酰乙酸，其脱羧后经三羧酸循环形成酮戊二酸，它们都可以作为氨基酸的碳架。通过氨基化或转氨基作用形成相应的氨基酸。但是必需氨基酸包括赖氨酸、色氨酸、甲硫氨酸、苯丙氨酸、亮氨酸、苏氨酸、异亮氨酸、缬氨酸 8 种。组成蛋白质的 20 种氨基酸，除了亮氨酸和赖氨酸（生酮氨基酸）外，均可通过脱氨基作用生成相应的 α-酮酸，而这些 α-酮酸均可转化为糖代谢的中间产物，可通过三羧酸循环部分途径及糖异生作用转变为糖。由此可见，20 种氨基酸除亮氨酸和赖氨酸外，均可转变为糖，而糖代谢的中间物质在体内仅能转变为 12 种非必需氨基酸，其余 8 种必需氨基酸必须由食物供给，故食物中的糖是不能替代蛋白质的（图 8 - 3）。

$$糖 \longrightarrow \alpha\text{-酮酸} \xrightarrow{NH_3} 氨基酸 \longrightarrow 蛋白质$$
$$蛋白质 \longrightarrow 生糖氨基酸 \longrightarrow \alpha\text{-酮酸} \longrightarrow 糖$$

图 8 - 3　糖代谢与氨基酸代谢的相互关系

三、脂代谢与氨基酸代谢的联系

脂肪分解产生甘油和脂肪酸，甘油可转变为丙酮酸、草酰乙酸及 α-酮戊二酸，分别接受氨基而转变为丙氨酸、天冬氨酸及谷氨酸。脂肪酸可以通过 β-氧化生成乙酰辅酶 A，乙酰辅酶 A 与草酰乙酸缩合进入三羧酸循环，可产生 α-酮戊二酸和草酰乙酸，进而通过转氨作用生成相应的谷氨酸和天冬氨酸，但必须消耗三羧酸循环的中间物质而受限制，如无其他来源补充，反应将不能进行下去。因此，脂肪酸不易转变为氨基酸。生糖氨基酸可通过丙酮酸转变为磷酸甘油；而生糖氨基酸、生酮氨基酸及生糖兼生酮氨基酸均可转变为乙酰 CoA，后者可作为脂肪酸合成的原料，最后合成脂肪。因而蛋白质可转变为脂肪。此外，乙酰 CoA 还是合成胆固醇的原料。丝氨酸脱羧生成乙醇胺，经甲基化形成胆碱，而丝氨酸、乙醇胺和胆碱分别是合成磷脂酰丝氨酸、脑磷脂及卵磷脂的原料（图 8 - 4）。

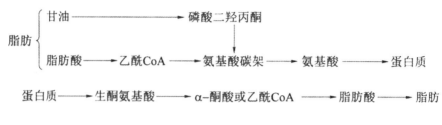

图 8 - 4　脂类代谢与氨基酸代谢的相互联系

四、核酸与糖、脂类、蛋白质代谢的联系

首先，核酸是细胞内重要的遗传物质，控制着蛋白质的合成，影响细胞的成分和代谢类型。其次，核酸生物合成需要糖和蛋白质的代谢中间产物参加，并且需要酶和多种蛋白质因子。再次，各类物质代谢都离不开具备高能磷酸键的各种核苷酸，如 ATP 是能量的"通币"，此外，UTP 参与多糖的合成，CTP 参与磷脂的合成，GTP 参与蛋白质与糖异生作用。最后，核苷酸的一些衍生物具有重要的生理功能（如 CoA、NAD^+、$NADP^+$、cAMP、cGMP）。

第二节　分子水平的调节

代谢调节是生物在长期进化过程中，为适应环境需要而形成的一种生理机能，进化程度越高的生物，其调节方式就越复杂。在单细胞的微生物中，只能通过细胞内代谢物浓度的改变来调节酶的活性及含量，从而影响某些酶促反应速度，这种调节称为细胞水平的代谢调节，这也是最原始的调节方式。随着低等的单细胞生物进化到多细胞生物，出现了激素调节，激素通过改变靶细胞的某些酶的催化活性或含量，来改变细胞内代谢物的浓度，从而实现对代谢途径的调节。而高等生物和人类则有了功能更复杂的神经系统，在神经系统的控制下，机体通过神经递质对效应器发生影响，或者改变某些激素的分泌，再通过各种激素相互协调，对整体代谢进行综合调节。总之，就整个生物界来说，代谢的调节是在细胞（酶）、激素和神经这三个不同水平上进行的。由于这些调节作用点最终均在生命活动的最基本单位细胞中，所以细胞水平的调节是最基本的调节方式，是激素和神经调节方式的基础。

一、关键酶的调节

细胞水平的代谢调节主要是通过对关键酶活性 p 调节实现的，而酶活性调节主要是通过改变现有酶的结构与含量。

代谢途径包含系列催化化学反应的酶，其中：有一个或几个酶能影响整个代谢途径的反应速度和方向，这些具有调节代谢作用的酶称为关键酶或调节酶。在代谢途径的酶系中，关键酶一般具有以下的特点：①常催化不可逆的非平衡反应，因此能决定整个代谢途径的方向；②酶的活性较低，其所催化的化学反应速度慢，故又称为限速酶，因此它的活性能决定整个代谢途径的总速度；③酶活性受底物、多种代谢产物及效应剂的调节，因此它是细胞水平代谢调节的作用点。例如，己糖激酶、磷酸果糖激酶-1 和丙酮酸激酶均为糖酵解途径的关键酶，它们分别控制着酵解途径的速度，其中磷酸果糖激酶-< 的催化活性最低，通过催化果糖-6-磷酸转变为果糖-1，6-二磷酸控制糖酵解途径的速度，而果糖-1，6-二磷酸酶则通过催化果糖-1，6-二磷酸转变为果糖-6-磷酸作为糖异生途径的关键酶之一。因此，这些关键酶的活性决定体内糖的分解或糖异生。当细胞内能量不足时，AMP 含量升高，可激活磷酸果糖激酶-1 而抑制果糖-1，6-二磷酸酶，使葡萄糖分解代谢途径增强而产生能量。相反，当细胞内能量充足，ATP 含量升高时，抑制磷酸果糖激酶-1 的活性，则糖异生途径增强。调节某些关键酶的活性是细胞代谢调节的一种重要方式。

二、酶活性的调节

关键酶的调节方式可分两类：一类是通过改变酶的分子结构而改变细胞现有酶的活性来调节酶促反应的速度，如酶的"别构调节"与"化学修饰调节"。这种调节一般在数秒或数分钟内即可完成，是一种快速调节。另一类是改变酶的含量，即通过调节酶蛋白的合成或降解来改变细胞内酶的含量，从而调节酶促反应速度。这种调节一般需要数小时才能完成，因此是一种迟缓调节或慢调节。

(一) 酶的别构调节

1. 别构调节的概念

某些小分子化合物能与酶分子活性中心以外的某一部位特异地非共价可逆结合，引起酶蛋白分子的构象发生改变，从而改变酶的催化活性，这种调节称为别构调节或变构调节。受别构调节的酶称为别构酶。能使别构酶发生别构效应的一些小分子化合物称为别构效应剂，其中能使酶活性增高的称为别构激活剂，而使酶活性降低的称为别构抑制剂。别构调节在生物界普遍存在，代谢途径中的关键酶大多数是别构酶。

2. 别构酶的特点及作用机制

①别构酶常具有四级结构，是由多个亚基组成的酶蛋白。在别构酶分子中有能与底物分子相结合并催化底物转变为产物的催化亚基；也有能与别构效应剂相结合使酶分子的构象发生改变而影响酶的活性的调节亚基，与别构效应剂结合的部位称为别位或调节部位。

有的酶分子的催化部位与调节部位在同一亚基内的不同部位。②别构效应剂一般都是生理小分子物质，主要包括酶的底物、产物或其他小分子中间代谢物。它们在细胞内浓度的改变能灵敏地表现代谢途径的强度及能量供求的关系，并通过别构效应改变某些酶的活性，进而调节代谢的强度、方向及细胞内能量的供需平衡。如 ATP 是糖酵解途径关键酶磷酸果糖激酶-1 的别构抑制剂，可抑制糖氧化途径；而 ADP、AMP 则是该酶别构激活剂，它们的量增多可以促进糖氧化分解，而使 ATP 产生增加。③别构酶的酶促反应动力学特征是酶促反应速度和底物浓度的关系曲线呈 S 形，与氧合血红蛋白的解离曲线相似，而不同于一般酶促反应动力学的矩形双曲线。④别构调节过程不需要能量。

3. 别构调节的意义

在一个合成代谢体系中，其终产物常可使该途径中催化起始反应的限速酶反馈别构抑制，可以防止产物过多堆积而浪费。例如，体内高浓度胆固醇作为别构抑制剂，抑制肝中胆固醇合成的限速酶 HMG-CoA 还原酶活性，而使胆固醇合成减少。此外，别构调节可直接影响关键酶的活性来调节体内产能与储能代谢反座，使能量得以有效利用，不致浪费。AMP 是糖分解代谢途径中许多关键酶的别构激活剂，如细胞内能量不足，AMP 含量增多时，则可通过激活相应关键酶的活性而使糖分解代谢增强；相反，ATP 是这些关键酶的别构抑制剂，如机体能量充足，ATP 含量增多时，则可通过抑制这些酶的活性而减慢产能的代谢反应。

（二）酶的化学修饰调节

1. 化学修饰调节的概念

酶蛋白肽链上的某些基团可在另一种酶的催化下，与某些化学基团发生可逆的共价结合，从而引起酶的活性改变，这种调节称为酶的化学修饰或共价修饰。酶的可逆化学修饰主要有磷酸化/去磷酸化、甲基化/去甲基化、乙酰化/去乙酰化、腺苷酸化/去腺苷酸化、尿苷酸化/去尿苷酸化，以及—SH 和—S—S—互变等，其中以磷酸化和脱磷酸化最为多见。

2. 化学修饰调节的作用机制

由特异酶催化的化学修饰是体内快速调节酶活性的重要方式之一，磷酸化是细胞内最常见的修饰方式。酶蛋白多肽链中的丝氨酸、苏氨酸和酪氨酸的羟基往往是磷酸化的位点。细胞内存在着多种蛋白激酶，可催化酶蛋白的磷酸化，将 ATP 分子中的 γ-磷酸基团转移至特定的酶蛋白分子的羟基上，从而改变酶蛋白的活性；与此相对应的，细胞内也存在着多种磷蛋白磷酸酶，它们可将相应的磷酸基团移去，可逆地改变酶的催化活性。因此，磷酸化与脱磷酸化这对相反过程，分别由蛋白激酶和磷蛋白磷酸酶催化而完成。糖原磷酸化酶是酶的化学修饰的典型例子。此酶有两种形式：有活性的磷酸化酶 a 和无活性的磷酸化酶 b，二者可以互相转变。磷酸化酶 b 在磷酸化酶 b 激酶催化下，接受 ATP 上的磷酸基团转变为磷酸化酶 a 而活化；磷酸化酶 a 也可在磷酸化酶 a 磷酸酶催化下转变为磷酸化酶 b 而失活。该酶被修饰的基团是丝氨酸的羟基。

3. 化学修饰调节的特点

①大多数化学修饰的酶都存在有活性（或高活性）与无活性（或低活性）两种形式，且两种形式之间通过两种不同的酶的催化可以相反转变。对于磷酸化与脱磷酸化而言，有些酶脱磷酸化状态有活性，而另一些酶磷酸化状态有活性。②由于化学修饰调节本身是酶促反应，且参与酶促修饰的酶又常常受其他酶或激素的影响，故化学修饰具有瀑布式级联放大效应。少量的调节因素可引起大量酶分子的化学修饰，因此，这类反应的催化效率往往较别构调节的高。③磷酸化和脱磷酸化是最常见的酶促化学修饰反应，其消耗的能量由 ATP 提供，这与合成酶蛋白所消耗的 ATP 相比要少得多，因此，化学修饰是一种经济、快速而有效的调节方式。

别构调节和化学修饰调节是调节酶活性的两种不同方式，对某一种酶来说，它可以同时腺苷酸环化酶（有活性）接受这两种方式的调节，相互补充，使相应代谢途径调节更为精细、有效。例如，二聚体糖原磷酸化酶存在磷酸化位点，且每个亚基都有催化部位和调节部位，因此，在受化学修饰的酶，同时也可由 ATP 别构抑制，并受 AMP 别构激活。细胞中同一种酶受别构和化学修饰双重调节的意义可能在于：别构调节是细胞的一种基本调节机制，对维持代谢物和能量平衡具有重要作用，但当效应剂浓度过低，不足以与全部酶蛋白分子的调节部位结合时，就不能动员所有的酶发挥作用，难以发挥应急效应。当在应激状态下，随着肾上腺素的释放，通过 cAMP 启动系列的级联酶促化学修饰反应，迅速而有效地满足机体的急需。

三、酶含量的调节

生物体除通过直接改变酶的活性来调节代谢速度以外，还可通过改变细胞内酶的绝对含量来调节代谢速度。酶含量的调节可通过影响酶的合成与降解速度来实现。由于酶的合成或降解耗时较长，故此调节方式为迟缓调节，但所持续的时间较长。

（一）酶蛋白合成的诱导与阻遏

1. 酶合成的诱导

酶可分为组成酶和诱导酶。组成酶为细胞所固有的酶，在相应的基因控制下合成，不依赖底物或底物类似物而存在，如分解葡萄糖的 EMP 途径中有关酶类；诱导酶是细胞在外来底物或底物类似物诱导下合成的，如 β-半乳糖苷酶和青霉素酶等。诱导降解酶合成的物质称为诱导物，它常是酶的底物，如诱导 β-半乳糖苷酶或青霉素酶合成的乳糖或青霉素；但在色氨酸分解代谢中，酶的分解产物（如犬尿氨酸）也会诱导酶合成。此外，诱导物也可以是难以代谢的底物类似物，如乳糖的结构类似物硫代甲基半乳糖苷（TMG）和异丙基硫代半乳糖苷（IPTG），以及苄基青霉素的结构类似物 2，6-二甲氧基苄基青霉素等。大多数分解代谢酶类是诱导合成的。

诱导有协同诱导与顺序诱导两种。诱导物同时或几乎同时诱导几种酶的合成称为协同诱导，如乳糖诱导大肠杆菌同时合成 β-半乳糖苷透性酶、β-半乳糖苷酶和半乳糖苷转乙酰酶等与分解乳糖有关的酶。协同诱导使细胞迅速分解底物。顺序诱导是先后诱导合成分解底物的酶和分解其后各中间代谢产物的酶。例如，在由色氨酸降解为儿茶酚的途径中，犬尿氨酸先协同诱导出色氨酸加氧酶、甲酰胺酶和犬尿氨酸酶，将色氨酸分解成邻氨基苯甲酸，后者再诱导出邻氨基苯甲酸双氧酶，催化邻氨基苯甲酸生成儿茶酚。顺序诱导使底物的转化速度较慢。

诱导酶是微生物需要它们时才产生的酶类，所以诱导的意义在于它为微生物提供了一种只是在需要时才合成酶以避免浪费能量与原料的调控手段。

2. 酶合成的阻遏

酶合成的阻遏主要有终产物阻遏和分解代谢产物阻遏。

第一，终产物阻遏。催化某一特异产物合成的酶，在培养基中有该产物存在的情况下常常是不合成的，即受阻遏的。这种由于终产物的过量积累而导致的生物合成途径中酶合成的阻遏称为终产物阻遏，它常常发生在氨基酸、嘌呤和嘧啶等重要结构元件生物合成的时候。在正常情况下，当微生物细胞中的氨基酸、嘌呤和嘧啶过量时，与这些物质合成有关的许多酶就停止合成。例如过量的精氨酸阻遏了参与生物合成精氨酸的许多酶的合成。终产物阻遏在代谢调节中的意义是显而易见的。它有效地保证了微生物细胞内氨基酸等重要物质维持在适当浓度，不会把有限的能量和养料用于合成那些暂时不需要的酶。微生物通过终产物阻遏与后面将要讨论的一种调节酶活力的反馈抑制的完美配合，有效地调节着氨基酸等重要物质的生物合成。

第二，分解代谢产物阻遏。大肠杆菌在含有能分解的两种底物（如葡萄糖和乳糖）的培养基中生长时，首先分解利用其中的一种底物（葡萄糖），而不分解另一种底物（乳糖）。这是因为葡萄糖的分解代谢产物阻遏了分解利用乳糖的有关酶合成的结果。生长在含葡萄糖和山梨醇或葡萄糖和乙酸的培养基中也有类似的情况。由于葡萄糖常对分解利用其他底物的有关酶的合成有阻遏作用，所以分解代谢产物阻遏又称葡萄糖效应（glucose effect）。分解代谢产物阻遏导致所谓二次生长，即先是利用葡萄糖生长，待葡萄糖耗尽后，再利用另一种底物生长，两次生长中间隔着一个短暂的停滞期。这是因为葡萄糖耗尽后，它的分解代谢产物阻遏作用解除，经过一个短暂的适应期，β-半乳糖苷酶等分解利用乳糖的酶被诱导合成，这时细菌便利用乳糖进行第二次生长。葡萄糖对氨基酸的分解利用也有类似的阻遏作用。

3. 酶合成调节的机制

诱导和阻遏都可以用 F. Jacob 和 J. Monod（1961）提出的操纵子（operon）理论来解释。这里以最典型和研究得最清楚的乳糖操纵子和色氨酸操纵子来阐明。

第一，一些主要术语。

操纵子：是指原核细胞中由启动基因（或称启动子）、操纵基因和结构基因组成的一个完整的基因表达单位，其功能是转录 mRNA。操纵子是受调节基因调控的。启动基因是 RNA 聚合酶识别、结合并起始 mRNA 转录的一段 DNA 碱基序列。操纵基因是位于启动基因和结构基因之间的碱基序列，能与阻遏蛋白（一种调节蛋白）相结合。如操纵基因上结合有阻遏蛋白，转录就受阻；如操纵基因上没有阻遏蛋白结合着，转录便顺利进行，所以操纵基因就像一个"开关"似地操纵着 mRNA 的转录。结构基因是操纵子中编码酶蛋白的碱基序列。

诱导物与辅阻遏物：诱导物是起始酶诱导合成的物质，如乳糖。阻遏酶产生的物质称为辅阻遏物，如氨基酸和核苷酸等。诱导物和辅阻遏物常被总称为效应物。

调节蛋白：调节蛋白是由调节基因编码产生的一种别构蛋白，有两个结合位点，一个与操纵基因结合，另一个与效应物结合。调节蛋白与诱导物结合后因变构而失去活性；但是与辅阻遏物结合变构后却变得有活性。调节蛋白可分为两种，其一称为阻遏蛋白，它能在没有诱导物时与操纵基因相结合；另一种称为阻遏蛋白原，它只能在辅阻遏物存在时才能与操纵基因相结合。

第二，诱导、阻遏机制。

乳糖操纵子的诱导机制 E. coli 乳糖操纵子（lac）由 lac 启动基因、lac 操纵基因和 3 个结构基因所组成。乳糖操纵子是负调节的代表。在缺乏乳糖等诱导物时，其调节蛋白（即 lac 阻遏蛋白）一直结合在操纵基因上，抑制着结构基因进行转录。当有诱导物乳糖存在时，乳糖与 lac 阻遏蛋白相结合，后者发生构象变化，降低了 lac 阻遏蛋白与操纵基因间的亲和力，使它不能继续结合在操纵子上。其操纵子的"开关"被打开，转录和转译顺利进行。当诱导物耗尽后，lac 阻遏蛋白再次与操纵基因相结合，这时转录的"开关"被关闭，酶就无法合成，同时，细胞内已转录好的 mRNA 也迅速地被核酸酶所水解，所以细胞内酶的量急剧下降。如果通过诱变方法使之发生 lac 阻遏蛋白缺陷突变，就可获得解除调节，即在无诱导物时也能合成 β-半乳糖苷诱导酶的突变株。

lac 操纵子还受到另一种调节即正调节的控制，这就是当第二种调节蛋白 CRP（cAMP 受体蛋白）或 CAP（降解物激活蛋白）直接与启动基因结合时，RNA 多聚酶才能连接到 DNA 链上而开始转录。CRP 与 cAMP 的相互作用，会提高 CRP 与启动基因的亲和性。葡萄糖会抑制 cAMP 的形成，从而阻遏了 lac 操纵子的转录。

色氨酸操纵子的末端产物阻遏机制，色氨酸操纵子的阻遏是对合成代谢酶类进行正调节的例子。在合成代谢中，催化氨基酸等小分子末端产物合成的酶应随时存在于细胞内，因此，在细胞内这些酶的合成应经常处于消阻遏状态；相反，在分解代谢中的 β-半乳糖苷酶等则经常处于阻遏状态。

E. coli 色氨酸操纵子也是由启动基因、操纵基因和结构基因三部分组成的。启动基因位于操纵子的开始处；结构基因上有 5 个基因，分别编码"分支酸→邻氨基苯甲酸→磷酸核糖邻氨基苯甲酸→羧苯氨基脱氧核糖磷酸→吲哚甘油磷酸→色氨酸"途径中的 5 种酶。其调节基因（trp R）远离操纵基因，编码一种称为阻遏蛋白原的调节蛋白。

在没有末端产物色氨酸的情况下，阻遏蛋白原处于无活性状态，因此操纵基因的"开关"是打开的，这时结构基因的转录和转译可正常进行，参与色氨酸合成的酶大量合成；反之，当有色氨酸存在时，阻遏蛋白原可与辅阻遏物色氨酸结合成一个有活性的完全阻遏蛋白，它与操纵基因相结合，使转录的"开关"关闭，从而无法进行结构基因的转录和转译。

（二）酶分子降解的调节

改变酶分子的降解速度也能调节细胞内酶的含量，从而达到调节酶的总活性。细胞内蛋白质的降解目前发现有两条途径：其一是溶酶体中蛋白水解酶进行非特异降解酶蛋白；其二是泛素 – 蛋白酶体对细胞内酶蛋白的特异降解，且需消耗 ATP。若某些因素能改变或影响这两种蛋白质降解体系，即可间接影响酶蛋白的降解速度，而调节代谢。

第三节　细胞水平的调节

一、细胞内酶的隔离分布

细胞是生物体结构和功能的基本单位。细胞内存在由膜系统分开的区域，使各类反应在细胞中有各自的空间分布，称为区域化。尤其是真核生物细胞呈更高度的区域化，由膜包围的多种细胞器分布在细胞质内，如细胞核、线粒体、溶酶体、高尔基体等。代谢上相关的酶常常组成一个多酶体系或多酶复合体，分布在细胞的某特定区域，执行着特定的代谢功能。例如，糖酵解、糖原合成与分解、磷酸戊糖途径和脂肪酸合成的酶系存在于细胞质中；三羧酸循环、脂肪酸 β-氧化和氧化磷酸化的酶系存在于线粒体中；核酸合成的酶系大部分在细胞核中；水解酶系在溶酶体中。即使在同一细胞器内，酶系分布也有一定的区域化。例如，在线粒体内，在外膜、内膜、膜间空间及内部基质的酶系是不同的；细胞色素和氧化磷酸化的酶分布在内膜上，而三羧酸循环的酶则主要是在基质中。

这种细胞内酶的区域化分布对物质代谢及调节有重要的意义：①使得在同一代谢途径中的酶互相联系、密切配合，同时将酶、辅酶和底物高度浓缩，使同一代谢途径一系列酶促反应连续进行，提高反应速度；②使得不同代谢途径隔离分布，各自行使不同功能，互不干扰，使整个细胞的代谢得以顺利进行；③使得某一代谢途径产生代谢产物在不同细胞器呈区域化分布，而形成局部高代谢物浓度，有利于其对相关代谢途径的特异调节。此外，一些代谢中间产物在亚细胞结构中间还存在着穿核，从而组成生物体内复杂的代谢和调节网络。因此，酶在细胞内的区域化分布也是物质代谢调节的一种重要方式。

二、膜结构对代谢的调控

（一）控制浓度梯度

膜的三种最基本功能：物质运输、能量转换和信息传递，都与离子和电位梯度的产生和控制有关，如质子梯度可合成 ATP，钠离子梯度可运输氨基酸和糖，钙可作为细胞内信使。

（二）控制细胞和细胞器的物质运输

通过底物和产物的运输可调节代谢，如葡萄糖进入肌肉和脂肪细胞的运输是其代谢的限速步骤，胰岛素可促进其主动运输，从而降低血糖。

（三）内膜系统对代谢的分隔

内膜形成分隔区，其中含有浓集的酶和辅因子，有利于反应。并且分隔可防止反应之间的互相干扰，有利于对不同区域代谢的调控。

（四）膜与酶的可逆结合

某些酶可与膜可逆结合而改变性质，称为双关酶。离子、代谢物、激素等都可改变其状态，发挥迅速、灵敏的调节作用。

三、蛋白质的定位控制

（一）信号肽

分泌蛋白、膜蛋白和溶酶体蛋白必须先进入内质网。分泌蛋白完全通过内质网膜，膜蛋白的羧基端则固定在膜中。

（二）导肽

线粒体、叶绿体等的蛋白是翻译后跨膜运输的，需要导肽。导肽通常位于氨基端，富含碱性氨基酸和羟基氨基酸，易形成两性 α 螺旋，可通过内外膜的接触点穿越膜。是需能过程，跨膜电位为运输提供能量，蛋白解折叠需 ATP。不同的导肽含不同信息，可将蛋白送入线粒体的不同部位。

第四节 多细胞整体水平的调节

一、激素调节

激素是由多细胞生物的特殊细胞所合成并经体液输送到其他部位显示特殊生理活性的微量化学物质。不同激素作用于不同组织产生不同的生物效应，表现出较高的组织特异性和效应特异性。激素与靶细胞受体结合后，能将激素的信号跨膜传递入细胞内，转化为一系列细胞内的化学反应，最终表现出激素的生物学效应。按激素受体在细胞的部位不同，可将激素分为两大类：

（一）膜受体激素

包括胰岛素、生长激素、促性腺激素、促甲状腺激素、甲状旁腺素、肾上腺素等。膜受体是存在于细胞表面质膜上的跨膜糖蛋白。这类激素作为第一信使分子与相应的靶细胞膜受体结合后，通过跨膜传递将所携带的信息传递到细胞内。然后通过第二信使将信号逐级放大，产生显著代谢效应。

（二）胞内受体激素

包括类固醇激素、前列腺素。这些激素可透过脂双层细胞质膜进入细胞，与相应的胞内受体结合。它们的受体大多数位于细胞核内，也有在胞液中与激素结合后再进入核内与其核内特异受体结合，引起受体构象改变的。然后由两个激素受体复合物形成二聚体，与DNA 的特定序列即激素反应元件结合，促进（或抑制）相邻的基因转录，进而促进（或阻遏）蛋白质或酶的合成，调节细胞内酶的含量，从而对细胞代谢进行调节。

二、神经调节

（一）直接调节

直接调节属于神经兴奋的快速作用。在应激情况下，人或动物的交感神经兴奋，由神经细胞（或称神经元）的电兴奋引起的动作电位或神经脉冲，可使血糖浓度升高，并可引起糖尿；刺激动物的丘脑下部和延髓的交感中枢，也能引起血糖升高，这是因为外界刺激通过神经系统促进肝细胞中糖原分解，这个过程可在1ms内完成。丘脑下部的损伤可引起肥胖症，摘除了大脑两半球的实验动物，其肝中的脂肪含量增加。

（二）间接调解

1. 神经系统直接控制下的内分泌调节系统

神经系统可以直接作用于内分泌腺，引起激素分泌。例如，肾上腺髓质受中枢－交感神经的支配而分泌肾上腺素，胰岛的β-细胞受中枢－迷走神经的刺激而分泌胰岛素。

2. 神经系统通过脑下垂体控制下的内分泌调节系统

这种间接调节一般按照这样一个模式进行：中枢神经系统→丘脑下部→脑下垂体内分泌腺→靶细胞。这是一种多元控制、多级调节的机制，如甲状腺素、性激素、肾上腺皮质激素、胰高血糖素等的分泌都是这种调节方式。

第九章 生物药物的应用

第一节 生物药物概述

一、生物药物与药用生物技术的发展简史

"生物药物"最早出现于 20 世纪 80 年代，泛指一类通过现代生物技术生产的药物，包括治疗性蛋白质、基因工程药物、抗体类药物等，是综合利用物理、化学、生物技术和药学等学科的原理和方法从生物组织、细胞中制造的一类用于预防、治疗和诊断的制品。

药用生物技术是以生物体为原料设计、构建具有预期性状的新物种，并利用新物种进行加工生产以得到新型药物的一个综合性技术体系。它主要包括：基因工程、细胞工程、酶工程、发酵工程、蛋白质工程等。药用生物技术的发展和革新是生物药物发展的基础。早在 20 世纪 40 年代，新型微生物发酵技术的诞生和发展为抗生素工业的兴起奠定了基础。1977 年首次通过基因工程获得了生长激素抑制因子，一年后通过相似的方法得到了鼠胰岛素的克隆。1975 年发明了杂交瘤技术，而在 1981 年第一个单克隆抗体诊断试剂盒在美国被批准使用。近 20 年来，生物技术在新型生物药剂的开发中取得了卓有成效的进步，尤其是基因工程技术的应用使生物药物的品种不断增多，其中以干扰素、白细胞介素、乙型肝炎疫苗、集落刺激因子、红细胞生成素等拥有最好的应用前景。目前，细胞工程和基因工程的应用还促生了细胞移植和基因治疗这两种新型医疗技术。随着各种技术和研究的发展，各种天然和基因工程细胞均可能成为治疗疾病的新型生物药物。

二、生物药物的来源及分类

生物药物的原料主要以天然的生物材料为主，包括人体、动植物、微生物等，也指重组蛋白、单克隆抗体和核酸类药物等生物技术药物。生物药物主要具有治疗的针对性强、药理活性高、毒副作用少等优点，但也存在着原料中有效物质含量低、稳定性差等劣势。

(一) 人体来源的药物

该类药物主要指：①人体血液成分制品，包括红细胞制剂、白细胞浓缩液、血小板制

剂等；②血浆的主要成分，包括转运蛋白、免疫球蛋白、凝血系统蛋白、补体及蛋白抑制物等；③人体液细胞中的活性物质及细胞因子、人体激素等。人体来源的药物安全性好、效价高、稳定性好，具有重要的意义。

(二) 动物来源的药物

来源于动物的大多数药物是蛋白酶类，目前利用动物细胞可以实现常规治疗性蛋白质的制造。动物细胞系统的主要优点是能够实现蛋白质产物的翻译后修饰，CHO 和 BHK 细胞是最常用的表达系统。该类药物原料来源丰富，但由于动物与人体种族差异较大，对此类药物的安全性研究要特别引起重视。

(三) 微生物来源的药物

许多微生物具有作为药物蛋白质表达系统的条件，通过发酵方法可以在短时间内大量培养，其中尤以大肠杆菌最为常用。大肠杆菌通过实现高水平的外源基因的表达以实现高效率蛋白药物的表达，同时具有易于操作、性质稳定、价格便宜等优势，已成为最广泛使用的蛋白质药物表达系统。但这一方法的缺点是不能实现蛋白质药物在哺乳动物细胞内的各种翻译后修饰。

(四) 植物来源的药物

药用植物中的物质种类繁多、结构复杂，除了小分子天然化合物外还包括多种生物大分子活性物质，如蛋白质、多肽、核酸、糖类等。近十年来，用转基因植物制造药用蛋白质日益引起了人们的重视，其中基于农杆菌属载体介导的基因转移是最常用的方法。

(五) 基因工程药物

从 20 世纪 80 年代开始，利用基因工程技术生产人类健康所需的、难以用传统方法制取的蛋白质、多肽和基因等药物已成为药物发展的热点。基因工程药物主要包括：基因工程治疗药物、基因工程抗体和疫苗、基因工程诊断试剂等。

第二节 生物药物开发及制造过程

一、药物开发过程

药物开发是一个步骤繁杂、周期长的过程，一种有潜力的新药一旦确定下来需要通过大量的实验来验证其治疗目标疾病的安全性及有效性，具体包括以下一系列过程。

（一） 药物发现

所有的药物发现都是以既有知识为基础的，随着分子科学的持续发展使我们可以更加深入地了解疾病发生、发展的分子机制。20 世纪 90 年代以后，随着基因组学及相关技术的发展对药物的发现产生了重要的影响。

（二） 生物药物的递送方式

在药物开发的临床前阶段必须对药物的递送方式及给药途径做合适的选择，目前生物药物最常规的给药途径都是通过直接注射。但对于需要频繁给药的产品则需要采取其他替代性递送途径，包括口腔、鼻腔、黏膜、透皮或肺途径，且这些途径已被证明对于许多药物是可行的。

（三） 临床前试验

在将药品进行临床试验之前必须初步证明其安全性和有效性，使得临床前试验显得尤为关键。一种潜在的生物药物在临床前试验中应进行药代动力学、药数学、急性及慢性毒性、生殖毒性和致畸性、致突变性和致癌性等相关范围的研究。目前，生物药物的临床前试验保持了一定程度的灵活性，生物药物有几个特殊的困难，尤其是关于临床前毒理学的评价。因此，与生物药物临床前试验相关的指导原则仍处于发展之中。

（四） 临床试验

临床试验是药物开发中最为关键的一步，其主要目的是用来评价任何新的治疗"干预"在其预订目标中的安全性和有效性。临床试验分为三个连续阶段，主要目的是为了确定药物在人体内的药理学、毒理学特性及人体给药的适当途径和频度。在药物临床试验时，必须首先设计出恰当而周密的计划，要能明确定义试验结果应回答的问题。此外，需要有适当的试验规模和研究群体，并需要严格进行随机对照研究。

二、药物制造过程

药物制造过程是受到极其严格的管理和控制的，影响药物制造的因素主要包括基础设施及操作、生物药物的来源、制药的上游和下游及终产品的分离、纯化、分析。在这里我们对如何在生物制药厂中制造生物药物做进一步的介绍。

制造过程大致分为上游和下游工程，分别指通过发酵得到初产品及蛋白通过纯化得到终产物。在上游过程中一般是采用重组大肠杆菌或酵母制造生物药物，而必须进行翻译后修饰的治疗蛋白则可以通过哺乳动物细胞培养得到。下游工艺一般都在洁净间中进行，需要使用凝胶过滤、离子交换、亲和层析等几种技术纯化蛋白，有时候还需要在纯化的生物药品中加入一些稳定剂，如 BSA、氨基酸等，在此我们以使用重组大肠杆菌制造 t-PA（组织纤溶酶原激活物）为例加以说明。此外，在药物临床使用前还必须进行严格的质控检测，包括蛋白类污染物和蛋白质修饰体的去除、生物学及免疫学分析等。只有符合技术标准、功效测试结果良好且安全测试合格的生物药物才能被进一步用于临床治疗。

第三节　生物制药具体方法

一、基因工程制药

自 20 世纪 70 年代基因工程诞生以来，其应用最为活跃的领域就是医药科学。基因工程技术为生物制药提供了全新的发展平台，从 1982 年第一个基因重组产品"人胰岛素"在美国问世到现在为止，批准上市的基因工程药物已达到 140 多种。基因工程药物投入市场，产生了巨大的社会、经济效益。基因工程技术是将需要重组的目的基因插入载体并转入新的宿主细胞，构建成为工程菌，使目的基因在工程菌中进行复制和表达的技术。其主要程序包括：目的基因的获得、DNA 重组、将重组的 DNA 转化人宿主细胞中构建工程菌、工程菌的扩大繁殖、外源基因表达产物的分离纯化等。其中，目的基因的获得和构建工程菌被称为上游阶段，其他几部分则称为下游阶段。

目的基因一般是通过分子克隆或化学合成的方法得到，其后必须在合适的宿主细胞中进行表达才能获得目的产物。目前常用的宿主细胞主要包括原核和真核细胞两大类，其中大肠杆菌是最常用、最高效的原核表达体系。基因要在大肠杆菌中复制和表达就必须有合适的载体将其导入宿主菌中，然后表达为蛋白质，目前较为常用的表达载体有 PBV220 和 PET 系统。这些载体都可以独立复制并具有灵活的克隆位点和筛选标记，同时具有很强的启动子、阻止子和终止子。其中新型的 PET 系统带有不同位置的 his 标记，可以方便地使用金属螯合物进行分离而得到高效率、高纯度的产物。除了大肠杆菌外，酵母和哺乳动物细胞是主要的真核表达体系，其中前者具有高效的优点而后者则可以简化产物的纯化过程。为了使通过重组得到的目的基因高效地表达出产物，基因工程菌的培养、发酵过程也需要进行优化，其中培养基、接种量、培养温度、溶解氧含量、诱导时间及 pH 的选择均会对蛋白的表达有重要的影响，因此需要筛选出最佳的工艺。

在得到目标蛋白药物后由于产物在初始物料中含量较低且杂质较多而无法满足需要，就必须进行分离纯化。基因工程药物的分离纯化一般包括细胞破碎、固液相分离、浓缩与初纯化及高度纯化等几个步骤。其中破碎可以用超声或座力破碎，高速离心后使细胞碎片与上清液分开再通过色谱的方法进一步纯化以得到高纯度的目标蛋白。

二、抗体制药

抗体是指能与相应抗原特异性结合的具有免疫功能的球蛋白，它是机体免疫系统受到抗原刺激后，B 淋巴细胞被活化、增值、分化为浆细胞，再由浆细胞合成和分泌球蛋白。进入 20 世纪以后，这类免疫制剂被广泛应用于医学领域，对感染性疾病的治疗和预防起着主导作用，是最为重要的生物药物之一。目前主要的抗体药物分为多克隆抗体和单克隆抗体两大类。

（一）多克隆抗体

药用多克隆抗体制剂常被用于诱导被动免疫以对抗感染性疾病，此类制剂可以来源于动物也可以来源于人，前者称为抗血清而后者普遍叫做免疫球蛋白。抗血清一般由健康的动物制备，而免疫球蛋白通常由人的血清或血浆纯化得到，大致过程与制备抗血清的方法类似。目前已有多种多克隆抗体药物被应用于临床治疗，其中以人体免疫球蛋白、乙型肝炎和破伤风免疫球蛋白、抗蛇毒素等几种最为成熟。

（二）单克隆抗体

近 20 年来抗体疗法主要集中于单克隆抗体的发展和应用，单克隆抗体的发现。将骨髓瘤细胞和产生抗体的 B 淋巴细胞融合为杂交瘤细胞，通过有限稀释法和克隆化使杂交瘤细胞产生纯一的单特异性抗体。选种抗体针对的一个抗原决定簇又由单一的 B 淋巴细胞克隆产生，故称为单克隆抗体。单克隆与多克隆抗体制备的差异。目前单克隆抗体的大量制备方法主要有体外培养法和动物体内诱生法两种，后者的生产效率约为前者的一万倍，因而也被普遍的应用。

单克隆抗体因具有高度的特异性和生产的相对简便性已成为最大的一类生物药物，对其所有治疗的应用都是基于抗体与体内特异性靶细胞选择性的相互作用。

约有 20 种基于抗体的药物在世界的部分地区获得了上市的许可，其主要临床应用范围包括：诱导被动免疫；对肿瘤、感染性疾病、心血管疾病和深静脉栓的影像诊断；肿瘤、器官移植、自身免疫性疾病和心血管疾病的治疗。部分已上市的单克隆抗体药物包括：CEA-scan，MyoScint，OncoScintCR/OV，ReoPro，Vermula 等。这些药物有一半以上是用于肿瘤的诊断和治疗，但由于肿瘤发生、发；展的复杂性，临床应用的效果并未达到预计的程度，仍需要进行深入的研究。

（三）动物细胞制药

所谓的动物细胞制药工程是以活体细胞为单位，应用细胞生物学、分子生物学等技术，按照人类的需要精心设计、操作，使细胞的某些遗传特性发生改变，从而达到增加或重新获得某种目标产物的能力，在合适条件下大量培养、繁殖，并提取出人类需要的目标产物。通常，用于生物药物生产的动物细胞主要有原代细胞、二倍体细胞系及转化细胞系三类，其中二倍体细胞系是原代细胞通过传代、筛选、克隆从多种细胞的组织中挑选出的某种具有一定特征的细胞株，而转化细胞系则是通过某个转化过程形成的具有无限增值能力的细胞系。在使用动物细胞制药的过程中不仅包括了真核细胞的基因构建、重组、导入、扩增和表达，同时还需要熟悉细胞融合、细胞器移植、染色体改造及转基因动物的理论和技术，是一个较为复杂的过程。

近年来，随着动物细胞培养技术的日趋成熟以及分离、纯化、检测手段的不断提高，动物细胞药物的应用已更加普遍。但总体来说，还需要进一步提高动物细胞的生产水平、降低生产成本、提高质量。同时，自从首次使用转基因动物生产药用蛋白以来，已日趋成为研究的热点。此外，动物细胞本身也可以作为一种治疗手段应用于临床，如人造皮肤、人造血管、人造肝脏等。总之，随着基因工程技术的日益提高，动物细胞药物必将在医药工程和临床治疗中发挥更加重要的作用。

四、植物细胞制药

自 20 世纪 90 年代以来，使用植物细胞制药的研究日益受到重视，人们试图从天然植物中寻找到高效、低毒的药物。迄今为止，已经可以从 300 多种研究过的植物细胞培养物中得到 400 多种人类感兴趣的天然产物，而且人参、紫草、银杏、黄连等药用植物的培养也取得了成功。然而，很多不利因素对植物细胞培养的限制也在一定程度上制约了植物细胞制药的发展。其中首要问题就是如何提高单位培养基中目标物质的产量、降低生产成本。基于植物细胞自身的特性，植物细胞的培养受到培养基中碳源、氮源、无机盐、植物生长调节剂及维生素含量的影响。同时，筛选出高产细胞株、研制出一系列适合于植物细胞大量培养的新型生物反应器也将大大提高培养效率。此外，培养温度、pH、氧含量、培养容器体积也是很重要的影响因素。目前，植物细胞的培养方法按培养对象可分为原生质体和单倍体细胞培养；按培养基类型分为固体和液体培养；按培养方式则可分为悬浮细胞和固定化细胞培养。

近期，随着诱导子、前体饲养、质体转化、毛状根和冠瘿瘤组织培养等新技术和新方法的发展，植物细胞药物的发展进入了新的发展时期。同时，伴随着基因工程技术的深入研究和先进培养方法的应用，利用植物细胞培养药物将成为生物药物发展中日趋重要的一部分。

五、酶工程制药

蛋白酶是由生物体产生的一类具有特殊催化功能的蛋白质。酶促反应是指底物在酶的催化作用下进行的反应。酶作为催化剂具有催化效率高、专一性强、反应条件温和、可控等优点。酶工程制药是指酶学和工程学相互渗透结合而形成的新的科学技术，它通过研究、应用酶的特异性催化活性，并通过工程技术将原料转化为生物药物。从目前来看，酶工程主要包括以下几个方面的内容：①酶的分离、纯化、生产及新酶的开发；②酶和细胞的固定化及反应器的研究；③基因工程技术在酶生产过程中的应用；④酶的化学修饰及结构改造；⑤酶的抑制剂、激活剂的开发及研究等。

近几年来，工业生产中一般以微生物作为酶的生产菌，其主要优点为应用范围广、周期短、培养简便、微生物适应能力强、能培育出新的高产菌株等。大肠杆菌是应用最为广泛的产酶菌，它一般分泌胞内酶需经过破碎后才能得到。谷氨酸脱羧酶、天冬氨酸酶、青霉素酰化酶等均由大肠杆菌生产得到。此外，枯草杆菌、青霉菌、木霉菌、根霉菌均已在工业上作为酶的生产菌。

以固定化细胞法生产6-氨基青霉烷酸为例，首先培养 E. D816 细胞并将其固定化（产生青霉素酰化酶），将固定后的细胞填入反应器中再加入青霉素青霉素 G 经青霉素酰化酶作用，水解除去侧链后的产物成为 6-氨基青霉烷酸（6-APA），6-APA 是生产半合成青霉素的最基本原料。此外，固定化酶法也已被成功用于生产 5′-复合单核苷酸、L-氨基酸等。综上所述，酶工程制药在医药工业中具有广阔的发展前景和极大的应用价值。

第四节　重要的生物药物

一、细胞因子

细胞因子是指由多种细胞，特别是免疫细胞产生的一类具有免疫调节、介导炎症反应、刺激造血和组织修复等生物学活性的小分子多肽或糖蛋白，主要包括白细胞介素、干扰素、集落刺激因子、肿瘤坏死因子、生长因子和趋化因子六大类。它们在不同的细胞间充当信号分子，通过与特异性细胞表面受体结合诱导细胞效应，从而激活细胞内的信号转导。细胞因子是生物药物中最为重要的一类。细胞因子作为炎症和免疫应答的调节物，其活性对于机体针对各种医学状态的反应起着关键的影响。一些细胞因子目前已被作为生物药物用于医学用途，更多的则正在进行临床试验。在此，我们将对三种典型的细胞因子，即干扰素、白细胞介素及生长因子做进一步的介绍。

（一）干扰素

干扰素的发现源自于 1957 年研究者证实了易感动物细胞暴露于外界病毒，这些细胞立即分泌出一种物质使其获得了对其他病毒攻击的抗性，这种物质被命名为"干扰素"

（IFN），人类可以产生 IFN-α、IFN-β 和 IFN-γ 三型干扰素，同一型内按氨基酸组成差异再分为多种亚型，现在公认 IFN-β 和 IFN-γ 只有一个亚型，而 IFN-α 有 20 余个亚型：α1、α2、α3 等，在同一亚型内又因氨基酸的差异而细分，如 α2 有三种：α2a、α2b、α2c。干扰素具有诱导细胞对病毒攻击、调节免疫功能、调节细胞的生长和分化等生物效应。基于这些生理功能，很多干扰素已被作为生物药物用于疾病的治疗，包括：针对病毒等感染源，增强免疫应答；治疗自身免疫性疾病；癌症治疗。已研究清楚，IFN 都是通过结合高亲和力的细胞表面受体发挥其生物效应，继而引信号转导导致一些 IFN 反应基因的表达水平变化。对于 IFN 的受体主要分为两类，一类是细胞内结构域存在蛋白酪氨酸激酶活性（PTK）；而另一类细胞内则缺乏这种活性，需要受体和配体结合后才可以激活细胞内的可溶性 PTK。

干扰素诱导的主要生物效应是它的抗病毒活性、对免疫炎症的调节作用和对一些肿瘤细胞生长的抑制，基于这些特性一些干扰素制品已被应用于临床。IFN-α2A 是第一种被用于临床研究的重组干扰素，其后 IFN-α2A 和 IFN-α2B 都被美国批准用于治疗毛细胞白血病，目前已在多个国家批准其应用于 16 种适应证的治疗。近期，PEG 修饰的 IFN 和集成的干扰素产品被批准上市。与原始的 IFN 相比，PEG 修饰后的产品内在的生物活性本质是相同的，但显著延长了血浆半衰期（为 IFN 的 4—6 倍），这在很大程度上提高了这种生物药物效果。IFN-β 目前主要用于治疗复发 – 缓解的多发性硬化症，被批准上市的产品包括 Betaferon、Avonex 和 Rebif，分别由重组大肠杆菌和 CHO 细胞系生产。IFN-γ 则主要用于治疗慢性肉芽肿这种罕见的遗传病，IFN-γ 已被证明能够稍微缓解症状，降低感染的发生率。目前 IFN-β 和 IFN-γ 引发治疗效应的分子机制还无法完全阐明。

（二）白细胞介素

白细胞介素（IL）是细胞因子的另一大家族，到目前为止，已发现 37 个成员（IL-1 ~ IL-37），白细胞介素是最为重要的一类细胞因子药物。绝大多数的白细胞介素都是通过与靶细胞表面的特异受体结合引发信号转导，其主要机制都是受体结合与胞内的酪氨酸磷酸化相关联。白介素调节的生物效应主要包括：①正常细胞和恶性细胞的生长；②免疫应答；③炎症的调节。

白细胞介素 2（IL-2）是第一种应用于临床的白细胞介素，它是一种 T 细胞生长因子，在免疫应答中发挥作用，其主要临床功能是用于治疗肾细胞癌。人的 IL-2 是一种糖蛋白，由 133 个氨基酸组成，糖链部分通过糖苷键与第 3 个氨基酸连接。IL-2 通过与细胞表面特异受体结合诱导特征性生物反应，其受体复合物由 α、β、γ3 个跨膜的多肽组成。IL-2 的免疫调节作用使其成为治疗一些临床疾病，如癌症、T 细胞和其他形式的免疫缺陷、感染性疾病的最佳药物。除了 IL-2 之外，IL-11 也已获得批准成为用于临床应用的一种细胞因子，它是由 IL-1 激活的骨髓基质细胞和成纤维细胞生产，是一种造血生长因子。IL-11 的主要功能是刺激血小板生成和骨髓细胞的生长、分化。IL-11 是一段由 178 个氨基酸组成的多肽，它的受体则是 150kDa 的单链跨膜蛋白质。与 IL-1 类似，IL-11 的作用机制也是通过与受体结合后导致一些胞内蛋白细胞的酪氨酸磷酸化，进而促进其生物活性。除此之外，还有 5 种或 6 种白细胞介素正在用于临床试验。可见，白细胞介素是一类非常有治疗前景的蛋白质药物，与其他细胞因子相似，重组 DNA 技术的出现使其能够大量生产以满足日益增加的医学需要。

（三）生长因子

在真核细胞的生长过程中，生长因子是最重要的一种调节因素。生长因子是一类通过特异的、高亲和的与细胞膜受体结合，调节细胞生长与其他细胞功能等多效应的蛋白质，且每一种生长因子都针对特异的细胞发挥其作用。生长因子的主要功能包括调节细胞的各类活动与功能；充当细胞间的信号分子；促进细胞分化和成熟等。它的作用机制与细胞因子类似，也是通过结合到靶细胞表面的特异受体上而引发信号转导过程。生长因子的功能是多样的，例如，骨形成蛋白刺激骨细胞的分化；而血管内皮生长因子则促进血管内皮细胞增殖。生长因子促进细胞生长和分裂的能力使其对某些疾病有着显著的治疗作用，因而已引起了制药业的关注。一系列生长因子已进入临床试验期，例如，胰岛素样生长因子 1 被用于治疗矮小症及糖尿病；表皮生长因子用于创伤愈合、皮肤溃疡的治疗；神经营养因子则被用于治疗神经退行性病变。以下对几种重要的生长因子做详细的阐述。

1. 胰岛素样生长因子

胰岛素样生长因子（IGF）是一类多功能细胞增殖调控因子，因其化学结构与胰岛素类似而得名。IGF 是在肝脏中合成由两个多肽组成的家族，包括 IGF-1 和 IGF-2，其主要生物学功能是调节多种组织和细胞的生长、激活、分化。从结构上看，IGF-1 由 70 个氨基酸组成，含有 3 个分子内二硫键，IGF-2 则包括 67 个氨基酸，且两者氨基酸的同源序列超过 60%。它们的结构与胰岛素类似，均含有 A、B 两个结构域，其间由一个短的结构域 C 连接。

IGF 的生物功能是通过与三类敏感细胞表面的特异性受体，即 IGF-1 受体、IGF-2 受体和胰岛素受体特异性结合而发挥其作用的，但具体机制仍不清楚。其生理作用包括：①促进大部分细胞类型的细胞周期进展；②促进胚胎细胞的生长、发育和器官发生；③促进机体的纵向生长；④促进生殖组织功能的提高；⑤促进神经元组织的生长和分化；⑥促进骨形成、蛋白质合成、肌肉糖摄取、神经生产及髓鞘合成。

2. 表皮生长因子

20 世纪 60 年代，表皮生长因子（EGF）首先在唾液中被发现，该因子因能促使动物（小鼠）的牙齿生长和眼睑睁开而得名。EGF 对于很多细胞都有强大地促进有丝分裂的作用，尤以对内皮细胞、成纤维细胞和上皮细胞的影响最为显著。它的生理目标是皮肤，可以作为恢复表皮创伤的有效药物。此外，近期研究发现，EGF 是同其他几种生长因子协同发挥作用的。

3. 神经营养因子

顾名思义，神经营养因子是调节外周及中枢神经系统神经元的发育、维持和存活的一组细胞因子。每种神经营养因子都对特定种类的神经元细胞的生长和发育产生影响。神经营养因子在神经元细胞的发育和维持过程中起到核心的作用。该因子从细胞释放后，与神经末端的特异性受体结合并通过内吞的方式被逆向转运至核周体。在神经元的发育中，该过程帮助引导神经突触生长的方向，同时给发育中的细胞提供需要的营养。很多神经营养因子的功能与药物类似，可维持因死亡而引起的神经退行性疾病的特定神经元群体，并在一定程度上治疗这些疾病。这些神经因子被认为在未来可能对目前无法治愈的神经退行性疾病提供有效的治疗手段。

神经营养蛋白是属于同一基因型的一类神经营养因子，其中神经生长因子（NGF）是典型的神经营养蛋白。NGF 由 120 个氨基酸组成，结构中的 3 个链内二硫键是保持其活性的必要结构。NGF 的主要功能是促进敏感神经元的存活，刺激其生长并加速大多数该类细胞中神经递质的生物合成。此外，还具有刺激 T、B 淋巴细胞生长、分化的作用。另一种神经营养蛋白 BDNF（脑源性神经营养因子）能够促进胚胎视网膜神经节细胞，多巴胺能神经元以及基底前脑胆碱能神经元和皮质神经元细胞的存活。

虽然神经营养因子作为蛋白药物治疗神经元退行性疾病具有良好的前景，但到目前为止，临床应用获得的成功仍然十分有限。

二、激素

激素是由内分泌腺或内分泌细胞分泌的高效生物活性物质，在体内作为信使传递信息，对机体生理过程起调节作用。激素的作用机制主要是通过与远程敏感细胞内或细胞表面受体相互作用而使靶细胞发生变化。激素是一种化学物质，按化学结构大体分为四类，包括类固醇、氨基酸衍生物、多肽与蛋白质类、脂肪酸衍生物。激素具有广泛的生理功能，主要分为五个方面：①通过调节蛋白质、糖和脂肪三大营养物质和水、盐等代谢，为生命活动供给能量，维持代谢的动态平衡；②促进细胞的增殖与分化，影响细胞的衰老，确保各组织、各器官的正常生长、发育；③促进生殖器官的发育成熟、生殖功能以及性激素的分泌和调节；④影响中枢神经系统的发育及其活动，与学习、记忆及行为的关系；⑤与神经系统密切配合调节机体对环境的适应。激素治疗具有高度专一性、高效性和多层次调控的特点，激素被认为是一种重要的治疗用药物。在此，我们选取两种重要的激素类药物做进一步的介绍。

（一） 胰岛素

胰岛素是由朗格汉斯胰岛 β-细胞受内源性或外源性物质，如葡萄糖、乳糖、核糖、精氨酸等的刺激而分泌的一种蛋白质激素。成熟的胰岛素是二聚体，但通过合成得到的是单链多肽前体，前胰岛素原。它含有 108 个氨基酸残基，在氨基端有一个 23 个氨基酸残基的信号序列，引导多肽通过内质网，信号序列在内质网膜上由特异性肽酶切除。胰岛素是机体内唯一降低血糖的激素，也对糖原、脂肪代谢和蛋白质合成有重要的影响，同时还具有一定的促进有丝分裂活性。由于能够显著地促进全身组织对葡萄糖的摄取和利用，并抑制糖原的分解和糖原异生，从 1921 年开始，胰岛素就被作为一种抗糖尿病因子，逐渐应用于临床。胰岛素的作用途径主要包括以下几种：①促进肌肉、脂肪组织等处的靶细胞细胞膜载体将血液中的葡萄糖转运人细胞；②通过共价修饰增强磷酸二酯酶活性、降低 cAMP 水平、升高 cGMP 浓度，从而使糖原合成酶活性增加、磷酸化酶活性降低，加速糖原合成、抑制糖原好解；③通过激活丙酮酸脱氢酶磷酸酶而使丙酮酸脱氢酶激活，加速丙酮酸氧化为乙酰辅酶 A，加快糖的有氧氧化；④促进钾离子和镁离子穿过细胞膜进入细胞内；可促进脱氧核糖核酸（DNA）、核糖核苷（RNA）及三磷酸腺苷（ATP）的合成；⑤促进蛋白质与 DNA 的合成。成熟的胰岛素由 A、B 两条多肽链通过二硫键连接，共有约 50 个氨基酸残基，不同物质的胰岛素结果基本相同。

最初使用的胰岛素制剂就是天然胰腺的提取物，这种产品由于存在杂质经常会产生严重的毒副作用。1926 年，研究人员首次得到了结晶的胰岛素，到了 20 世纪 30 年代，医用胰岛素一般都是采取对天然猪或者牛胰岛提取物重复结晶的方法制备，大大提高了纯度。1982 年，通过重组 DNA 技术生产人胰岛素首次应用于临床，这种产品具有供应充分、危险性小、经济实用的优点。

（二） 人生长激素

人生长激素（hGH）由 191 个氨基酸残基组成，含有两个特征性的链内二硫键，其主要功能就是通过直接刺激骨、肌肉等组织的生长，促进机体的合成代谢。具体包括：①促进机体生长；②刺激组织的蛋白质合成；③脂肪组织的脂动员；④提高血糖水平，增加肌肉与心脏的糖原储备；⑤促进肾生长，增加肾功能。

hGH 作为生物药物主要用于治疗身材矮小。1958 年，hGH 作为治疗侏儒症的特效药已经在临床上使用，其后也被用来治疗其他原因导致的矮小症且效果良好。20 世纪 80 年代以后，重组的人生长激素取代天然的 hGH 被广泛的应用于临床治疗，目前几乎所有使用的 hGH 制剂都是重组来源。

三、抗体

抗体在与抗原特异性结合后，在体内表现为溶菌、杀菌、促进吞噬或中和毒素等作用，因此，抗体类药物可用于临床治疗。目前用于治疗的多克隆抗体主要包括免疫球蛋白、抗肉毒毒素、抗白喉毒素、蛇毒抗血清、破伤风抗毒素等。

（一）免疫球蛋白

免疫球蛋白是一组具有抗体活性的蛋白质，主要存在于生物体血液、组织液和外分泌液中。这种抗体制剂可由正常供者的血浆、血清或胎盘纯化得到。人类的免疫球蛋白分为五类，即 IgG、IgA、IgM、IgD 和 IgE，其中 IgD 和 IgE 含量很低。免疫球蛋白分子的基本结构是由两条相同的相对分子质量较小的轻链（L 链）和两条相同的相对分子质量较大的重链（H 链）组成。轻链与重链之间通过二硫键连接形成一个四肽链分子，称为免疫球蛋白的单体，是构成其分子的基本结构。免疫球蛋白的两个重要特征是特异性和多样性。它们是机体受抗原刺激后产生的，并与之发生免疫反应，生成抗原 - 抗体复合物，从而阻断病原体对机体的危害，使病原体失去致病作用。另外，免疫球蛋白有时也有致病作用。

人体血清免疫球蛋白的主要成分是 IgG，它占总的免疫球蛋白的 70% ~ 75%，相对分子质量约 15 万。IgG 是初级免疫应答中最持久、最重要的抗体，它仅以单体形式存在。大多数抗菌性、抗毒性和抗病毒抗体属于 IgG，它在抗感染中起到主力军作用，其主要功能包括促进单核巨噬细胞的吞噬作用，中和细菌毒素的毒性及中和病毒。IgG 在机体出生后第三个月开始合成，它是唯一能通过胎盘的免疫球蛋白，在自然被动免疫中起重要作用。

（二）抗体诊断试剂

由于抗体在体外可以与抗原结合发生凝集或沉淀等可见反应，因此可以用已知的抗体来鉴定抗原，做病原学的诊断和血型的测定。目前，各种诊断血清已被作为体外抗原抗体反应试验的重要工具，它既可诊断疾病又可鉴别未知菌。常用的诊断血清包括沙门氏菌属、志贺氏菌属、病原性大肠埃希氏菌、霍乱弧菌等。

除了直接凝集反应外，荧光抗体诊断试剂、免疫酶抗体诊断试剂、放射免疫中抗体诊断试剂均能将抗原抗体反应成倍地放大，大幅度提高灵敏性，更加适合微量物质的定性或定量检测，极大地扩展了抗体药物在临床诊断、治疗中的应用。

四、疫苗技术

疫苗是目前唯一普遍用于控制多种感染类疾病的预防措施，已成为现代医学需要解决的核心问题。传统的疫苗大多是以病毒、细菌作为靶标的，目前仍有近 30 种传统的疫苗在临床使用，这些疫苗包括：①活得或减毒的细菌，如卡介苗；②死的或灭活的细菌，如疟疾疫苗；③活得减毒病毒，如麻疹疫苗；④灭活病毒，如甲型肝炎病毒疫苗；⑤毒素，如破伤风病毒疫苗；⑥病原体衍生抗原，如乙型肝炎、脑膜炎病毒。

随着重组 DNA 技术的出现，使得病原体表面多肽的大规模生产成为可能，这就大大地优化了疫苗的生产方法。从 1986 年第一个重组乙型肝炎表面抗原（rH-BsAg）被批准上市以来，目前已有包括 Recombivax、Comvax、Engerix、Tritanrix-HB、Lymerix 等重组疫苗被批准用于临床。而最近的研究揭示，针对肿瘤及艾滋病的疫苗有着最广泛的需求。但到目前为止，相关疫苗的开发仍未获得真正成功。

五、核酸治疗

长期以来，蛋白质类药物的研究和开发一直被认为是生物制药工程的主要任务。近十年来，以核酸为基础的生物制品才逐渐开始被作为药物使用。目前，核酸类药物的研发主要围绕在基因治疗和反义技术上，虽然应用前景被广泛看好，但仍有一些技术难关需要取得突破。

（一）基因治疗

基因治疗的基本方法是将基因片段装入载体系统，然后稳定地导入到预期的受体细胞的遗传成分中，继而通过随后基因的表达来达到治疗的目的。这种方法最适合于治疗因特异性基因出现缺陷而导致的先天性代谢失常和其他疾病。从理论上说，基因治疗有两个基本目的，其一是恢复异常表达或缺失的体细胞基因功能；其二是引入有治疗价值的其他功能基因。目前，处于临床评价阶段的核酸类药物针对的主要疾病类型包括：肿瘤、类风湿性关节炎、aids、血友病和慢性肉芽肿等。目前，约 80% 在基因治疗中使用的载体是逆转录病毒载体系统，逆转录病毒的基因组是 5 ~ 8kb 的单链 RNA，它可以有效地进入各种类型的细胞，同时可以长期、稳定地整合人宿主细胞基因组并使整合的 DNA 高水平的表达。此外，如腺病毒、疱疹病毒等其他病毒载体也在基因治疗中被证明是行之有效的。

（二）基因治疗与癌症

目前，基因治疗针对的主体是癌症，它可能为医疗界提供另一种治疗手段。常用于癌症的一些基因治疗策略包括：①改良淋巴细胞以增强抗肿瘤活性；②改良肿瘤细胞以加强免疫原性；③在肿瘤细胞中插入抑癌基因的拷贝，如^53 抑癌基因；④在肿瘤细胞中插入毒素基因或自杀基团以促进肿瘤细胞的破坏；⑤通过插入合适的反义基因抑制原癌基因的表达，⑥在干细胞中插入多药耐药基团以保护其免受化疗破坏。近期，动物实验已证明将MDR-1转入干细胞中可在大剂量化疗药物（如紫杉醇）作用下保护这些细胞。美国芝加哥洛约拉大学医学研究人员日前表示，他们有望开发出能缩小皮肤癌肿瘤的药物，以此取代外科手术。药物的工作原理是开启癌症细胞中的蛋白激酶基因，防止皮肤细胞转变成癌细胞。预计在未来的10~15年，使用基因方法治疗肿瘤的研究将会取得实质性的突破，基因药物将会出现在癌症的临床治疗中。

（三）基于RNA干扰的基因沉默药物

RNAi是最近兴起的一项用于特异沉默基因的技术，主要是通过双链RNA被核酸酶切割成干扰性小的RNA，即siRNA，进而识别并靶向切割同源性靶mRNA分子而实现。RNAi的主要应用方向包括：①应用RNAi研究基因功能；②研究和开发基于RNA的治疗药物。已有证据表明siRNA介导的RNAi能特异性抵御病毒等病原微生物的入侵，拮抗植物肿瘤发生作用。可见，RNAi的发现产生了一种新的功能基因组研究策略；同时有可能研究出基于RNAi的基因治疗药物。基于RNA干扰技术药物的开发目前在各大药厂均有进行，有10种左右的RNA干扰类药物在临床实验阶段，预计在未来会有该类药物被批准上市。

第五节　现代生物技术在传统制药工业中的应用

现代生物技术提供了大量基因工程药物用于临床治疗，干扰素、白细胞介素、免疫球蛋白、肿瘤坏死因子等药物的应用在很大程度上提高了对肿瘤、心脑血管疾病的治疗水平。此外，现代生物技术还被广泛应用到改造已有的抗生素、氨基酸、维生素和疫苗等生物制品方面，发挥着日益重要的作用。

抗生素是最为重要的临床药物，在治疗疾病、保障人类的健康方面发挥着无可替代的作用。随着需求的日益增加，采用传统方法筛选出新型抗生素的概率越来越低。20世纪70年代，基因重组技术的兴起及应用为抗生素的生产开启了一条新的道路。

在使用重组DNA技术筛选抗生素的过程中，首先是对其生物合成基因的克隆和分析，目前已完成了对包括红霉素、金霉素、氯霉素、放线紫红素等23种抗生素合成基因簇的结构分析。克隆抗生素生物合成基因的主要方法包括：①在标准宿主系统中克隆检测单基因产物；②阻断变株法；③突变克隆法；④直接克隆法；⑤寡核苷酸探针法；⑥同源基因杂交法；⑦克隆抗生素抗性法。

在完成了对抗生素基因的克隆后还需要进一步提高其产量，主要采取将克隆产生的基因随机克隆至原株以直接筛选高产菌株，或增加参与生物合成限速阶段基因拷贝数及增加抗性基因等方法。此外，抗生素成分的改变只产生有效活性组分的菌种，也可以通过基因工程来完成，例如，伊维菌素就是通过该方法由阿维菌素 B2a 得到的，是原菌种中活性最高的部分。同时，基因工程技术还可以改进抗生素的生产工艺，并产生新的杂合菌种。

第十章 化学生物学新技术和新进展

第一节 基因组学和化学基因组学

20 世纪中叶，科学家通过实验证明 DNA 是遗传物质；随着 DNA 双螺旋结构、中心法则等一系列研究成果的提出，遗传信息的携带者_ 基因——成为人类生命科学研究的重点。21 世纪以来，化学理论和技术介入生物学，并随之建立生物化学的新学科使得生物学研究逐渐从宏观的描述水平深入微观的分子水平，极大地促进了生命科学的发展。随着人类基因组计划的顺利完成，人类第一次在分子水平上全面认识了自己，从此进入一个崭新的基因时代——后基因组时代，成为当前研究最为活跃、最具发展前景的高新技术。

化学基因组学（chemogenomics/chemicalgenomics）是伴随基因组学研究诞生的新兴领域，它整合了药物化学、基因组学、分子生物学和信息学等领域的相关技术，是联系基因和药物的桥梁和纽带传统的化学基因组学由哈佛大学的施赖伯教授首先提出，他指出由单个的化合物对一个基因或蛋白进行试验来阐明生物学机制。他的研究小组合成某些小分子化合物，使之与蛋白质结合并改变蛋白质的功能。这种使用类似药品的化学试剂或已知的小分子化合物去探测复杂的、以前未知的基因组靶标和路径的方法称为化学基因组学或化学遗传学。化学基因组学技术采用具有生物活性的化学小分子配体作为探针，研究与人类疾病密切相关的基因、蛋白质的生物功能，同时为新药开发提供具有高亲和性的药物先导化合物，是后基因组学时代药物发现新模式，将极大加快制药工业的发展。本章将从化学信息学人手，重点对研究"从基因到药物"转变的化学基因组学技术进行论述。

一、基因组学

基因是遗传的物质基础，是 DNA 分子上具有遗传信息的特定核苷酸序列，也具有遗传功能的 DNA 片段。细胞中全部的基因总和称为基因组（genome）。基因组学（genomics）就是研究生物基因组的一门科学，包括基因的结构，功能以及进化等。被誉为生命科学领域的登月计划人类基因计划（human genome project，HGP）完成了对人类基因组 30 亿对核苷酸的序列测定工作，是人类第一次在分子水平上全面认识自我。该计划于 1990 年正式机动，由美国、法国、英国、德国、日本和中国的科学家共同参与，希望通过破译基因信息来了解生命起源、认识疾病产生的机制和破译衰老的原因。

（一）结构基因组学

结构基因组学（structural genomics）是基因组学的一个重要组成部分和研究领域，它是一门通过基因作图、核苷酸序列分析确定基因组成，基因定位的问题。基因测序的基本策略是先将DNA分解成小片段，对他们分别测序后进行序列排列组装。要将这些分散的小片段组装到原来的DNA中正确的位置，首先要进行基因组图，即在DNA链不同的位置找特征性的标记，绘制基因组图。基因组作图主要有两个方面：遗传图和物理图。

1. 遗传图

连锁遗传图（linkage map）又称遗传图谱（genetic map），是以具有遗传多态性（在基因组的一个遗传位点上具有一个以上的等位基因，它在群体中的出现频率均高于1%）的遗传标记为"路标"，以遗传学距离［在细胞减数分裂事件中两个位点之间进行交换重组的百分率，1%的重组率称为1 cM（厘摩）］为图距的基因组图。图谱的建立为基因的识别和完成基因定位创造了条件。连锁图的绘制依赖于DNA多态性的开发，这种开发使得可利用的遗传标记数目迅速扩增。早期使用的多态性标记有RFLP（限制性酶切片段长度多态性）、RAPD（随机引物扩增基因组DNA）、AFLP（扩增片段长度多态性）、20世纪80年代后出现了STR（短串联重复序列，又称微型，1～6个核苷酸）、90年代发展的SNP（单核苷酸多态性）。SNP的优点在于不需要用凝胶电泳来分型，而且其数目庞大，对基因作图非常有利。通常用特意的寡核苷酸杂交的方法来检测。

2. 物理图

物理图谱是利用限制性内切酶将染色体切成片段，再根据重叠序列确定片段间连接顺序，以及遗传标志之间物理距离碱基对（bp）、千碱基（kb）或兆碱基（Mb）的图谱。以人类基因组物理图谱为例，它包括两层含义，一是获得分布于整个基因组30 000个序列标志位点（STS，其定义是染色体定位明确且可用PCR扩增的单拷序列）；二是在此基础上构建覆盖每条染色体的大片段。

3. 转录本图谱

构建基因图的前提条件是获得大量基因转录本（mRNA），反转录获得cDNA，通过EST技术（表达序列标签，是一组短的cDNA部分序列，由大量随机取出的cDNA克隆测序得到的组织或细胞基因组的表达序列标签）作图。一般说，mRNA的3r-端非翻译区（3′-uTR）是代表每个基因的比较特异的序列，将对应于3I-UTR的EST序列进行RH定位，即可构成由基因组成的STS图。

（二）比较基因组学

比较基因组学（comparative genomics）是基于基因组图谱和测序基础之上，对已知的基因和基因组结构进行比较，从而了解基因的功能、表达机理和物种的进化的学科。比较基因组学的一个重要应用是在人类疾病基因研究中的运用。通过在其他模式（如小鼠、果蝇等）中定位人类疾病基因的同源基因，就可以在这些模式生物中通过基因敲除、基因突变以及使用一些作用于 DNA 的药物来研究这些基因病的发病机理，甚至开发一些用于诊断的技术手段。基于伦理道德和人类安全的考虑，这些研究基因的实验手段是不可能在人体中进行的。因此，比较基因组学的进一步发展将为人类认识、治疗疾病提供一个新的视野。

（三）功能基因组学

功能基因组学（functional genomics）的研究往往又称为后基因组学（postgenomics）研究，它是利用结构基因组学提供的信息和产物，通过在基因组或系统水平上全面分析基因的功能，使得生物学研究从对单一基因或蛋白质的研究转向对多个基因或蛋白质同时进行系统的研究。功能基因组学的研究包括基因功能发现，基因表达分析及突变检测，它采用一些新的技术，如 SAGE、DNA 芯片，对成千上万的基因表达进行分析和比较，力图从基因组整体水平上对基因的活动规律进行阐述。由于生物功能的主要体现者是蛋白质，而蛋白质有其自身特有的活动规律，所以仅仅从基因的角度来研究是远远不够的。例如，蛋白质的修饰加工、转运定位、结构变化、蛋白质与蛋白质的相互作用、蛋白质与其他生物分子的相互作用等活动，均无法在基因组水平上获知。因此，国际上萌发产生了一门在整体水平上研究细胞内蛋白质的组成及其活动规律的学科蛋白质组（proteomics）。

（四）生物信息学

生物信息学（bioinformatics）是以计算机为工具，用数学和信息科学的观点、理论和方法去研究生命现象，对生物信息进行储存、检索和分析的科学。它是当今生命科学和自然科学的重大前沿领域之一，也将是 21 世纪自然科学的核心领域之一。其研究重点主要体现在基因组学和蛋白质学两个方面，它把基因组 DNA 序列信息分析作为源头，破译隐藏在 DNA 序列中的遗传语言，特别是非编码区的实质，同时在发现了新基因信息之后进行蛋白质空间结构模拟和预测，然后依据特定蛋白质的功能进行必要的药物设计。

现在生物信息学领域的研究范围和重大科学问题有：①继续进行数据库的建立和优化；②研究数据库的新理论、新技术，研制新软件，进行若干重要算法的比较分析；③进行人类基因组的信息结构分析；④进行功能基因组相关信息分析；⑤从生物信息数据出发开展遗传密码起源和生物进化研究；⑥培养生物信息专业人员，建立国家生物医学数据库和服务系统。生物信息学的发展将会对生命科学带来革命性的变革，它的成果不仅会对相关基础学科起巨大的推动作用，而且还将对医药、卫生、食品、农业等产业产生巨大的影响。

二、化学信息学

化学信息学是为解决化学领域中大量数据处理和信息提取任务而结合其他相关学科所形成的一门新兴学科这门新兴学科是在化学计量学和计算化学的基础上演化和发展起来的，并吸收和融合了许多学科的精华 QSAR 通过直接研究可量测的化学量及某些量化参数与化合物的某些已知化学特性之间的已知数据，采用统计回归和模式识别的方法来建立一种模式，从而达到预测化合物特性的目的，建立起某些化学结构与性质的关系来指导进一步的实验研究。

化学信息学是利用计算机及其网络技术，对化学信息进行表述、管理、分析、模拟和传播，实现化学信息的提取、转化与共享，揭示化学信息的内在实质与内在联系的学科。

化学信息可分为与传媒有关的信息及与物质有关的信息。化学信息的形式包括：文字、符号、数字、形貌、图形及表格等这些化学信息最主要的组织、管理形式是形成数据库。化学数据库的创建包括化学信息的创建、存储和展示。

化学数据库包括：①分子文库计划；②小分子生物活性数据库；③蛋白质结构信息集成检索数据库；④药物数据库；⑤世界药物索引；⑥致癌性数据库；⑦化合物结构数据库；⑧化学反应数据库；⑨毒性化合物数据库；⑩中药化学数据库。

根据化合物库的来源不同，可将发现先导化合物的方法分为以下四种：①大范围、多品种的随机筛选发现先导化合物；②通过主题库的筛选发现先导化合物；③基于已有知识进行的定向筛选发现先导化合物；④运用虚拟合成和虚拟筛选发现先导化合物。

随着药物研发新技术的应用，新药研发的进程不断加快，然而现代开发新药的要求也在不断提高，特别是要想发现那些能满足不断提高审批要求的、具有足够疗效的、选择性和 ADMET 性质理想的药物，已变得越来越困难了。

许多药物研发项目的失败主要是由于候选药物在人体的临床试验阶段被淘汰，由此造成了人力、物力和财力的巨大浪费。失败率较高的原因中，商业性占 5%，动物实验毒性过大占 11%，药效不够占 30%，人体副作用过大占 10%，药物 ADME 性质不佳占 39%，5% 左右是药物进入临床前研究。

优化方法：

第一，类药化合物剔除法：Lajiness 根据计算的分子性质的计算值和分子中可能存在的反应活性子结构和毒性子结构来区分类药和非类药化合物，并提出了一套排除非类药化合物的标准：①分子中存在"非类药"元素；②相对分子质量小于 100 或大于 1000；③碳原子总数小于 3；④分子中无氮原子、氧原子或硫原子；⑤分子中存在一个或多个预先确定的毒性或反应活性子结构。

第二，Lipinski 规则：分子的理化性质，如相对分子质量、氢键供体和受体、log/5（脂水分配系数的对数值）、杂原子和旋转键的数目、PSA、毒性及分子中具反应性的片段等，一般均能影响 ADMET 性质，其中最著名的规则是"5 规则"，也称 Lipinski 规则。Lipinski 规则最明显的优势在于简便、快捷，易于理解，因而很容易智能化。

第三，其他预测方法：许多计算方法已应用于 ADMET 的特性的预测，其中最常用的方法包括基础统计学、构效关系以及更加智能化的研究途径，如遗传运算法则和神经网络。

三、化学基因组学

化学基因组学作为后基因组学时代的新技术，是基因组学与药物发现之间的桥梁和纽带，将成为功能基因组学研究的有力工具。化学基因组学技术整合了组合化学、基因组学、蛋白质组学、分子生物学、药物学等领域的相关技术，采用具有生物活性的化学小分子配体作为探针，研究与人类疾病密切相关的基因、蛋白质的生物功能，同时为新药开发提供具有高亲和性的药物先导化合物，是后基因组学时代药物发现新模式，将极大加快制药工业的发展。化学基因组学药物发现模式的一般程序包括靶点发现、高通量筛选、组合化学合成、生物学功能测试等。

（一）靶点发现

人类基因组计划为揭示人类疾病机理提供了大量的基因信息，如与人类疾病相关的疾病基因及基因编码的相关蛋白信息，这些与疾病密切相关基因和蛋白都可以作为潜在的药物靶点，用于新药开发。寻找与人类疾病相关的药物靶点是新药研发的第一个环节。目前人们共发现具有药理学意义的药物作用靶点大约 500 个，而根据人类基因组学计划研究成果估计，人体内可能的药物作用靶点大约有 5000 个，更多的药物作用靶点有待于进一步挖掘。目前应用于新药靶点发现的技术有基因组学技术、蛋白质组学技术以及生物信息学技术。基因组学技术包含差异基因表达、表达序列标签等技术。蛋白质组学技术在蛋白质水平上研究疾病状态以及正常状态下的细胞或组织的蛋白质差异变化，可以发现潜在的药物靶蛋白，也有人称化学基因组学是蛋白质组学和疾病治疗间的桥梁。无论是靶基因还是靶蛋白，其与疾病间的关系尚不清楚，但是作为潜在的药物靶点并不影响其对小分子配体的亲和选择作用，在疾病细胞或动物模型的活性检测及临床研究中可以进一步了解靶点与疾病间的关系，实现对靶基因或蛋白的功能分析，从分子水平上揭示疾病机理及其治疗机制。

（二）高通量筛选

高通量筛选是 20 世纪后期发展起来的一项新技术。随着功能基因组研究的发展和分子生物学、分子病理学以及细胞生物学对新发现基因的功能研究的不断深入，可作为药物靶点的生物分子数目日益递增；另一方面，组合化学的发展使化学合成药物分子的不断增加。如何从多样化的小分子库中筛选出与各种药物靶点作用的有效先导化合物？高通量筛选技术正是顺应靶基因、靶蛋白及生物活性小分子多样性的特点而发展起来的，其核心部分由体外分子或细胞水平的筛选模型、计算机控制的操作系统和灵敏的生物反应检测系统组成。高通量筛选是化学基因组学技术平台的关键技术，可以为药物发现提供全新的筛选方法和手段，极大地提高药物筛选速度。

目前发展较快的高通量筛选技术主要有生物芯片技术和基于细胞水平的 GPCR 药物筛选技术；另外，最近还发展了一种全方位的筛选技术——高内涵筛选技术。所谓高内涵筛选是指在保持细胞结构和功能完整性的前提下，尽可能同时检测被筛选样品对细胞生长、分化、迁移、凋亡、代谢途径及信号转导等多个环节的影响，从单一实验中获得大量相关信息，确定其生物活性和潜在毒性。

（三）组合化学

经过高通量筛选技术遴选出来的新型先导化合物是否具有最佳药效？药物开发过程中需要对先导化合物进行结构优化，传统化学合成方法不能适应高通量快速筛选及众多药物靶标需筛选的要求。组合化学采用适当的化学方法，借助组合合成仪，在特定的分子母核上引入不同的基团，产生大量的新化合物，构建不同的化合物库。在药物筛选研究中，不同分子结构的化合物库可以用于不同疾病、不同模型的筛选。多组分反应（multicomponent reaction，MCR）则通过多反应原料同时反应，产生高复杂性的多样性反应产物，是一种快速有效的小分子合成方法。组合化学合成方法可以为高通量筛选提供物质基础，扩大了药物发现的范围，适应了化学基因组学快速筛选的需求。组合化学与高通量筛选技术并驾齐驱，促进了新药开发领域的一次大的突破，已经成为新药发现和优化过程中不可缺少的核心技术。

（四）生物学功能测试

生物信息学是一门综合运用数学、信息科学、计算机技术等对生物学、医学的信息进行科学的组织、整理和归纳的科学。在新药研究中，药物作用靶点的发现，新药的筛选和发现，药物的临床前研究以及临床研究等各个环节，都与生物信息学有着密切的关系。基因组学、高通量筛选、组合化学等技术在化学基因组学中的应用，积累大量不同类型的生物和化学信息数据，有效地存储、管理、分析及整合这些数据是保障药物研发顺利快速的关键。生物信息学就是要实现从数据到知的转化，从单一信息到可利用资源的转化其不仅要从复杂无序的信息海洋中搜索有用的数据，还要实现不同学科间的信息广泛交流，避免重复研究。同时，在对先导化合物分子进行优化过程中，生物信息学可以为组合化学的分子设计和化合物库的设计提供必要的生物信息，如功能蛋白质的结构信息、药物靶点的活性部位、立体结构信息等，使组合化学具有更强的目的性，从而提高了药物发现的成功率。

通过靶标嵌板测试的化合物数量的增加和质量的提高，使得这种随机筛选的费用以及数据处理和整合的工作难度成倍增加、因此，除了生物靶标的分类外，待测化合物的选择和设计成为化学基因组学方法中非常重要的部分。

（五）化学基因组学技术平台的研究进展

生物活性小分子与靶蛋白间相互作用的是生命活动中基本的相互作用之一，用于分析生物活性小分子和靶蛋白间相互作用的新技术、新手段不断向快速、灵敏、智能化的特点发展，促进了对大量小分子化合物的高通量筛选技术不断发展世界各国的制药企业根据企业自身技术特点分别发展了不同的高通量筛选技术和超高通量筛选技术，从而发展了各具特色的化学基因组学技术平台。

1. 示差扫描量热法

当小分子配体与靶蛋白结合，导致表观熔点温度发生变化、表观熔点温度的变化与小分子配体与靶蛋白间的亲和力以及蛋白质的稳定程度有关，小分子配体与靶蛋白间的亲和常数可以根据熔点温度的变化计算。3DP 公司利用这一特点发展了化学基因组学技术平台，技术平台中应用的高通量筛选技术主要是利用示差扫描量热法（differential scanning calorimetry，DSC）测定熔点温度来检测小分子配体与蛋白结合的情况。筛选技术采用 384 孔板模式进行筛选，每周完成对 5000 个小分子化合物的筛选工作，而靶蛋白的消耗量仅为 1mg。该技术平台可以用于基因靶点解码、先导化合物产生、优化及生产高质量的药物。

2. 生物质谱法

电喷雾电离（ESI）和基质辅助激光解吸电离（MALDI）两种软离子化技术的发展开辟了质谱技术分析生物大分子的新领域。作为蛋白质组学中鉴定蛋白的关键技术，质谱技术在疾病蛋白质组学、差异蛋白质组学或比较蛋白质组学中对潜在蛋白靶点的鉴定起着十分重要的作用，为新药研发提供了可靠的药物靶点亲和生物质谱技术可以应用于生物大分子与小分子配体间的相互作用的研究。研究方法是将蛋白靶点与小分子化合物混合，然后直接进样进行质谱分析，在一级质谱中，根据小分子靶蛋白复合物的分子离子一般出现在高质量数区域，对高质 M 数区域进行扫描，确定小分子靶蛋白复合物，并作为二级质谱分析对象选定目标复合物分子离子作为母离子，进行二次电离，控制条件有序地释放小分子配体，通过对不同质量数区域进行扫描，实现对小分子配体和靶点蛋白的同时识别并加以鉴定。在二级质谱分析过程中，释放小分子配体的实验条件参数可以作为考察小分子配体与靶点蛋白间亲和作用的参数之一。NeoGenesis 公司利用高效液相色谱与质谱连用（LC-MS）技术成功开发 ALIS（automated legend identification system，自动联想识别系统）

化学基因组学药物研发技术平台。通过 QSC（quantized surface complementarity，量化表面互补）计算方法设计能够与疾病靶蛋白结合的小分子，并根据相对分子质量分组，对于每组中小分子都可以通过相对分子质量准确鉴别，故也称为质量编码库；通过将靶蛋白与各分子组作用，采用体积排阻色谱法将配体蛋白复合物与未结合的小分子分离，配体蛋白复合物组可以通过 LC-MS 方法鉴别，确定与靶蛋白能够特异性紧密结合的小分子，ALIS 全自动化操作平台每天可以完成对 30 万个小分子的筛选工作；最后，对与靶蛋白结合紧密的小分子进行结构优化并再次筛选获得最佳候选药物先导化合物，对小分子的结构信息及小分子与靶蛋白间的相互作用等信息进行处理，建立信息库。

3. 核磁共振

随着核磁共振（NMR）技术的发展，NMR 技术已应用于药物的筛选和设计领域。在明确与疾病相关的靶蛋白的基础上，发展了生物大分子高亲和性配体的方法 SAR by NMR（structure activity relationship by NMR，基于 NMR 的构效关系）。其基本方法是：采用基因工程方法制备 l5N 标记的靶蛋白，通过 NMR 技术从小分子化合物库中筛选出与靶蛋白有亲和特性的先导小分子；再次采用相同的方法筛选出与前一结合位点相邻的位点结合的另 3 个先导分子，对两个先导小分子化合物进行 SAR 筛选优化，确定两个先导分子。在选定两个先导分子片段之后，用多维 NMR 等技术测定蛋白质和两个配体的复合物的完整三维空间结构，确定两个配体在靶蛋白上确切的结合位置及其空间取向；基于上述三维结构设计恰当的连接桥将两个先导分子连接起来，使得到的分子和靶蛋内结合时保持各自独立时的结合位置及其空间取向，最终筛选得到一个高亲和性的配体。采用 NMR 技术可以综合多种药物设计的优势，能够在短时间内得到先导化合物，加快了药物发现的速度。

4. 亲和毛细管电泳

亲和毛细管电泳是研究小分子配体与药物靶点间相互作用的有效方法，由于小分子配体与靶点作用形成复合物改变了原来的电泳迁移速度，从而与小分子配体在不同时间流出，根据其迁移速度可以定量评价其亲和活性。Lorenzi 等利用亲和毛细管电泳前沿分析（frontal analysis）技术考察了一组小分子与蛋白 transthyret（TTR）之间的相互作用，发现氟芬那酸（flufenamic acid）和氟比洛芬（flurbiprofen）与 TTR 蛋白结合程度比其他分子高，具有潜在药学研究价值，进一步测定了二者与 TTR 的结合常数及结合位点数。

（六）基于化学基因组学的药物发现策略

1. 正向化学基因组学与药物发现

正向化学基因组学能够用于药物靶点和新型先导化合物的发现。研究发现 leucascandrolide A 和 neopeltolide 是结构相似的海洋天然产物，具有抑制哺乳动物细胞和酵母增殖的作用，它们通过抑制线粒体内 ATP 的合成发挥作用，进一步研究发现细胞色素 bc1 复合体是它们的作用靶点，该结果揭示了海洋大环内酯类天然产物抗增殖活性的分子机制。

2. 反向化学基因组学与药物发现

反向化学基因组学方法用于发现针对某个已知药物靶点的新先导化合物。缺氧诱导因子，在肿瘤发生和发展中起重要作用，为了筛选作用于 HIF-1 信号通路的小分子，Lin 等发现烷基亚胺基乙酸苯酯类化合物能够抑制缺氧诱导的 HIF-1 报告基因活性。

3. 预测化学基因组学与药物发现

预测化学基因组学通过对化学基因组学数据的整合和挖掘，用于揭示基因→靶点→疾病→药物→药效或毒性的关系，能够建立起基因到药物和药物到疾病的预测模型，在新药发现中的应用越来越广泛。

为了验证 FKS06 的作用靶点和对其他靶点的影响，Marion 等根据预测化学基因组学的原理，表明神经钙蛋白是 FK506 的作用靶点；另外，还发现 FK506 处理野生型和单一基因突变体基因标记物的表达模式不存在相似性，表明 FPR I 基因产物参与了 FK506 对细胞内信号通路的影响，即 FPR 1 可能作为 FK506 药物的作用次靶点。

预测化学基因组学也可以利用小分子与靶点的结合关系数据库探索化学结构和生物靶标之间的全部关系。

预测化学基因组学还能够用于药物的临床药效评价，Gunther 等用抗抑郁药、抗精神病药和阿片受体抑制剂分别处理人的原代神经元细胞，分别找出了抗抑郁药、抗精神病药物和阿片受体抑制剂的基因标志物，最后根据基因标志物对这些药物的临床疗效进行预测，其准确率达到 88.9%。

（七）国内外制药公司将化学基因组学用于药物发现的进展

根据化学基因组学策略，利用各种高通量技术方法建立化学基因组学数据库，试图筛选出针对某个药物靶点的小分子，并确定该小分子是否具备成为有效的候选药物的潜质。艾康尼斯（Iconix）制药集团利用其大规模化学基因组参考数据库及信息学系统——Drug Matrix 平台，得到 Drug Signatures 数据库。阿斯利康公司（AstraZeneca）选择并使用艾康尼斯的参考数据库和预测生物标志物，为一种特效癌症药物开发计划提供化学基因组学的描绘与分析服务。

为了实现国内创新药物发现的突破，深圳微芯生物科技有限公司针对 II 型糖尿病、肿瘤等重大疾病，利用自建的化学基因组学技术平台已发现了多个具有自主知识产权的药物分子。目前公司已有两种自主设计、合成、筛选和评价、具全球专利保护和作用机制领先的创新药物进入临床评价，其中治疗 II 型糖尿病候选化合物 CS1300038 已经进入 IIb 期临床试验，抗肿瘤药物候选化合物 CS055 已经进入 I 期临床试验。

（八）展望

化学基因组学现在面临的挑战主要是如何建立足够丰富多样的化合物库、生物学特征的数据库以及这些数据库的整合挖掘工具。化学基因组学可利用天然产物结构多样性以及中药疗效确切的特点，阐明中药的多靶点作用机制以及从天然产物中寻找针对某个疾病的先导化合物，在中药现代化研究中也有着广阔的应用前景。

第二节　蛋白质组学

蛋白质组学理念的产生、概念的提出与完善只有一二十年的时间，可它已经应用到生物学研究的方方面面，是后基因组学研究的中心内容。蛋白质组学是一门实验科学与生物信息学有机结合的学科；它又是一门方法学，通过双相电泳和非凝胶系统等分离技术，生物大分子质谱技术，蛋白质芯片，酵母双杂交等大规模鉴定技术，获得相对全面，直接的蛋白质数据网络，从而为深入全面地了解机体的生理过程，疾病发生发展的病理机制奠定了基础。而这些研究成果，通过蛋白质功能的实验检验，可以制备出针对特定疾病的各种蛋白质芯片，为临床的治疗，诊断和预后服务；此外，我们还可以发现新的药物靶标，从而可进行药物的高通量筛选。

尽管蛋白质组学还处于婴幼儿时期，但是它对生物学的研究已经产生了深远的影响。特别是对蛋白质相互作用网络的形成和完善具有不可替代的贡献，而它又是蛋白质组学功能研究的核心。

一、提出背景和含义

自从地球上出现了人类以后，这个行星上的一切生命活动就渐渐地转变，在几千年，就演变成了一人类为中心的繁衍生息。在人类的生存和生命的延续过程中，逐渐形成了生命科学的各门学科，对疾病的治疗形成了最初的医学，对事物的需求形成了最初的生物科学；现在，环境的恶性负反馈是人类认识到与其他生物共生共存的必要性。但是，无论如何，生命科学研究的最终目的都是为了使人类物质生活更丰富、生命更健康、寿命更长久。

20 世纪后期，生命科学更是获得了长足的发展。早在 1953 年，沃森和克里克建立了DNA 双螺旋结构模型，开创了核酸分子生物学时代；在此基础上，Nirenberg 提出遗传的三联体密码学说，为现代生命科学日新月异的发展做出了奠基性的贡献。随后，DNA 序列扩增的 PCR 技术、DNA 重组技术、DNA 测序技术、DNA 芯片技术等的发明，使我们对生命本质的认识产生了天翻地覆的改变。

著名的人类基因组计划在 2000 年取得突破性进展，破解了全部约 39000 个基因中的 95%，人类进入功能基因组时代。

基因是遗传信息的携带者，而蛋白质是生命功能的执行者，它们在机体和细胞的生命活动中扮演着许多重要的角色：催化剂、受体、结构元件、信号分子、抗体等。因此，即使得到了人类全部基因序列，也只是解决了遗传信息库的问题。人类揭示整个生命活动的规律，就必须研究基因的产物——蛋白质。

到目前为止，功能基因组中所采用的策略都是从细胞中 mRNA 的角度来考虑，其前提是细胞中 mRNA 的水平反映了蛋白质表达的水平。但是，基因的 mRNA 表达水平与蛋白质水平并不完全呈正相关关系。因为从基因到蛋白质的过程中，存在 mRNA 的剪接、蛋白质翻译后调控、蛋白质翻译后修饰、蛋白质的成熟剪接、蛋白质的亚细胞定位等过程。基因与其编码产物蛋白质的线性关系只存在于新生肽链中。

传统的对单一蛋白质进行研究的方式已无法满足后基因组时代的需求。这是因为：生命现象的发生往往是多因素影响的，必然涉及多个蛋白质。多个蛋白质的参与是交织成网络或平行发生，或呈级联因果。在执行生理功能是蛋白质的表现是多样的、动态的，并不像基因组那样基本不变。因此，要对生命的复杂活动有全面和深入的认识，必然要在整体、动态、网络的水平上对蛋白质进行研究。

根据前面不同学者对蛋白质组学定义的论述，在此我们将蛋白质组学分成狭义和广义两种。狭义蛋白质组学就是利用双向电泳和质谱等高通量技术，鉴定出某一个研究对象中的全部蛋白质，即某一个物种、个体、器官、组织、细胞、亚细胞乃至蛋白质复合体的全部蛋白质。广义蛋白质组学就是在鉴定出某一个研究对象中的蛋白质，而且还要了解这些蛋白质的活性、修饰、定位、降解，代谢和相互作用及网络等功能与时空变化的关系。

二、基因组学与蛋白质组学的关系

人类基因组计划的完成标志着三套完整数据的获得：遗传图、物理图、全序列图，这三套数据将提供此生物所有基因在染色体上的精确定位、基因内部序列结构与所有基因的间隔序列。但是由于基因组计划的局限，它依然很难解决以下问题：

第一，人类基因组中的解读框如何界定。

第二，基因的表达是如何调控的。

第三，mRNA 难以准确反映基因的最终产物。

第四，蛋白质的各种翻译后化学修饰使得蛋白质的数量呈几何级数地增加。

因而蛋白质的研究将会对基因功能的了解产生深远的影响。

第一，从 mRNA 表达水平并不能预测蛋白质表达水平。

第二，蛋白质的动态修饰和加工并非必须来自基因序列。

第三，蛋白质组是动态反映生物系统所处的状态。

第四，蛋白质组的组成远比基因组庞大和复杂。

第五，蛋白质具有相对独立的代谢过程。

第六，蛋白质具有对生物体内部及外界因素产生反应的能力。

第七，蛋白质之间存在着广泛、活跃的相互作用。

因此，基因组学和蛋白质组学在生命科学研究中是相互协同的，蛋白质组学的研究成果将会说明基因表达的效果。而基因组学的结果为蛋白质组学的研究指引方向，提供了综合性的序列和表达蓝图，会进一步推进蛋白质功能研究。目前，人们将基因组学和蛋白质组学合称为功能基因组学。

相对而言，基因组具有统一性，而蛋白质具有多样性；基因组中基因的数量是有限的，而蛋白质组则是相对无限的；基因组学是静态的，蛋白质组中的蛋白质是动态的，每时每刻都在变化之中；基因组具有时间与空间的稳定性，而蛋白质具有时间和空间的不确定性；基因组中基因的行为是相对独立的，而蛋白质组中的蛋白质是靠相互作用联系在一起。

三、蛋白质组学的研究内容

蛋白质组学的研究对象已涵盖了原核生物、真核生物、动物、植物等，但由于微生物中个体蛋白质种类少，已成为蛋白质组学研究的突破口，并已取得很大进展，同时提出了亚蛋白质组学、比较蛋白质组学、定量蛋白质组学等新概念，推动了蛋白质组学技术的发展。现阶段蛋白质组学研究内容不仅包括对各种蛋白质的识别和定量化，还包括确定它们在细胞内外的定位、修饰、相互作用网络、活性和最终确定它们的功能以及蛋白质高级结构的解析即传统的结构生物学。它主要有四个方面：

第一，蛋白质组成、成分鉴定、数据库构建、新型蛋白质的发现、同源蛋白质比较、蛋白质加工和修饰分析、基因产物识别、基因功能鉴定、基因调控机制分析。

第二，蛋白质家族功能的异同点，蛋白质的生与死，蛋白质代谢产物的变化等。

第三，重要生命活动的分子机制。

第四，寻找医药靶分子：疾病的产生往往涉及多种蛋白质，而许多治疗性的药物都是单靶点的。在蛋白质组的水平上研究蛋白质的结构和功能，能够为多靶点药物的设计提供新的思路。

根据蛋白质的研究策略，蛋白质组学分为结构蛋白质组学、表达蛋白质组学、功能蛋白质组学和相互作用蛋白质组学。

（一）结构蛋白质组学

结构蛋白质组学又称组成蛋白质组学。在基因测序开始普遍应用后，根据基因序列来推导蛋白质序列取代了传统的埃德曼降解测序。这是一种针对有基因组或转录组数据库的生物体或组织、细胞，建立其蛋白质或亚蛋白质组（或蛋白质表达谱）及其蛋白质组连锁群的一种全景式的蛋白组学研究，从而获得对有机体生命活动的全景式认识。然而，在大规模的水平上解析蛋白质的结构仍然是一件困难的事情，结晶学和核磁光谱的技术耗时耗力，用生物标记来研究结构动态变化的方法又难以达到足够的分辨率。

（二）表达蛋白质组学

表达蛋白质组学包括分离蛋白质混合物，鉴定各个组分以及定量分析。通常表达蛋白质组学的主要方法有双向凝胶电泳、多维液相色谱和质谱等。通过二维凝胶电泳等技术得到正常生理条件下机体、组织或细胞的全部蛋白质的图谱，查清机体基因编码的全部蛋白质，建立蛋白质组数据库。而利用蛋白质芯片进行定量分析的手段也正在快速发展。

（三）功能蛋白质组学

这是蛋白质组学的研究重点，以发现差异蛋白质种类为目标，从而揭示细胞生理和病理状态的进程和本质，对外界环境刺激的反应途径，以及细胞调控机制，同时活动对某些关键蛋白的定性和功能分析。通过基因和氨基酸序列的同源性分析可以了解很多未知蛋白质的功能。随着向微型化和自动化发展的趋势，用蛋白质芯片技术来分析蛋白质功能也逐渐发展起来。

（四）相互作用蛋白质组学

相互作用蛋白质组学包括蛋白质之间的相互作用以及蛋白质和核酸或小分子之间的相互作用。它不仅有利于蛋白质自身功能的研究，而且有利于阐明蛋白质在细胞中的代谢途径，研究和发现参与疾病发生发展过程中的所有蛋白质，理解疾病如何改变这些蛋白质的表达，从而发现新药和疾病治疗方法。

从蛋白质分子质量的大小，可引申出肽组这个概念，又称为小相对分子质量蛋白组，研究在体液中的小分子蛋白质或肽的浓度波动与疾病的关系，从而发现能用于临床诊断的肽图。

以物种而言，包括动物、植物、微生物等的蛋白质组学。目前主要研究模式生物、经济作物、驯养动物、濒危生物、致病微生物和人类自身的蛋白质组学。

根据人体组织和器官来源，可以分为肝脏蛋白质组学、肾脏蛋白质组学、脑组织蛋白质组学、肺蛋白质组学、胰腺蛋白质组学、心蛋白质组学、神经蛋白质组学、体液蛋白质组学等。

体液蛋白质组学又分为血浆蛋白质组学、血清蛋白质组学以及其他各类体液蛋白质组学。由于体液是易于收集的人体组织，发现体液中某些蛋白质波动与疾病的关系非常有助于疾病的诊断，这是目前研究的热点。

目前蛋白质组学遇到的瓶颈：只能检测到机体所表达的部分蛋白质；蛋白质性质千变万化，无法进行实时监测；不可能将一个蛋白质相互作用与另一个进行比较；半定量而非绝对定量；产生普通型和标准型数据的能力有限；蛋白质的从头测序难；采用先进的统计学方法进行实验设计和数据处理仍然紧张缓慢；数据解释难，大多数串联质谱图根本不能用于鉴定。

四、蛋白质组研究策略与技术

蛋白质组学研究的常规主要路线：

第一，传统的二维凝胶电泳分离，胶内酶解与质谱技术鉴定相结合；其特点是：不论研究体系如何，许多鉴定的蛋白质是相同的，说明该方法的动态范围有限，只能看到高丰度蛋白质。

第二，获得蛋白质复合体，酶解，用色谱法（多维）分离，对肽段进行质谱分析。理论上可检测到低丰度蛋白质。

由于蛋白质组学研究内容的复杂多样性，用到的技术手段也有很多，而且还在不断发展，其中常用的分离方法有：一维电泳、双向凝胶电泳、质谱、液相色谱（LC）、高效液相色谱（HPLC）、毛细管电泳、等电聚焦电泳（IFE）、串联液相色谱、液相色谱－反相高效液相色谱、亲和层析、双向聚丙烯酰胺凝胶电泳（2D PAGE）。鉴定技术有：质谱、凝胶图像分析、埃德曼降解、蛋白质印迹法（western blot）、蛋白质芯片、C 端蛋白质测序及氨基酸组成分析等。功能研究方法有：酵母双杂交、亲和层析、免疫沉淀、蛋白质印迹法、蛋白质芯片、反向杂交系统、免疫共沉淀技术、表面等离子技术、荧光能量转移技术、噬菌体显示技术、蛋白质交联等。解析蛋白质结构技术有 X 射线衍射和核磁共振技术常用蛋白质生物信息学进行数据处理。

（一）双向凝胶电泳

分离技术是蛋白质组学研究的核心。双向凝胶电泳是由 Smithies 和 Poulik 在 1956 年提出的，1975 年由 O'Farrell 做了优化改进，并建立起了高分辨率的双向凝胶电泳技术体系。以双向凝胶电泳技术为主要手段，双向聚丙稀酰胺凝胶电泳（two dimensional polyacrylamide gel electrophoresis，2D PAGE）对蛋白进行分离的原理是：第一向进行等电聚焦，蛋白质沿 pH 梯度进行分离，至各自的等电点；再根据相对分子质量的不同，在第一向基础上，通过聚丙烯酰胺垂直的方向电泳进行分离。但目前该系统还面临着一些方法上的问题：疏水性蛋白（如膜蛋白）难溶于样品缓冲液；高相对分子质量蛋白、极酸和极碱性蛋白易在电泳中丢失；低拷贝（拷贝数小于 1000）蛋白无法检测等。2D PAGE 是蛋白质组学研究的关键技术，而双向荧光差异凝胶电泳（two dimensional fluorescence difference gel electrophoresis，2D DIGE）则在其基础上做了重大的改进。2DD1GE 在分离蛋白前，先用荧光素将蛋白样本作上标记，分离后再用质谱进行分析，这种方法可以对实验组和对照组的蛋白质的表达，进行精确且可重复的定量分析。双向凝胶电泳获得的数据可以用专门的系统管理，如蛋白质体分析和资源指数化系统（proteomics analysis and resources indexation system，PARIS），它储存了电泳图像和信息，供研究者搜索应用。

（二）高效液相色谱

虽然高效液相色谱在蛋白组分析中未能广泛应用，但其作为分离蛋白质的第一步，仍具有很好的前景。双向高效液相色谱（2D HPLC）也是一种很好的蛋白质分离纯化方法。其第一相根据分子大小分离蛋白质，第二相是反向层析。2D HPLC 分离蛋白质的容量比双向凝胶电泳大，且速度快。而毛细管柱反相高效液相色谱也比双向凝胶电泳快速、分辨率高。目前，又出现了将不同液相色谱联合使用技术，称为连续液相色谱，其大大提高了液相色谱的效率。

（三）亲和色谱

亲和色谱是利用分子生物学之间具有的专一性而设计的色谱技术一些生物分子和其配基之间有特殊的亲和力，如抗原与抗体、酶与底物、激素与受体等，它们在一定条件下能结合为复合物。如果能将复合物中的一方固定在固相载体上，就可以从溶液中专一性地提纯另一方。亲和色谱特异性强、简便且高效，对含量少又不稳定的活性物质更为有效，并可得到高产率的纯化产物。但是，由于并非所有的生物分子都具有特定的配基，只有那些具有配基的生物分子才能用亲和色谱分离，所以亲和色谱应用范围受到一定的限制。

（四）毛细管电泳

毛细管电泳技术是在高电场强度作用下，对毛细管内径（5～10 μm）中的样品按分子质量、电荷、电泳迁移率等差异进行有效分离，包括毛细管区带电泳（CZE，依据不同蛋白质的电荷质量比差异进行分离）、毛细管等电聚焦（CIEF，依据蛋白质等电点不同在毛细管内形成 pH 梯度实现分离）和筛板-SDS。毛细管电泳（依据 SDS-蛋白质复合物在网状骨架中迁移速率的不同而实现分离）等技术，其优点是可实现在线自动分析，可用于相对分子质量范围不适于双向凝胶电泳的样品，其缺点是存在对复杂样品分离不完全的现象。

（五）埃德曼降解法

埃德曼降解法测 N 端序列。由于埃德曼降解法测序可得到准确的肽序列，成为目前蛋白质鉴定的主要方法。但它存在着测序速度较慢、费用偏高等缺陷，近年来，研究人员对埃德曼降解法做了许多改进，如 CORD WELL 应用细径的高效液相色谱柱，在 100 fmol 的初产率下测得 5～10 个氨基酸残基的序列，使其在测序速度和灵敏度上得到了很大的提高，拓展了其应用范围。随着埃德曼降解法在微量测序和速度等技术上的突破，它在蛋白质组研究中可发挥重要的作用。类似埃德曼的 C 端化学降解法已研究了多年并有自动化分析仪器问世，但它的反应效率较低，通常需纳摩尔（nmol）样品。

（六）氨基酸组成分析

氨基酸组成分析由于耗资低而常用于蛋白质鉴定。氨基酸组成分析有别于肽质量或序列标签，是利用不同蛋白质具有特定的氨基酸组分的特征来鉴定蛋白质。该法可用于鉴定 2-DE 分离的蛋白质，应用放射标记的氨基酸来测定蛋白质的氨基酸组分，或将蛋白质转到 PVDF 膜，在 155℃酸性水解，让氨基酸自动衍生后，经色谱分离，获得的数据用 AA-Compldent、ASA，AAC-P1、PROβ-SEARCH 等软件进行数据库查询，依据代表两组分间数目差异的分数对数据库中的蛋白质进行排名，第一位蛋白质的可信度较大。但该法的速度较慢，所需蛋白质或肽的量较大，在超微量分析中受到限制，且存在酸性水解不彻底或部分降解而产生氨基酸变异的缺点，故应结合蛋白质的其他属性进行鉴定。

（七）质谱技术

与传统的蛋白质鉴定方法相比质谱分析技术灵敏、准确、高通量、自动化等特点成为当前蛋白质组学技术的支柱。质谱鉴定蛋白质的基本原理是先使样品分子离子化，然后根据不同离子之间的质荷比（m/z）的差异来分离并确定蛋白质的相对分子质量。根据蛋白质酶解后所得到的肽质量指纹图谱（PMF）、肽序列标签（PST）和肽阶梯序列（PLS）去检索蛋白质或核酸序列数据库，质谱技术可达到对蛋白质的快速鉴定和高通量筛选。因产生离子的方法不同而发展起来的质谱包括基质辅助激光解吸电离质谱（MALDI-MS）、电喷雾电离质谱（ESI-MS）、表面增强激光解吸电离质谱（SELDI-MS）。质谱有不少优点，还能用于翻译后修饰的分析（糖基化、磷酰化），但目前只适用于 20 个氨基酸以下的肽段。此外，还存在固有的局限性，如 lie、Lys 和 Gin 不能区分，有些肽的固有序列不能用质谱法测定。

（八）同位素标记亲和标签技术

同位素标记亲和标签（ICAT）技术为采用同位素标记多肽或蛋白质的亲和标签技术，其灵敏度和准确性高，能分析低表达的蛋白质。目前是蛋白质组研究技术中的核心技术之一，主要用于研究蛋白质组差异。它的优点在于可以对混合样品直接测试；能够快速定性和定量鉴定低丰度蛋白质，尤其是膜蛋白等疏水性蛋白等；还可以快速找出重要功能蛋白质（疾病相关蛋白质及生物标志分子），其具巨大应用价值。但 ICAT 技术由于其标签试剂本身是种相当大的修饰物，并在整个 MS 分析过程中保留在每个肽段上，这使得数据库搜索的算法复杂化，并且对不含 Gys 的蛋白质无法分析。

（九）蛋白质微阵列技术

DNA 微阵列技术并非蛋白质组技术的范畴，但是却不失为大规模研究蛋白质功能的一种好方法。通常在转录中受到协同调控的基因将编码同种功能的蛋白质，如果某一段 DNA 序列与已知功能的 DNA 序列在很大程度上相同，说明它们编码的蛋白质的功能也可能相同，如酵母细胞中与细胞分裂周期和芽孢形成相关的基因可能编码功能相同的蛋白质。蛋白质微阵列技术已经发展起来，蛋白质样品以纳升小滴共价吸附在玻璃、硅、塑料等载物片上，每一个载物片可以点 10 000 个样品，可用于鉴定一个生物有机体的全部修饰酶。例如，蛋白质微阵列技术已经检测出酵母中近乎全套的蛋白激酶。微阵列正被广泛利用调查包括植物生理时钟、植物防卫及对环境的压迫力反应、水果成熟、植物光敏色素的信号、种子发芽等生物学的争议范围。

（十）生物信息学

先进的信息技术在后基因组学研究中的应用主要包括以下一些方面：①高效率的分析技术平台，计算机和网络已成为生物学研究的必备工具之一；②高通量技术：主要致力于如何运用信息技术去分析所得到的巨量数据；③数据挖掘技术：它是计算机科学发展极为迅速的一个研究领域，其可从存放在数据库或其他信息库中的大量数据中挖掘知识，应用于分析中；④数据可视化技术：可视化技术有助于反映生物序列的三维结构模型，表现出生物体错综复杂的相互关系；⑤复杂系统理论：描述系统关系时，必须把核酸、蛋白质、细胞、器官、组织等的作用考虑在内，即用系统的方法来认识生命活动。

随着双向凝胶电泳的发展，蛋白质数据库自 1996 年也逐步发展起来、目前应用于蛋白质组学研究的数据库主要有 SMSS-PROT、BLOCKS、SMART、PROSIrl'E、WORLD 2DPAGE、EMBL、GenBank、DDBJ、ProClass、PRINTS、MASCOT、PROTOMAP、DOMO、PDB、NCBI 等。

五、蛋白质组学的应用

（一）蛋白质组学用于疾病诊断

蛋白质组学在疾病研究中的应用主要是发现新的疾病标志物，也称生物标记（biomarker），鉴定疾病相关蛋白质作为早期临床诊断的工具，以及探索人类疾病的发病机制与治疗途径。人类许多疾病如肿、神经系统疾病、心脑血管疾病、感染性疾病等均已从蛋白质组学角度展开了深入研究，并已取得了进展。生物标记是机体在特殊生理状态下产生的生物特征。在医学中，更多的是指在疾病状态下产生或消失的生物标记，包括特殊的病原体、基因突变、新蛋白质的出现或蛋白质表达水平的改变等。寻找特异性的生物标记有助于快速准确地诊断疾病、目前对疾病特别是肿瘤的早期标志蛋白分子的筛选已在世界范围内形成热潮。

用双向凝胶电泳技术检测健康人和病患样本的蛋白质，对其中存在差异表达的蛋白质再通过质谱分析，数据库查询进一步确认。利用这种方法已经发现了一些神经系统疾病和心脏病新的生物标记。在神经系统疾病中，阿尔茨海默病（Alzheimer disease，AD）是最常见的一种痴呆性疾病，严重危害老年人的健康、Pasinetti 等利用 cDNA 微阵列发现 AD 病人大脑皮质某些基因产物的表达发生改变，后来，他们进行的一系列平行的高通量蛋白质组研究证实了这一结果，并发现突触活动中的蛋白质表达在 AD 早期也有改变。

（二）蛋白质组学与新药开发

在一些病例中，作为生物标记的蛋白质往往是疾病的病因，通过比较找到仅在疾病期间表达的蛋白质，用它作为药物的靶标，可有助于新药的研发；药物开发领域是蛋白质组学最大的应用前景之一，不但能证实已有的药物靶点，进一步阐明药物作用的机制，发现新的药物作用位点和受体，还可用来进行药物毒理学分析及药物代谢产物的研究。利用双向电泳和质谱技术，分析了布鲁氏杆菌的蛋白质组及其致病株的蛋白表达模式，鉴定了所有表达的蛋白质，并对 6 种布鲁氏杆菌减毒疫苗蛋白图谱进行了广泛研究，为发展疫苗，建立宿主专一性、进化相关性及药物开发奠定了基础。

利用功能蛋白芯片检测蛋白质 – 小分子相互作用，可以迅速找到一些能特异性抑制或促成蛋白质作用的小分子，这些小分子可以作为药物的先导化合物，同时利用计算机模拟设计合成合理的药物小分子作进一步的检验。

（三）蛋白质组学在农业中的应用

蛋白质组学在农业中的研究也是研究者关注的一个方面。根据蛋白质表达差异性可以对农作物的蛋白质组进行分类；对农作物的不同突变体和野生型的蛋白质定量研究可以揭示其中对人类有益的蛋白质的相对丰度，有助于作物的筛选培育；不同环境中的植物的蛋白质组比较可用于研究农作物抗病、抗旱的机理；蛋白质相互作用分析可以用于研究植物蛋白质的功能。

运用蛋白质组学分析方法对 5 种芳香型和 9 种非芳香型共 14 种水稻品种的种皮进行了研究，发现芳香型水稻种皮中存在一种特殊的三亚基蛋白质——谷醇溶蛋白，为水稻品种的鉴定和选育提供了新的方法和依据。对水稻父代与杂交子代种子的蛋白表达进行分析，研究发现杂交种的胚蛋白在其父代的蛋白图谱上都存在，揭示了二者之间明显的遗传关系。

（四）蛋白质组学和基因组学

要观察基因改变引起的变化，最有效的方法就是观察其表达蛋白的差异。将蛋白质组学和基因组学组合起来，讲师未来研究的一个热点。转基因食物是近几年来一直饱受争议的话题，通过基因修饰的植物会发生怎样的变化呢？是否会产生对人类有害的物质呢？通过对比基因修饰的植物和韦修饰的植物的蛋白质组信息，可以检测其是否产生了营养成分或毒素。

六、前景与展望

近年来，利用已有的工作基础和技术储备的特性，科研工作者已探索了农业生物蛋白质组的快速经济分离鉴定方法，包括双向电泳样品制备方法改进、蛋白质组预分离、蛋白质组多维色谱分离、蛋白质复合体分离、荧光素标定蛋白、纳升级色谱分离等。随着研究的不断发展和深入，在完善现有的研究手段的同时，还必须发展一些新的研究技术。今后研究的重点是：功能蛋白和差异蛋白分析，主要技术路线是双向电泳分离、多维色谱分离和质谱分析；蛋白质修饰分析，主要技术路线是修饰蛋白的富集分离和质谱分析；蛋白质复合体和蛋白质相互作用网络分析，主要利用现有的蛋白质研究技术和设备开展蛋白质复合体的分离鉴定等。

蛋白质组学是一门新兴的学科，虽然刚刚起步，却为大规模地直接研究基因功能提供了强有力的工具。目前，蛋白质组学在农业科学研究的多个领域得到初步应用，但低丰度蛋白的获得和植物蛋白的定量仍然是一个巨大的挑战。蛋白质组学不仅阐明生命活动规律提供物质基础，也能为探讨重大疾病的机理、疾病诊断、疾病防治和新药开发提供重要的理论依据和实际解决途径，解决了在蛋白质水平上大规模直接研究基因功能的问题。不难看出，它是基因组计划由结构走向功能的必然，是生命科学由分析走向综合的必经之路，也是连接微观分子系统与宏观生物系统的桥梁。

要不断加强国际间的学术合作及资源交流，建立全球共享的数据库系统，最终揭示基因组的结构与功能。随着蛋白质组研究的深入发展，相信蛋白质组学必将在基础研究、农业、医药开发、昆虫等各个领域有重大突破。

我国的蛋白质组学研究的机构有军事医学科学研究院蛋白质组学国家重点实验室、高等院校蛋白质组学研究院、中国医学科学研究院蛋白质组学研究中心、中国科学院蛋白质组学重点实验室（几乎拥有蛋白质组学研究的各种仪器设备和技术平台）、复旦大学蛋白质研究中心、交通大学系统生物学研究所。

"人类重大疾病的蛋白质组学研究"是我国第一个支持力度过千万的大型蛋白质组学研究项目，通过 8 年的实施，逐渐形成了我国南北两个蛋白质组学研究基地。其中，北京军事医学科学院贺福初院士的团队在胎肝和成人肝脏蛋白质组研究领域居国际先进水平，在肿瘤蛋白质组、神经系统和心血管蛋白质组研究方面成绩斐然；上海则以复旦大学、中国科学院上海生命科学研究院和中国人民解放军第二军医大学为主要团队，在肝脏比较蛋白质组和新技术领域成绩突出。

我国科学家获得了第一张人类器官蛋白质组研究图谱即肝脏蛋白质组表达谱。我国"人类肝脏蛋白质组计划"实施 6 年来，围绕人类蛋白质组的表达谱等九个科研任务，我国科学家成功测定出 6788 个高可信度的中国成人肝脏蛋白质，系统构建了国际上第一张人类器官蛋白质组蓝图；发现了包括 1000 余个"蛋白质－蛋白质"相互作用的网络图；建立了 2000 余株蛋白质抗体，并有望和一种与计算机连接的生物芯片，通过验血方式，准确地找到肝炎及肝癌的致病原因，既能减轻痛苦，又能对症下药。

第三节　分子成像

分子成像（molecular imaging）技术是分子生物学、化学、物理学、计算机科学以及影像学技术相结合的一门新技术。广义上说分子成像是分子与细胞层次上对活体状态下的生物过程进行定征和测量。它将遗传基因信息、生物化学与成像探针进行综合，由精密的成像技术来检测，再通过图像处理技术，以期显示活体组织在分子和细胞水平上的生物学过程，为临床提供定位、定性、定量和对疾病分期诊断的准确依据。与其他常规医学影像学手段相比，分子成像技术具有高特异性、敏感性和图像分辨率等特点，分子成像技术一般利用分子探针与体内特定研究目标相结合，形成所谓的报告系统来反映生物过程中分子水平上的变化。分子探针不仅具有特异性，即只能选择性的与特定目标相结合，而且要与成像模式相适应，充分发挥对比度增强剂的作用，即与研究对象结合前后有较大的反差目前的成像模式主要包括荧光成像（fluorescence imaging）、磁共振成像（magnetic resonance imaging，MRI）、放射性核素成像（radionuclide imaging）、超声成像、计算机化断层显像（computerized tomography，CT）等。本节主要介绍各种成像模式一起相应的分子探针在分子成像中的应用。

一、荧光分子成像

在荧光分子成像中，为了对感兴趣的生物分子过程进行辨别，需要借助荧光分子探针进行观察和定量分析。荧光分子探针按照其成像过程的不同可以分为直接成像型荧光分子探针和间接成像型荧光分子探针。直接成像型荧光分子探针分为活性分子探针和激活型分子探针，都是经过工程处理后可以直接作用于受体或某种特定的酶。其中活性分子探针在没到达靶向目标时也会发出荧光，在检测的过程中背景噪声比较大，扫描器很难将源示踪剂从边界及代谢示踪剂中区分出来，源示踪剂的消失也需要一段时间。为了克服这个缺点，一种被称之为"智能探针"的具有特异性分子成像的激活型分子探针应运而生，不仅可以用于光学成像设备，也可用于核磁共振成像设备中。此类探针只有在靶向目标时才"打开"，因而提高了信噪比。例如，近红外荧光探针能被基质金属蛋白酶激活，荧光团在一定的条件下可从载体中释放出来并发出明亮的荧光。间接成像型荧光分子探针是指在间接成像中某些转基因表达的荧光蛋白，它在阐明基因的表达和调控中发挥着很重要的作用。用光学成像法能检测到转基因转录后的产物荧光蛋白，通过对荧光蛋白的可视化和量化就间接地实现了对基因表达的成像。

荧光探针一般由三部分组成：荧光基团、识别基团及连接体部分。荧光基团决定了探针的基本参数，识别基团决定了探针与靶标生物分子结合的选择性和特异性，连接体部分则可起到分子识别枢纽的作用荧光探针的一些重要参数有斯托克斯位移（Stokes shift）、吸收系数（ε）、量子产率（Φ）、荧光强度和荧光寿命。

荧光探针按物质本身的性质可分为小分子荧光探针、绿色荧光蛋白探针、量子点荧光探针。

（一）小分子荧光探针

小分子荧光探针在生物体系中活体的分析检测中具有重要的应用。小分子荧光探针一般由两部分组成：荧光团以及与受体专一性高亲和力结合的配体。受体与目标蛋白质融合，通过受体与配体的相互作用来标记蛋白质。总体说来，小分子荧光探针应该可以穿过细胞膜并且无毒；能够与受体专一性稳定结合，使得其在进行监测的较长时间（几个小时）内保持稳定性；背景噪音水平尽可能的低；探针尽可能地设计成一定的模式，使得多种荧光团能够方便地结合。选择合适的受体可以实现对蛋白质位点专一性结合。

对于受体的选择有以下两个要求：①受体与目标蛋白质融合后必须能够被基因表达；②受体应该尽可能小，以致不干扰目标蛋白质的正常生理功能，因此较理想的受体是一段短序列的肽链并且能够插入目标蛋白质的许多位点。而选择适合的受体－配体对可以实现对蛋白质高灵敏度高亲和力结合。一般来说，受体与配体的结合应当尽可能地快，有利于监测时间敏感性的生理过程。受体－配体的作用一般包括半抗原－抗体、生物素－抗生物素蛋白、酶－底物、联砷荧光物质与富含半胱氨酸的肽链之间的作用等。常见的荧光分子探针有：FLASH 型探针、AGT 型探针、Halo Tag 型探针、PCP、ACP 型探针、F36V 型探针、"Click" 反应型探针等。

（二）绿色荧光蛋白质

绿色荧光蛋白质（GFP）最初由 Shimomura 等在海洋生物水母 aequorea victoria 体内发现。从 20 世纪 90 年代起，GFP 在荧光成像技术中广泛应用于蛋白质的标记和一些其他化合物的活体检测中。作为一种良好的蛋白质荧光探针，GFP 具有使用简单不需任何外加底物或辅助因子、表达几乎不受种属范围的限制、易于得到性质不同的突变体、荧光稳定、无毒害性等优点。绿色荧光蛋白的一系列优点使得其作为报告基因、融合标签和生物传感、在生物成像方面得到广泛应用。

1. GFP 作为报告基因

报告基因是一种编码可被检测的蛋白质或酶的 DNA，如传统的荧光素酶（LUX）基因和 β-葡萄糖苷酶（cus）基因。GFP 作为基因报告可用来检测转基因效率，把 GFP 基因连接到目的基因的启动子之后，通过测定 GFP 的荧光强度就可以对该基因的表达水平进行检测。目前，此方法无论在农杆菌介导或基因枪介导的植物遗传转化中还是在活细胞、转基因胚胎和动物中都已得到非常广泛的应用。

2. GFP 作为融合标签

GFP 最成功的一类应用就是把 GFP 作为标签融合到主体蛋白中来检测蛋白质分子的定位、迁移、构象变化以及分子间的相互作用，或者靶向标记某些细胞器。在多数情况下，GFP 基因在 N-或 C-末端与异源基因用常规的分子生物学手段就可以接合构成编码融合蛋白的嵌合基因，其表达产物既保持了外源蛋白的生物活性，又表现出与天然 GFP 相似的荧光特性。GFP 的这种特性为蛋白质可以检测蛋白质分子的定位、迁移，还可以研究蛋白质分子的相互作用以及蛋白质构象变化。

3. GFP 作为生物传感器

检测 pH 野生型 GFP 和其许多突变体都具有依赖于 pH 的荧光变化，因而可以被用来检测活细胞内的 pH。人们通常称它们为 Phluorin。分为两类：比率 phluorin 和盈缺 phluorin。当 pH 降低时，比率 Phluorin 的最大激发波长从 395 nm 到 475 nm 迁移，利用两个最大波长处的突光强度的比率可以测量 pH；当 pH < 6 时，盈缺 Phluorin 在 475 nm 处没有荧光。当 pH 回复到中性时，两类 phluorin 都会在 20 ms 内复原。

（三）量子点荧光探针

半导体量子点（quantum dots，QDs）指的是尺度为几埃至几十埃的半导体纳米晶体。早期半导体量子点的应用研究主要集中在微电子和光电子领域，直到 20 世纪 90 年代，随着半导体量子点合成技术的进步，其作为荧光探针应用于生物医学领域的前景逐渐展现出来。

量子点作为生物探针的生物相容性问题得以解决，其在生命科学的应用迅速发展。目前，用于生物探针的量子点主要由第二副族和第六主族的元素组成，如硒化镉（CdSe）、硫化锌（ZnS）、碲化镉（CdTe）、硫化镉（CdS）等。量子点的特殊结构导致了它具有表面效应、量子尺寸效应、介电限域效应和量子隧道效应，从而派生出许多不同于宏观块体材料的物理化学性质和独特的发光特性。作为新型荧光探针的量子点具有发射量子产率高、光漂白性能不明显、荧光强度高及稳定性好等的荧光性质。同时量子点相比传统荧光染料分子激发光谱宽且连续，发射荧光光谱峰狭窄而对称。更有趣的是，量子点的发射谱线具有"调频"能力，其发射峰波长不但会随着量子点的核心材料变化而变化，还会随着量子点的尺寸大小而改变。以 CdSe 量子点为例：当 CdSe 量子点的直径为 2 nm 时，能发射出 550 nm 的绿色光；当直径增大到 4 nm 时，则变成了 630 nm 的红色光。这样就给荧光标记法带来了很大的便利：我们可以用多种不同量子点同时进行标记，而且以同一种光源进行激发，其发射的谱线不容易重叠，有利于我们进行多组分同时测定。

在生物医学领域，对生命现象的观察和研究已深入到单细胞、单分子水平，量子点因在光学特性、表面修饰和生物功能化等方面具有的优势而在这些研究中逐渐得到广泛应用。

二、磁共振成像

磁共振分子成像是将特异性分子探针与靶分子或细胞结合，通过敏感、快速、高分辨率的成像序列，特异地标识出靶结构，以达到对病灶的定性和定量诊断。目前，磁共振分子成像包括 MRJ 和磁共振波谱（magnetic resonance spectroscopy，MRS）等技术主要应用于临床前研究，少数试用于临床，包括凋亡显像、肿瘤血管生成、神经递质递送和干细胞移植检测等。

磁共振成像依据的是核磁共振原理，而核磁共振的研究对象是具有磁矩的原子核。量子力学和实验证明，自旋量子数不为零的原子核（如 ^1H、^{13}C、^{19}F、^{31}P）会发生自旋运动，在自旋过程中产生磁矩，如同一个小磁体当有外磁场时，磁矩的方向分成两个取向，并围绕外磁场方向做运动，达到动态平衡状态与磁场方向同向的磁矩处于低能级，反向的处于高能级，前者的数量略多于后者。弛豫过程以纵向弛豫时间 T_1 和横向弛豫时间 T_2 为特征，用检测器检出各方位上的反应 T_1 和 T_2 的电磁场感应变化信号，并以一定的数学方式重建其空间映射图像，这就是核磁共振。不同的原子核具有不同的自旋相关参数，产生的磁共振信号也不同。

磁共振分子成像的关键在于分子探针即磁共振造影剂的选用，磁共振造影剂都是顺磁性或超顺磁性的。常用的分子探针主要有两类，即阴性造影剂和阳性造影剂。阴性造影剂以顺磁性分子探针为主，产生 T_1 阳性信号对比（如镧螯合剂、钆离子的螯合物 Gd^{3+}、Mn^{2+} 等）。Gd^{3+} 具有 7 个不成对电子，具有强顺磁性，从而能缩短周围水中质子的纵向弛豫时间，通过连接一个蛋白质、抗体、多聚赖氨酸或多糖等，能使 Gd^{3+}-二亚乙基三胺五乙酸具有不同组织细胞的亲和力、Mn^{2+} 类似于 Gd＼但由于高浓度 Mn^{2+} 有生物毒性，故难以用于临床。

阳性造影剂以超顺磁性分子探针为主，是以氧化铁为主要成分，能产生强烈的 T2 阴性信号对比。氧化铁颗粒由氧化铁晶体 FeO、Fe_3O_4 或 Fe_2O_3 及亲水性表面被覆物组成。氧化铁颗粒按直径长短分为超顺磁性氧化铁（super paramagnetic iron oxide，SFIO）颗粒（直径 40～100 nm）和超微型超顺磁性氧化铁（ultrasmall super paramagnetic iron oxide，USP1O）颗粒（直径 <40 nm）。SPIO 的颗粒大小对其进入网状内皮系统的部位有较大影响，直径相对较大的 SPIO 主要为肝、脾的网状内皮系统所摄入；由于 USPIO 颗粒直径更小、穿透力强，更容易跨膜转运，故主要进入淋巴结组织及骨髓组织中 USPIO 颗粒本身没有特异性，易被网状内皮细胞吞噬，需要在氧化铁颗粒表面修饰靶向小分子、多肽或抗体等借以逃避网状内皮细胞的吞噬，使其在血液半衰期延长，使之更适用于活体内细胞和分子成像。

磁共振波谱技术是利用磁共振现象和化学位移作用进行特定原子核及化合物的定量分析。这种方法可测量细胞内外一系列重要生物物质的水平，已成为在活体状态下研究蛋白质、核酸、多糖等生物大分子及组织、器官的有力工具，是一种能提供组织及病变内生化代谢信息的无创性检测方法。目前，MRS 技术主要研究的是 h-MRS、l3C-MRS、l9F-MRS 和 3，β-MRS3 当前应用于基因表达的定量研究、肿瘤血管生成情况的评价和脑功能的研究，未来可用于区分良恶性脑肿瘤、鉴别肿瘤类型、了解恶性肿瘤的分级和预后，以及观测肿瘤的治疗反应等。

三、超声成像

超声分子成像是通过将目的分子特异性抗体或配体连接到声学造影剂表面构筑靶向声学造影剂，使声学造影剂主动结合到靶区，进行特异性的超声分子成像，标志着超声影像学从非特异性物理显像向特异性靶分子成像的转变，体现出从大体形态学向微观形态学、生物代谢、基因成像等方面发展的重要动向，代表了超声影像技术的发展方向。超声分子探针按构成可分为以下两类：

第一，微泡型对比造影剂，其中包括：①磷脂类造影剂：具有使用安全、稳定、成像效果好的特点易于进行靶向修饰，还可用药物或基因作为载体，但缺点是有效增强显影时间较短；②高分子聚合物类造影剂：其外壳为可生物降解的高分子聚合物及其共聚体，能根据需要设计不同的声学特性改变其降解速度和持续时间。

第二，非微泡型对比造影剂，主要是亚微粒和纳米颗粒，为液态或固态的胶体，大小为 10～1000 nm。大部分的非微泡型对比造影剂由于其本身的声学特性而不能被探测到。

目前超声分子成像不仅用于疾病的诊断，影像技术的进步已使疾病的诊断及治疗成为一体。因此，国内外学者在造影剂表面或内部载人基因或药物，使超声造影剂成为一种安全、便捷的非病毒载体，靶向释放药物和基因，从而达到治疗疾病的目的超声微泡造影剂粒径大小与红细胞相当，能随血液循环到达病变区域；其内的气体在超声下呈现强回声，能更清楚地显示病变区；其携带的基因和药物定向释放，在支持实时监控的同时还能显示病变治疗前后的疗效对比情况。靶向造影剂携带基因和药物，可以定向增加病灶区域的药物浓度，使药效得以提高，并能减少药物全身不良反应；在对于新药的临床研究中，能够验证新型药物的靶标，提高新药质量。微泡造影剂拥有特定的物理特性，如微共振、非线性振荡等，并在超声的触发下破裂释放；其空化效应能使血脑屏障短暂开放，表现出了综合诊断治疗的潜力。微泡的大小将其限定于血管腔内，应用于超声分子影像学中观察炎症、血栓及血管生成时，可明显增强图像对比度。

四、核素成像

核素分子成像利用放射性核素标记的是中级作为分子探针对体内靶标进行成像，主要有两种技术：单光子发射计算机化断层显像（single photon emission computed tomography，SPECT）和正电子发射断层成像（positron emission tomography，PET），常用于追踪小量标记基因药物和进行基因治疗中载体的传送研究，发现易于为核素标记的既定靶目标底物的存在等方面，在目前的分子影像学研究中占据着极其重要的地位。

第四节　核酸的应用

一、核酶

核酶是一种具有核酸内切酶活性的反义 RNA 分子，可特异性地切割靶 RNA 序列，具有解离后重复切割相同靶子的能力。后来又发现人工合成的单链 DNA 分子同样具有酶活性，称为脱氧核酶（deoxyribozyme），脱氧核酶的发现进一步延伸了酶的概念。核酶和脱氧核酶的发现，证明了核酸既是信息分子，又是功能分子，对研究生命的起源，了解核酸新功能，以及重新认识酶的概念等都具有重要的意义，是对"酶是蛋白质"的传统观念的重要挑战。

近年发展起来的一种称为 SELEX 的体外筛选技术，是目前获得核酶的功能多样性的主要途径，也是研究核酶机制和应用的常用方法。由于对核酶的活性三维结构、辅助因子的作用等方面还未深入了解，核酶的改造和构建还没有达到合理设计的高度。

从 DNA 序列库中筛选出的脱氧核酶具有易于合成和成本低等优势。其中最杰出的例子是脱氧核酶 "10-23"，从包含约 10^{14} 个随机 DNA 文库中筛选出的第 10 轮扩增第 23 个克隆，是一个高效、通用的脱氧核酶，一经发现，即将它应用于针对致病基因的试验研究中。

核酶和脱氧核酶与反义药物不同，它们具有催化活性，即一个核酶分子可裂解多个靶 RNA 分子，能够避免反义 RNA 在活性浓度时导致的诸多毒副作用，加之核酶不编码蛋白质而不产生免疫源性，在应用上可能比反义药物具有更大的潜力，因此越来越广泛地应用于基因研究与治疗各领域。近几年也逐渐开始了动物水平的评价，已经有核酶在抗 HIV 和癌症方面获得批准进行临床试验。试验结果表明核酶作为一种基因治疗方法有着广阔的应用前景和极大的临床实用价值。但在实际应用中，核酶尚有许多方面有待进一步深入研究，如它在细胞内的稳定性及裂解效率等。

（一）核酶的分类及催化反应类型和原理

核酶广泛存在于从低等到高等的生物中，它们参与细胞内 RNA 及其前体的加工和成熟过程3 自然界存在的核酶种类繁多，据其催化类型可分为：剪接型（splicing）核酶和剪切型（cleavage）核酶。剪接型核酶又包括：Ⅰ类内含子（group 1 intron）、Ⅱ类内含子（group Ⅱ intron）、剪切型核酶有 4 种：锤头状（hammer head）核酶、肝炎 δ 病毒（hepatitis delta virus，HDV）核酶、发夹状核酶和核糖核酸酶 P（RNase P）。其中，锤头状核酶、肝炎 δ 病毒核酶、发夹状核酶属于自体催化剪切型核酶；核糖核酸酶 P 属于异体催化剪切型核酶。

还有一类就是脱氧核酶，实验室发现单链 DNA 分子同样具有酶活性，这些具有催化功能的 DNA 分子称为脱氧核酶，又称酶性 DNA，在一定条件下可切割 RNA 分子特定位点内部的磷酸二酿键。脱氧核酶的发现进一步延伸了酶的概念。

剪接型核酶通过既剪又接的方式除去内含子，具有核酸内切酶和连接酶的活性，需要鸟苷酸或鸟背及镁离子参与。Ⅰ类内含子的结构特点是：①拼接点序列为 5'CUCUCU3'；②中部有核心结构；③内部有引导序列（IGS）；④剪接通过转酯反应进行。

Ⅱ型内含子由 6 个螺旋组成，分成三个部分：①边界序列 5-'GUGCG……YnAG（Y 代表嘧啶，n 代表任意核苷酸）；②3'茎环结构；③分支点顺序（A 处于未配对状态，有一游离的 2'-0H），剪接不需要鸟苷或鸟苷酸参加，但仍需要镁离子（Mg^{2+}）。Ⅱ类内含子有一个保守的二级结构。

结构域 Ⅰ：两个保守内含子结构序列 EBS1，EBS2 与两个外显子结构序列 IBS1、IBS2 互相配对。

结构域 Ⅴ：高度保守，催化活性必需。

结构域 Ⅵ：A 提供 2'-0H。

剪切型核酶，这类 RNA 进行催化反应时只切不接，这类核酶催化自身或者异体 RNA 的切割，相当于核酸内切酶。这类核酶在 Mg^{2+} 或其他二价金属离子存在下，在特定的位点自我剪切，产生 5'-0H 和 2'，3'-环磷酸二酯末端（转酯化过程：由靠近切割位点 3'端的 2'-0H 或氧原子对切割位点的磷原子实施亲核攻击，产生 5'-0H 和 2'，3'-环磷酸二酯）。

锤头状核酶具有三个双螺旋区，13 个核苷酸残基保守序列，剪切反应在右上方 GUX 序列的 3'端自动发生。锤头型核酶对切割位点的识别位点遵守 NUH 规则（N 代表任意核苷酸，H 代表 A，U 或 C）。催化过程需要二价金属离子参与。

1989 年汉普研究烟草环斑病毒（sTRSV）的负链 RNA 的自我剪切反应，提出发夹结构（hairpin structure）模型。发夹状核酶发现于三种不同植物 RNA 病毒，即烟草环点病毒、菊苣黄色斑点病毒型和筷子芥花叶病毒。三种发夹状核酶分别是这些 RNA 病毒卫星 RNA 的负链，英文缩写分别是 sTRSV、sCYMVT 和 sARMV，均为单链 RNA。

发夹状核酶有金属离子在催化反应中起结构作用，其剪切活性比锤头状核酶高。典型的发夹状核酶由 50 个核苷酸组成。包括四个螺旋区、三个环。剪切反应发生在底物识别序列 GUC 的 5 端。

肝炎病毒核酶是目前唯一的一种在哺乳动物细胞内具有天然核酶活性的动物病毒，来源于肝炎 δ 病毒的反义 RNA 和基因组 RNA，为单股环状负链 RNA 病毒。有三个由碱基配对形成的茎，剪切时需要二价阳离子参与，结果产生 5′-OH 和 2′, 3′-环磷酸二酯末端。

链孢霉线粒体（VS）核酶的形状为球状，由 5 个螺旋结构组成，这些螺旋结构通过两个连接域连接起来，这些连接域对于催化反应很重要。

核糖核酸酶 P 是内切核酸酶，是核糖核蛋白体复合物，能剪切所有 tRNA 前体的 5′端，除去多余的序列，形成 3′-OH 和 5′-磷酸末端-RNase P 由 Ml RNA 和蛋白质亚基组成。例如，大肠杆菌校正酪氨酸 tRNA 前体，其 5′端和 3′端分别含有 41 个和 3 个多余的核苷酸，并且不存在修饰成分，核糖核酸酶 P 可剪切前体 5′端 41nt，形成成熟的 5′端。不同 tRNA 的 5′端没有顺序共同性，剪切的准确性与剪切部位周围的核苷酸顺序无关，表明在 RNase P 的组分内没有引导序列，RNase P 所识别的是底物的高级结构。

(二) 脱氧核酶

脱氧核酶分为：具有水解酶活性的脱氧核酶（以 RNA 为底物的脱氧核酶：包括"10-23" DRz 和 "8-17" DRz；以 DNA 为底物的脱氧核酶：手枪型脱氧核酶）；具有 2V-糖基化酶活性的脱氧核酶；具有连接酶活性的脱氧核酶；具有激酶活性的脱氧核酶。

脱氧核酶催化，裂解位点为嘌呤、嘧啶连接；双链稳定性越高，酶活性越高；结合臂的长度影响酶催化转换性 RNA-DNA 比 RNA-RNA 稳定性差；对 Mg^{2+}，Zn^{2+}，$Ca^{2+}\cdot Mn^{2+}$ 有依赖性；组氨酸，精氨酸促进其催化活性；具有极强的切割特异性（单碱基错配即可大幅降低切割活性）。

(三) 核酶的应用

核酶的化学本质是 RNA；其底物是 RNA、肽键、α-葡聚糖分支酶；反应具有特异性（专—性），依据碱基配对；催化效率低。pH 7.0～7.5 时核酶活性最高，二价金属阳离子（如 $Mg^{2+}\cdot Mn^{2+}$）对其活性有影响，抗生素对其活性也有影响，大多数为抑制效应，变形剂也影响酶的活性，核酶的活性在 65℃ 范围内随温度升高而增加，37℃ 时均有适宜的活性。

在基础研究领域中，应用体内选择技术已经找到了一些催化基本生化反应（如 RNA 剪切、连接、合成以及肽键合成等）的核酶，这些结果支持了在蛋白质产生以前核酶可能参与催化最初的新陈代谢的设想。

1. 核酶抗病毒的研究

HIV 是一种反转录病毒，是核酶应用研究的理想靶标。通过设计核酶或"10-23"脱氧核酶两端的互补序列，几乎所有 HIV-1 的功能片段都能用核酶切割，包括编码区的基因片段和非编码区的信号序列，如它的壳蛋白基因，5′和 3′长末端重复区，以及参与 HIV-1 感染的人 CCR5mRNA，翻译起始区的多个 mRNA 分子。目前，已有多项应用核酶技术的 HIV 基因治疗方案获准进入 I 期临床试验，并取得了阶段性的成果。1998 年，美国加利福尼亚大学利用发夹状核酶抑制 HIV-1 基因表达，并率先进入 I 期临床试验。

对肝炎病毒的有效抑制具有极其重要的意义。在所有亚型的 HBV 基因序列中，X 蛋白最为保守，且具有很强的反式激活作用，与 HBV 复制生活周期相关，同时也是诱发肝癌的主要原因之一。目前人们已进行了核酶抗甲型肝炎病毒（HAV）、乙型肝炎病毒（HBV）、丙型肝炎病毒（HCV）以及 HDV 作用的研究。人工设计核酶多为锤头状结构，少部分是采用发夹状核酶。

2. 抗肿瘤治疗

核酶用于肿瘤治疗的主要机制是裂解癌基因，它能在特定位点准确有效地识别和切割肿瘤细胞的 mRNA，抑制肿瘤基因的表达，达到治疗肿瘤的目的。在 95% 以上的慢性髓性白血病患者和 20%～30% 的急性淋巴细胞白血病成年患者体内均能检测到肿瘤基因、针对这一基因的最常见的 3 种变异体而设计的"10-23"脱氧核酶在细胞内外都能专一性地抑制蛋白的表达和细胞生长。

在农业等其他领域，核酶可以用于防治动、植物病毒侵害：马铃薯纺锤形块茎类病毒负链的多价核酶构建，马铃薯卷叶病毒复制酶基因负链的突变核酶的克隆等。

二、分子信标

要提到荧光探针或者荧光引物，有一个基础概念需要首先明确，那就是荧光共振能量转移（fluorescence resonance energy transfer，FRET）：一对合适的荧光物质可以构成一个能量供体（donor）和能量受体（acceptor）对，其中供体的发射光谱与受体的吸收光谱重叠，当它们在空间上相互接近到一定距离（1～10 nm）时，激发供体而产生的荧光能量正好被附近的受体吸收，使得供体发射的荧光强度衰减，受体荧光分子的荧光强度增强。能量传递的效率和供体的发射光谱与受体的吸收光谱的重叠程度、供体与受体的跃迁偶极的相对取向、供体与受体之间的距离等有关。

基于荧光能量转移原理设计的荧光分子探针由于测量方便并且易于活体检测而成为研

究中的重中之重，现有的基于荧光能量转移的分子探针可分为以下三种类型：①TaqMan探针；②相邻探针；③分子信标。分子信标是这三种探针中设计最为巧妙的探针，是基于两点设计的探针：寡核苷酸与互补序列杂交的高特异性和荧光的发射和猝灭。分子信标是个呈发夹结构的短链DNA，其环状部分是一个长度在30个碱基左右的和目标分子互补的核酸序列，发夹的两臂是序列互补的5~7个碱基对并在5′和3′端分别连有荧光基团（如四甲基罗丹明，荧光素等）和荧光猝灭基团［如4-（4′-二甲基氨基偶氮苯基）苯甲酸，DABCYL］。分子信标在与目标分子作用之前，荧光基团与荧光猝灭基团互相靠在一起，分子信标不发荧光。当分子信标遇到目标分子时，环状部分会进行自动识别并与之杂交发生构象变化，由于环状部分长于臂状部分而迫使臂状结构分开恢复荧光，这一过程伴随着DNA的双螺旋结构从臂状部分转移到环状部分分子信标的特殊发夹结构使之具有高度的杂交特异性，能检测单碱基突变，这也是上述两种探针所不具备的特性。

（一）分子信标的基本原理和特性

分子信标是一个设计非常巧妙的分子水平上的荧光传感装置，它通过核酸的特异性杂交完成分子别，并通过分子内荧光能量转移实现响应信号的表达。分子信标大体上可以分为三部分：①环状区：一般由15~30个核苷酸组成，可以与靶分子特异结合；②茎杆区：一般由5~8个碱基对组成，在分子信标与靶分子结合过程中可发生可逆性解离；③荧光基团和猝灭基团：荧光基团一般连接在5′端，猝灭基团一般连接在3′端。

分子信标的高选择性来自它的发夹结构，臂状的杂交物扮演了环状杂交物的平衡物的角色，这样，只有完全互补的单链DNA才能引起分子信标的发夹结构完全打开，单碱基不匹配的DNA随其在环状结构中的位置不同，对分子信标的部分打开有不同程度的影响，而随机序列的单链DNA则不能将分子信标的发夹结构打开。分子信标的这种特异性使它可以检测到目标DNA链中单碱基不匹配的差别、分子信标的响应信号的表达是通过两种荧光能量转移实现的，即直接能量转移和荧光共振能量转移。直接能量转移需要分子信标内部的两个基团互相接触，荧光共振能量转移的效率与给体和受体的距离的次方成反比；因此，分子信标内荧光基团和熄灭基团在空间上的距离，决定了能量转移的效率，也决定了该探针的荧光信号增强程度。这一特性使得分子信标具有较高的信噪比，如在优化的杂交条件下，当分子信标遇到目标DNA时，其荧光强度可增强200倍。由于这种超高的灵敏度，分子信标不但可在单分子的水平上监测核酸的动力学杂交过程，而且可在无须分离多余的未杂交探针的情况下使用，如测定活体细胞中的mRNA。

（二）分子信标的设计和合成

分子信标的合成与在短链核苷酸上进行双标修饰相似，由于DABCYL可作为多种荧光团的熄灭剂，因此MB通常都是以可控多孔玻璃（CPG）-DABCYL作为开始材料。不同发射波长的荧光基团能被共价键合在 DNA 分子的 5′端，通常都有一个 C6 链连接碱基和荧光分子。在合成 MB 中有四个重要的步骤：①一个多孔玻璃固态支持体用 DABCYL 衍生后在 3′端用以合成，余下的核苷酸通过标准的核苷酸合成法合成；②用三苯甲基将己胺上的氨基保护，然后通过磷酸之间的聚合反应连接在分子信标的碱基序列上；③核苷酸水解后从多孔玻璃中除去并用反相 HPLC 纯化；④将核苷酸上的三苯甲基除去并连上荧光基团，多余的染料通过柱层析除去。低聚核苷酸再用反相 HPLC 纯化并收集。合成的分子信标用 UV、质谱以及凝胶色谱用于表征。MB 在合成以后的纯化非常重要，以保证高的信噪比并获得更高的灵敏度。

分子信标可根据目标物进行设计，主要需考虑柄状序列和环状序列如何排布的问题。研究表明，分子信标的柄状序列为 5.7 个碱基，环状序列为 15 ~ 25 个碱基时可以获得更高的信噪比。柄状序列中 G 和 C 的含量不能太高，否则会使分子信标的柄状结构非常稳定，影响和目标 DNA 杂交后引起的荧光增强程度。并且，由于 G 对荧光基团有比较强的熄灭作用，所以 5′端的第一个碱基最好不要选择 G。分子信标的环状序列主要是针对目标物来设计的，由于被测对象 DNA 或 RNA 是大分子，存在扭曲等现象，因此要选择被测对象外围的碱基序列，也就是说，要选择分子信标容易接近的那一段序列。目前，已经针对肌动蛋白、HIV 病毒和烟草病毒的遗传物、抑瘤基因 1NG1 等设计了相应的分子信标。分子信标 DNA 探针可以通过上述方法自己合成，也可以通过向一些生物技术公司订购，如国内的上海生物技术有限公司、上海博亚生物技术有限公司，美国的 TriLink Bio Technologies（San Diego，CA）等公司，他们合成的分子信标质量都比较可靠。

（三）分子信标的应用

1. 分子信标在基因分析中的应用

分子信标最经典的应用是对 PCR 扩增产物进行实时定量分析。分子信标的设计者 Tyagi 和 Kramer 在最初的研究中就展示了分子信标在这方面的应用 3 他们针对单碱基差异的 4 个检测序列对象分别设计了 4 个分子信标，然后在每个检测对象的 PCR 体系中都加入这 4 个分子信标，在 PCR 过程中同步检测每一个分子信标的荧光信号。实验结果表明，分子信标能高特异性地识别每一个扩增产物，这是其他 PCR 实时定量分析技术难以实现的，同时分子信标高的灵敏度为 PCR 实时定量分析提供了更为精确的定量结果。有研究者建立了基因光谱分型检测技术，对决定人类对 HIV-1 敏感性的 HIV 辅助受体 CCR5 等位基因的突变进行了检测，对 HIV 的预防和研究具有重要流行病学意义，分别对亚甲四氢叶酸还原酶（MTHFR）的基因变异进行了研究，结果表明亚甲四氢叶酸还原酶的某些基因变异与许多心血管疾病以及神经管缺陷疾病的发病有关。其他研究还包括研究甘氨酸三甲内盐 2 同型半胱氨酸甲基转移酶的变异而引起的高同型半胱氨酸症、线粒体 DNA 变异引起的一些线粒体疾病、恶性疟原虫中 S108N 点的变异等方面，从而使分子信标在疾病诊断和医学研究等方面具有广泛的应用。

2. 分子信标在活细胞成像中的应用

在现代分子生物学以及近来的反义核酸研究中，实时监测活细胞中的反义寡核酸链与其 mRNA 靶链之间的杂交一直是研究中的难点之一。分子信标技术的应用可望解决这一难题，通过设计和合成与待测目标 mRNA 序列互补的分子信标及对照分子信标，然后用微注射法注入活体细胞，或利用包裹了分子信标的脂质体使之摄入细胞，然后用激光共聚焦显微镜或荧光显微镜观察。Matsuo 等利用脂质体的传输在活细胞中引入分子信标，检测到了人体膈组织细胞中成纤维细胞生长因子 RNA。有研究者利用微注射方法检测到了人类白血病细胞 K562 中的 RNA 与分子信标的杂交；也可利用分子信标对单个活细胞中的 RNA 进行检测，并利用 ICCD 成像系统得到了一系列反映分子信标与 RNA 结合的荧光图像。

由于分子信标是一段核酸片段，容易被细胞内的核酸酶降解产生假阳性等缺陷，科学家也对传统分子信标进行了改进。将分子信标中每个核苷酸在核糖上的 H^+ 用氧化甲基基团取代，使得分子信标能够耐受核酸酶的降解；设计骨架上含有 2-甲基核糖核苷的分子信标并且 5′端连接 tRNA 等，Emory 医学院针对 k-ras 基因和 survine 基因，利用双分子信标发生荧光能量转移消除干扰的方式，实现了在活细胞水平上对 mRNA 的测定，他们还将生物素标记到分子信标上，通过键合亲和素，可以阻止探针进入细胞核内，进而实现了对活细胞内 mRNA 的成像。以上研究结果表明，利用分子信标可以有效地实时检测活细胞中的 RNA 及研究 RNA/DNA 的杂交过程。

3. 分子信标在基因芯片和生物传感器中的应用

分子信标背景低、灵敏度高、无需洗脱位未杂交探针的特性可以在微型探针、基因芯片上得到很好的应用。利用共价键合和亲和素，生物素法可将分子信标固定在固相载体的表面，构成 DNA 传感器及 DNA 传感器阵列。例如，研究者将分子信标固定在二氧化硅微球上，这些微球随机分布在 500 直径的光纤束上，运用光学编码系统和荧光显微成像系统监视微球上分子信标的荧光响应，辨认不同的目标 DNA。也可将分子信标固定在玻片表面、琼脂糖膜表面等，研制 DNA 传感器，区别目标 DNA 和错配 DNA。由于分子信标本身具有荧光背景低、信噪比高、灵敏和检测过程快捷等优点，再加上固定化技术的不断进步，将在大规模基因芯片研究中得到广泛应用。

4. 分子信标用于 DNA 与蛋白质的相互作用研究

蛋白质和核酸是组成生命的主要生物大分子，两者的相互作用构成了诸如生长、繁殖、运动、遗传和代谢等生命现象的基础。因此，研究它们间的相互作用是人们解开生命奥秘的关键所在，在学术及应用上都具有极其重要的意义。探讨蛋白质和核酸相互作用涉及众多学科的技术与方法，是多学科的前沿交叉领域。分子信标可用于单链 DNA 结合蛋白的研究、核酸酶的研究、核酸片段检测系统的构件等。这些研究发挥了分子信标技术简单、灵敏等特点，又实现了对体系的实时监测，甚至可以用于活体细胞的动态研究。

三、基因诊断

基因诊断常用的方法有核酸分子杂交技术、PCR 技术、基因测序、基因芯片等。核酸分子杂交技术是基因诊断的最基本方法之一，其原理即互补的 DNA 单恋能够在一定的条件下结合成双链、基因探针就是一段与目的基因互补的特异核苷酸序列，其中包括人工合成的寡核苷酸探针。为了确定探针是否与相应目的的基因杂交，必须对探针进行标记，以便在结合部位获得可识别信号，通常采用放射性同位素^{32}P 进行标记，另外还有生物素、地高辛、荧光素等作为标记方法，但都不及同位素敏感，优点使保存时间长，并且避免了污染。核酸分子杂交的缺点是点突变的检测不够灵敏。DNA 碱基序列分析是最确切、最直接的基因诊断方法，一般采用化学合成的管核苷酸序列作为测序引物，高通量测序仪的使用是使 DNA 测序变得很方便。

四、反义核酸

反义核酸（antisense nucleic acid）是指与靶 RNA（多为 mRNA）具有互补序列的核酸分子，通过与靶 RNA 进行碱基配对结合的方式，参与基因的表达调控。反义核酸序列通过特异性地针对某些基因，是特定基因的表达受到抑制或者彻底封闭其表达，这一技术被称为反义核酸技术。反义基因治疗就是应用反义核酸在转录和翻译水平阻断某些异常肿瘤相关基因的表达，以期阻断细胞内异常信号的传导，使瘤细胞进入正常分化轨道或引起细胞凋亡。

目前，反义核酸主要有三种来源：一是自然存在的天然反义核酸分子，但是目前很难对其进行分离纯化；二是人工构建反义 RNA 表达载体，包括单个和多个基因的联合反义表达载体。利用 DNA 重组技术，在适宜的启动子和终止子间反向插入一段靶 DNA 于载体中，基因表达时便可产生反义 RNA；三是人工合成反义寡核苷酸，其优点是随意设计合成序列，是目前反义核酸的最主要来源，为了增加其稳定性，需要对合成的核酸序列进行硫代磷酸酯化、磷酸二酯化或者甲基化等方式的修饰。

根据目前的研究内容，反义技术就是根据碱基互补原理，利用人工或生物合成特异互补的 DNA 或 RNA 片段抑制或封闭基因表达的技术。根据作用方式不同可将反义核酸技术分为 3 类：①反义 RNA 是指能和靶 mRNA 互补的一段小分子 RNA 或寡聚核苷酸片段；②反义 DNA 是指能与基因 DNA 双链中的有义链互补结合的短小 DNA 分子；③核酶是指具有催化功能的核酸分子，包括催化性 RNA 和人工合成的催化性 DNA 两大类。

反义核酸主要是通过影响基因 DNA 的转录和 mRNA 的翻译而发挥作用，其作用机制主要有：①抑制转录，反义核酸与基因 DNA 双螺旋的调控区特异结合形成 DNA 三聚体或与 DNA 编码 K 结合，终止正在转录的 mRNA 链延长；②抑制翻译，反义核酸一方面通过与靶 mRNA 结合形成空间位阻效应，阻止核糖体与 mRNA 结合，另一方面其与 mRNA 结合后激活内源性 Rnase 降解 mRNA；③抑制转录后 mRNA 的加工修饰，并阻止成熟 mRNA 由细胞核向细胞质内运输。

具有与靶 RNA 互补的寡核苷酸序列（DNA，14～18），一旦进入半细胞，与 RNA 互补杂交而阻断疾病相关蛋白的表达。抑制 mRNA 的加工和翻译，如抑制 RNA 的传输、剪接、和翻译等。

反义核酸作为基因治疗药物之一，与传统药物相比有许多优点：①高度特异性：反义核酸药物是通过特意的碱基互补配对作用于靶 RNA 或 DNA；②高生物活性、丰富的信息量：反义核酸是一种携带特定遗传信息的信息体，碱基排列顺序可千变万化；③高效性：直接阻止疾病基因的转录和翻译；④最优化的药物设计：反义核酸技术从本质上是应用基因的天然顺序信息，实际上是最合理的药物设计。

近年来反义核酸相关研究快速发展，基因药物和基因治疗前景越来越明确，已经有翻译核酸药物被美国 FBA 批准上市。目前大规模合成技术开发较好的有美国 Hybridon 和 I-SIS 公司，可进行千克级生产，成本约 250 美元/克。动物体内评价的反义核酸药物还有多种，以抗肿瘤为主，这些结果成为反义药物开发的基础。

五、RNA 干扰

1998 年，菲尔和梅洛通过一系列设计精巧的实验，证明双链 RNA 是引起上述基因沉默现象的根源。他们认为，以往观察到的外源导入的正义 RNA 引起内源 RNA 降解的现象是因为制备单链正义 RNA 的过程中混入了双链 RNA 而造成的，证明外源导入的单链正义 RNA 只有在反义 RNA 存在的条件下才能引起 RNA 降解。Fire 和 Mello 的这一发现发表在 1998 年 2 月 19 日的 Atowre 杂志上。在这篇文章中，Fire 和 Mello 首次将这种双链 RNA 引起的基因沉默现象称为 RNA 干扰。RNA 干扰现象的发现不仅解释了许多在转基因试验中出乎意料甚至自相矛盾的结果，而且首次揭示了一种由 RNA 介导的全新的基因表达调控机制。更为重要的足，RNA 干扰技术的发现其普遍应用引起了生命科学研究和基因治疗等领域的一系列变革，极大地推动了上述两个领域的发展。

siRNA（small interferencing RNA）是天然结构式一段 20～25 个核苷酸 RNA 双链。化学结构决定了其直接应用的局限性。例如，核酸带有负电荷磷酸骨架，不利于床头双层磷脂的细胞膜，广泛分布的 RNase 使得其在进入靶细胞之前有很大被降解的风险；不同的 siRNA 结构的相似性决定了其对于不同的器官，细胞没有选择性。于是从成药的目的出发，天然的 siRNA 具有以下缺点：稳定性差，脱靶效应，可能引起细胞毒性的免疫反应，定向给药困难等。

为了解决这行问题，化学生物学研究者希望通过化学修饰的方法，适当地改进 siRNA

的结构特性，以满足成药的要求。普通的由 DNA 转录得到 RNA 的技术所能得到的 RNA 结构和所获得的量均有限，所以通过化学合成的方法得到非天然 siRNA，并对其性质进行研究成为目前研究的热点。没有保护的 RNA 在细胞内极易降解，虽然 siRNA 的双链结构为其提供了一定的保护，但并不能满足体内的应用，在改善 siRNA 核酶稳定性中，化学修饰以一个重要手段。一般有糖环修饰、碱基修饰、磷酸酯骨架修饰、双链结构功能性修饰。

六、microRNA

microRNAs（简称 miRNA）是一类进化上高度保守的小分子非编码 RNA，在细胞内具有多种重要的调节作用。第一个 microRNA 于 1993 年被发现。2000 年之后，关于 miRNA 的研究取得了很大进展，目前已公布的成熟 microRNA 约 1700 个，还有大量预测的 microRNA 基因需要通过实验验证，这些 miRNA 调控至少 30% 以上的基因表达，参与多种生理病理过程。最近的研究中表明，人类肿瘤中的 miRNA 的失调与癌症的发病（包括发展和转移的作用）有重要的关系。

microRNA 基因是以单个基因或基因簇的形式离散地分布于基因组上，它们中大多数位于基因间隔区，但也有相当数量的 microRNA 位于转录单元内含子或外显子上。大多数 microRNA 基因在 RNA 聚合酶 Ⅱ 的作用下合成初始 microRNA 转录物（pri-miRNA），很少一部分则由 RNA 聚合酶 1H 转录。pri-miRNA 具有一段并不完全互补的双链 RNA 区域，和一个大的发夹结构。在动物体内，pri-miRNA 转化为成熟的 microRNA 经历了 2 次连续的剪切。在细胞核内 pri-miRNA 经 Drosha 酶（一种 RNase Ⅲ 酶）剪切，形成约 70nt 的茎环结构，即 pre-miRNA 随后，pre-miRNA 由转运蛋白 Exportin-5（Exp-5）运输至细胞质中，在 Dicer 酶的作用下剪切产生一个长为 21 ~ 24 的 microRNA 单链结构，形成成熟 microRNA；成熟 microRNA 随即结合到 RNA 诱导的沉默复合体中，介导转录后基因表达沉默，抑制基因表达，合成过程如下：

DNA→priRNA→preRNA（经过 Drosha 酶剪切）→miRNA（经过 Dicer 酶切割）microRNA 的特点是：

第一，广泛存在于真核生物中，是一组不编码蛋白质的短序列 RNA，它本身不具有开放阅读框架（ORF）。

第二，通常的长度为 20 ~ 24 nt，但在 3′ 端可以有 1 ~ 2 个碱基的长度变化。

第三，成熟的 miRNA 5′ 端有一磷酸基团，3′ 端为羟基，这一特点使它与大多数寡核苷酸和功能 RNA 的降解片段区别开来。

第四，多数 miRNA 还具有高度保守性、时序性和组织特异性。

（一）作用于 miRNA 的小分子研究

长期以来，人们认为 RNA 只是起到传递遗传信息的媒介作用，在转录过程中从 DNA

获得遗传信息，再翻译成蛋白质，以往所谓的基因调控也是指对转录或酣泽过程的调控。nuRNA 在基因表达调控过程中发挥极其重要的作用，miRNA 序列、结构、表达量和表达方式的多样性，及其对靶 mRNA 作用强度的不同（降解或封闭），使其可能作为 mRNA 强有力的调节因子。另外，由于 miRNA 的作用发生于翻译之前，对其进行调节比从蛋白水平进行调节更节约能量，且相对于转录调节，miRNA 的效果更快而且可逆，对于一些只需微量蛋白改变而调节细胞功能的过程，可以通过 miRNA 来达到，并产生强大的效能。

miRNA 主要通过与其鞘基因 mRNA 的 3′-UTR 端互补结合降解 mRNA 或是抑制 mRNA 的翻译从而阻遏基因的表达。miRNA 与靶 mRNA 作用的典型方式主要有两种：在大多数情况下（如在动物中），复合物中的单链 miRNA 与靶 mRNA 的 3UTR 不完全互补配对，阻断该基因的翻译过程，从而调节基因表达。另一种作用方式是，当 miRNA 与 mRNA 完全互补配对时，引起目的 mRNA 在互补区的特异性断裂，从而导致基因沉默，这种作用方式与 s1RNA 类似。miRNA 以何种方式与目的基因作用和 miRNA 与目的基因的配对程度有关。miRNA 与目的基因配对不完全时，miRNA 就以抑制目的基因的表达方式作用；miR-NA 与目的基因某段序列配对完全时，就可能引起目的基因在互补区断裂而导致基因沉默。

基于以上特点，探索基于内源性 miRNA 作用原理的新技术平台，并进行分子药物设计应用于疾病的基因诊断和治疗是本领域的研究方向，其意义巨大并有广泛的应用前景。基于 miRNA 的分子药物设计尚处于初级阶段，研究主要集中于模拟 miRNA，增强其对靶基因的作用效能，或以 miRNA 为记点设计小分子物质拮抗 miRNA 的作用。

当前，越来越多的 miRNA 作为人类疾病的生物标志物、决定因素和治疗靶点被发现，但其靶基因的寻找以及所发挥的功能仍是制约该领域发展的瓶颈之一。此外，发展具有更长体内半衰期和更高效能的改良拟 miRNA 分子和反义分子，都是将基础研究进展应用于临床迈出的重要一步。今后开展基于 miRNA 的转基因和基因敲除在体实验，将为该类药物研发的安全性与有效性提供更多有价值的信息。

（二）microRNA 与癌症

1. miRNA 作为抑癌基因

miRNA-15/miRNA-16 与慢性淋巴性白血病：miRNA-15 和 miRNA-16 定位于染色体 13ql4 区段，该区段的局部丢失与慢性淋巴性白血病（CLL 相关），在检测的 CLL 病患中，有近 68% 的这两种 miRNA 完全缺失或表达下调。另外，在前列腺癌（60%）、外套淋巴细胞瘤（50%）和多发性骨髓瘤（16%~40%）等肿瘤中也常有该区段的缺失，Bcl-2 蛋白是一种通过作用于线粒体来抑制细胞凋亡的蛋白，对于癌细胞的存活起着非常重要的作用。Cimmino 等证实 miRNA-15 和 miRNA-16 的表达水平均与 BCL-2 蛋白的表达水平负相关，并且二者都在转录后水平通过靶向作用负调节 BCL-2，其对 BCL-2 的抑制诱导了白血病细胞的凋亡。因此，miRNA-15、miRNA-16 是 BCL-2 的天然的反式作用因子，对 BCL-2

过表达的肿瘤具有潜在的治疗作用。

let-7 家族是首批发现的 miRNA 之一，早期的研究表明，其功能的缺失将阻碍线虫从幼虫晚期向成虫的转化 let-7 对于诱导细胞周期的退出和终末分化是非常必要的。如果这 miRNA 缺失，将导致细胞不能退出细胞周期，不能分化，这种现象在癌症中很常见。

2. miRNA 作为癌基因

myc 是一个通过调控细胞增殖和死亡，从而调控细胞生长的转录因子。myc 经常在人类癌症中突变或放大。miRNA-155 与 myc 的过表达与 B 细胞淋巴瘤有关，这表明它可能在这一肿瘤基因的调控过程中起着重要的作用。

miRNA-155 最初是作为转录物由 B1C 的 241-264 核苷酸编码，从 ALV 的（禽白血病病毒）的整合位点中分离出来的，并发现在 B 细胞淋巴瘤中过表达。Metzler 等分析了 BIC 中系统发生的保守区域，发现高同源性位于基因的一个 138 核苷酸的区段，该区段编码了 miRNA-155 的 pri-miRNA 随后实验表明，miRNA-155 的表达在小儿伯基特淋巴瘤、何杰金氏淋巴瘤和 B 细胞淋巴瘤的特定亚型中的表达上调了 100 倍 3 然而，miRNA-155 的作用不仅仅限于 B 细胞淋巴瘤，最近的研究报道了 miRNA-155 在乳腺癌、肺癌、结肠癌和甲状腺癌中均有上调。Costinean 等的实验显示，在 EM 操纵子的控制下，鼠 miRNA-155 的过表达使 B 细胞恶性肿瘤迅速发展，表明在没有其他主要基因变化的情况下，miRNA-155 具有诱导淋巴瘤生成的能力，是一个癌基因。

与 myc 的相互作用并不是 miRNA-155 所独有的。最近的研究描述了 myc、癌症和 13q3l 位点之间的相互关系。MiR-17-92 簇由 7 种 miRNA（miR-17-5p、miR-17-3p、miR-18a、miR-19a、MiR-20a、miR-19b-l 和 miR-92-l）组成，位于 13q31.3 的 C13orf25 的内含子。其扩增和过表达可以作为淋巴瘤和肺癌有关的功能相关指示器 He 等比较了正常组织和 B 细胞淋巴瘤样本，发现从 MiR-17-92 位点衍生出来的前体和成熟 miRNA，在癌细胞中大量增加，miRNA 作为癌基因调节肿瘤的形成。在随后的试验中发现 miR-17-19b-l 在携带 myc 转基因鼠的造血干细胞的逆转录病毒系统中过表达。受到致命性辐射的动物，分别接受 miR-17-19b-l 和 myc 均表达的造血干细胞和只表达 myc 的造血干细胞，发现前者的恶性淋巴瘤的发展要快于后者，并且，前者具有促进细胞增殖、抑制细胞凋亡的能力。

通过生物信息学的预测发现，MiR-17-92 簇中的 miR-17-5p 和 miR-20a 成员，以转录因子 E2F1 为靶目标。E2FI 是通过调节与 DNA 复制、细胞分裂和凋亡相关的基因来调节细胞周期从 GI 期向 s 期的转变。

在所分析的实体瘤（乳腺、结肠、肺、前列腺、胃和内分泌腺、恶性胶质瘤、子宫平滑肌瘤）中唯一均表达的 miRNA 是 miRNA-21 miRNA-21 位于染色体 17q23.2 k 的空泡膜蛋白基因的 3′UTR 区，该区域经常发现在神经细胞瘤、乳腺癌、结肠癌和肺癌中表达增强在恶性胶质瘤细胞中，miRNA-21 的敲除导致了半胱天冬酶介导的编程性细胞死亡。更进一步支持了这一 miRNA 作为癌基因的作用的观点 – 与正常的乳腺组织相比，miRNA-21 在乳腺癌组织中高水平表达。anti-miRNA-21 介导的细胞生长的抑制与细胞凋亡的增加和细胞增殖的降低有关。结果表明，miRNA-21 作为癌基因通过对 Bcl2 的调节来调控肿瘤的发生，并且 nf 以作为治疗的靶位点。

3. miRNA 与肿瘤的早期诊断

miR-15a 和 miR-16-l 消极调节其靶基因一致癌基因 BCL2，BCL2 在人类多种癌症包括白血病和淋巴瘤中过度表达。因此，我们可以认为 miR-15a 和 miR-16-l 的缺失或下调导致 BCL2 表达增加，促进白血病和淋巴瘤的发生。在 Burkitt 淋巴瘤中，miR-155 的表达量上调，在肺癌细胞系中 miR-26a 和 miR-99a 的表达量下调。miR-21 在恶性胶质瘤和乳腺癌中的表达是上调的。Chan 等报道，miR-21 在恶性胶质瘤中表达水平比正常组织高 5—100 倍，在恶性胶质瘤中对 miR-21 的反义研究发现，这种 miRNA 通过抑制凋亡而不影响细胞增生来控制细胞生长，提示 miR-21 有致癌作用，人肿瘤中表达异常的 miRNA 有许多：miR-55/BIC 基因在 Burkitt 淋巴瘤中表达上调，而 miR-15a、miR-143、let-7、miR-21 基因在 B 细胞慢性淋白血病中表达呈下调趋势。

以上证据均提示，肿瘤的发生、发展与 miRNAs 表达水平之间存在着特定的关系。miRNA 调控靶基因的表达，通过正常细胞和肿瘤细胞中的某些 miRNA 水平的差异显示，为肿瘤的组织诊断、分型及治疗提供了依据。因此，针对各种肿瘤制定 miRNA 表达谱的基因库可能对于肿瘤的诊断治疗有重要意义。实验证明，在多种恶性肿瘤组织中 miRNA 的表达高低不同，且与其在相应正常组织中的表达存在显著差异，但同一组织来源或同一分化状态的肿瘤有类似的 miRNA 表达谱。miRNA 表达谱分析不仅可反映肿瘤的组织来源，而且还可反映肿瘤的分化状态，尤其是低分化型肿瘤。Bottoni 等通过微点阵和反转录聚合酶链式反应方法分析垂体瘤和正常垂体样本中的 miRNA 组（miRNAome），指出 miRNA 表达能够区分微腺瘤与大腺瘤、处理过的患者样本与未处理样本。Lee 等通过原位反转录聚合酶链式反应的应用，在胰腺癌细胞中发现表达异常的 miR-221、miR-301 和 miR-376a，而在基质、正常的腺泡或腺管中却未能发现。miRNA 的异常表达为胰腺肿瘤的研究提供了新的线索，同时也可能会给胰腺癌的诊断提供生物标记。

研究人员在血浆和血清等血液成分中发现了 miRNA 分子，表明由肿瘤细胞产生的 miRNA 分子可能由于胞吐作用进入血液循环中，从而又为肿瘤的早期诊断提供了良好的检测媒介，此外，miRNA 研究的相关技术日益完善，如基因芯片、反转录聚合酶链式反应和 northern 印迹杂交等方法，检测 miRNA 的表达水平将能与临床相结合，为肿瘤的基因诊断打下坚实的基础。根据 miRNA 在不同的肿瘤细胞中特定的表达水平和模式，人们可以将人乳腺癌、肺癌、结（直）肠癌、颅脑肿瘤、甲状腺癌和淋巴瘤等组织中的 miRNA 表达谱与其正常组织表达谱进行对比分析，对不同肿瘤特定的 miRNA 水平进行鉴定，通过其表达水平的上调或下调来获得肿瘤的发生信息，从而有助于肿瘤的早期诊断和治疗。

4. miRNA 与肿瘤细胞的转移

研究表明，miR-21 通过对靶基因的调控，参与了肿瘤细胞的侵袭、血管浸润和转移。结、直肠癌患者 miR-21 高表达，与肿瘤的远处转移相关；乳腺癌的肿瘤分期随 miR-21 的升高而进展，并有可能转移到肝脏组织。miRNA 被癌细胞释放进入血液循环中，而癌细胞的转移是通过血液途径和淋巴途径进行的，说明 miRNA 有可能对癌细胞的转移有特定的作用。研究者在血浆和血清等血液成分中发现的 miRNA，可以在室温放置 24h 之后反复冻融 8 次而保持稳定，并且这种分子独立于细胞之外，也不能被血液中降解其他 RNA 分子的酶降解，表明由肿瘤细胞产生的 miRNA 分子进入血液循环中，可能对肿瘤细胞的转移和正常细胞（组织）的调控具有一定的作用。

七、DNA 模板有机反应

DNA 是近 20 多年来发现的高效指导化学反应的模板生物分子。在无 DNA 聚合酶时，DNA 单链可以作为模板促进断裂的互补链 DNA 进行连接反应，但这种反应的产率很低。后来发现骨架被修饰的寡核苷酸在互补单链 DNA 的促进下，町以发生高效的连接反应，从而整合到 DNA 链中，这就出现了真正意义上的以 DNA 为模板的有机合成。

结构和功能的研究表明，核酸的催化活性是以酶的方式发挥作用的，与酶具有相似的方式。核酸可通过碱基互补配对原则（A 与 T，C 与 G 互补配对）使反应物之间产生邻位效应，导致稳定过渡态，促进化学反应。与酶相比，核酸作为模板，价廉易得，反应更具通用性。DNA 模板可以促进合成一些用传统化学方法难以实现的反应，同时合成的物质中带有一段 DNA 序列，这为通过高通量筛选得到具有特定功能分子提供了有利条件。最近有文献报道核酸促进化学的新方法，DNA 链是通过把反应分子置于彼此邻近的位置从而加速化学反应，而不是通过反应基团精确的空间排列。

目前已报道的 DNA 模板指导的有机合成反应包括：还原胺化反应、亲核取代反应、α，β-不饱和羰基化合物的 1，4-加成反应、酰胺键的形成反应、亨利反应、光化学连接反应、维悌希烯化反应、1，3-偶极环加成反应、赫克偶联反应及多步小分子的合成反应等。

化合物组合库的建立已被实是发现具有特定功能的小分子化合物的一个有效手段，但在一个有大量的结构各异的小分子体系中，如何识别和确定具有特定功能小分子的结构确是一个极大的困难。DNA 指导的化合物组合库的合成却能很好地解决这一问题。DNA 模板能在一个溶液体系中，同时指导几种不同类型的合成反应，即使反应试剂可能会发生交叉反应。

第五节 Bcl-2 抑制剂类抗癌前药

细胞凋亡是一种有序的或程序性的细胞死亡方式，是受基因调控的细胞主动性死亡过程，是细胞核受某些特定信号刺激后进行的正常生理应答反应，然后凋亡的细胞将被吞噬细胞吞噬。经研究发现，不管是单细胞生物还是多细胞生物，细胞凋亡称为细胞程序性死亡（programmed cell death，PCD）是因为细胞死亡往往受到细胞内的某种遗传机制决定的"死亡程序"控制的。也会因为它的失调，机体也会失去稳定性，引发人类疾病如肿瘤、免疫系统等疾病。由于它保证多细胞生物的健康生存过程中的重要性，引起了人们对其途径的广泛深入的研究，成为目前生命科学研究的热点之一。

细胞凋亡的途径复杂，在不同环境、不同细胞或不同刺激的情况下，细胞凋亡的途径是不同的，而且细胞凋亡的信号途径具有多样性，这使得凋亡的发生及调控机制非常复杂。根据凋亡信号的来源可以将细胞凋亡信号转导通路分为两条：外源通路（死亡受体通路）和内源通路（线粒体通路）。外源通路是指死亡配体如 TNF、FasL 和 TRAIL 与相关受体结合后能激活细胞内源。从而有道细胞凋亡内源通路主要是指细胞凋亡的线粒体通路。

一、Bcl-2 蛋白家族

自从 1972 年 Kerr 提出细胞凋亡的概念至今，人们对细胞凋亡现象进行了广泛、深入的研究。细胞色素 c 释放是线粒体途径细胞凋亡启动的标志事件。B 淋巴细胞瘤-2 基因（简称 Bcl-2）家族蛋白在调控线粒体功能和细胞色素 c 释放中起重要作用，但是它们调控细胞色素 c 释放的分子机制目前还不完全明了。凋亡进程可分为三个时相：诱导期，效应期和降解期。在诱导期，细胞接受各种信号从而引发各种不同的效应；进入效应期后，经过一些决定细胞命运（存活/死亡）的分子调控点，细胞进入不可逆的程序化死亡，这些调控分子包括一系列原癌基因和抑制癌基因的产生，其中 Bcl-2 家族起着决定性的作用；降解期则产生可见的凋亡现象。

Bcl-2 家族蛋白主要有三大类：含 BH1、BH2、BH3、BH4 四个功能域的抑凋亡 Bcl-2 亚家族，主要包括 Bcl-2、Bcl-xL、Mcl-1 等；含有 BH1、BH2、BH3 三个功能域的促凋亡 Bax 亚家族，主要有 Bax 和 Bak；另一类促凋亡蛋白是只含有 BH3 结构域的 BH3-only 亚家族，主要包括 Bid、Bim、Bik、Bid Noxa 和 Puma 等。在正常细胞中主要定位于胞质溶胶，受到凋亡刺激后转位到线粒体上，直接或间接地与线粒体通道蛋白作用，引起细胞色素 c 的释放。与 Bax 不同，Bak 是迄今发现的仅有的一个定位于线粒体的促凋亡蛋白成员，它与线粒体膜外的 Bcl-xL 结合而被抑制，凋亡发生时，Bak 构象会发生变化而形成更大的聚合体。

二、Bcl-2 抑制剂药的研究进展及展望

Bcl-2 蛋白是拮抗和逆转恶性肿瘤永生性的最重要的分子靶点。Bcl-2 蛋白的功能并不是正常细胞必需的。但是，很多肿瘤细胞系如 70% 的乳腺癌，30%～60% 的前列腺癌，

90%的结肠癌，100%的小细胞肺癌，以及淋巴细胞性、粒细胞性白血病细胞等都高表达 Bcl-2 基因。这是肿瘤细胞的基因特性赋予肿瘤细胞逃避凋亡，获得永生的特点。所以，特异性拮抗 Bcl-2 蛋白的药物，将通过诱导肿瘤细胞凋亡，可以实现高选择性、安全、高效、低痛苦抗癌的目标。Bcl-2 家族抗凋亡蛋白的过度表达通常与肿瘤的发生有着密切的关系，而细胞凋亡信号均要经 Bcl-2 蛋白家族传递二因此，针对 Bcl-2 家族蛋白的结构特征和功能，设计其特异性抑制剂，以诱导肿瘤细胞凋亡，已成为肿瘤治疗的新策略。

在 Bcl-2 蛋白家族中，仅含 BH3 区域（BH3-only）蛋白在凋亡的调控中起重要作用，其 BH3 结构域与 Bcl-2 抗凋亡蛋白疏水沟槽结合后，通过直接或间接激活模式激活 Bax、Bak，最终导致细胞凋亡。Bcl-2 小分子抑制剂是模拟 BH3 结构域的非肽类有机小分子，与 BH3-only 蛋白功能相似，理论上能抑制抗凋亡蛋白的活性，促进肿瘤细胞凋亡。

目前 Bcl-2 小分子抑制剂主要有下面几类。

（一）白屈菜赤碱和血根碱及其类似物

白屈菜赤碱（员）和血根碱（圆）是从植物白屈菜中提取的两种天然苯菲噻生物碱，是蛋白激酶悦抑制剂和 Bcl-xL 抑制剂，但与其他已知的 Bcl-xL 制剂不同，它们分别结合 Bcl-xL 蛋白 a 员和 a 圆螺旋之间的变构位点（BH 沟）和 BH 结合位点旁的区域而非 BH3 区域，发挥抑制作用。

（二）棉酚及其类似物

棉酚是锦葵科植物草棉、树棉或陆地棉成熟种子和根皮中提取的一种多酚类物质。能与 Bcl-xL，Bcl-2，Mcl-1 结合，对头颈鳞癌、结肠癌、前列腺癌、胰腺癌细胞株有抗癌活性，增加 CHOP（环磷酰胺＋阿霉素＋长春新碱＋泼尼松龙）方案抗淋巴瘤细胞疗效，能提高放化疗敏感性，从而产生抗肿瘤活性。

apogossypol（ApoG2）是棉酚衍生物，在棉酚酚环上去掉两个醛基，减少了棉酚的毒性和非特异性作用，现处于临床前研究阶段。ApoG2 是 Bcl-2，Mcl-1 强效抑制剂，K 分别为 35 nmol/L、25 nmol/L apogossypol 能使慢性淋巴细胞白血病、滤泡性小裂细胞性淋巴瘤、外套带淋巴瘤、边缘带淋巴瘤细胞凋亡，很有潜力成为治疗淋巴瘤的药物。

TW-37 是从左旋一棉酚的结构出发进行药物设计得到的，尚处于临床前研究阶段 oTW-37 与 Bcl-2，Mel-1 有较高亲和力，既有促凋亡作用，又有抗血管生成作用。Zeitlin 等研究表明 TW-37 的抗血管生成作用来自于血管内皮细胞的凋亡二该药能抑制胰腺癌细胞的生长和侵袭，显著提高 CHOP 方案对淋巴瘤细胞的杀伤活性，对头颈细胞癌、白血病也有效。

（三）Obatoclax

该化合物是一个全新的小分子 BC1-2 抑制剂、可结合于所有的 6 个 Bcl-2 家族抗凋亡蛋白的 BH3 疏水沟，它对所有 Bcl-2 蛋白都有抑制活性，特别对 Mcl-1 的活性更强；它可致 Bak 和 Bim 从 Bcl-2，Bcl-xL 或 Mcl-1 复合物中释放出来，从而增强细胞对肿瘤坏死因子相关凋亡诱导配体的敏感性。除了上述几种抑制剂外，还有 BH-3I 及其衍生物，HA14-1 及其衍生物，YC-137，酰基磺酰胺类化合物等。

除了上述提到的小分子抑制剂外，还有一些不同结构的小分子抑制剂也在研究中，如 tetrocarcin A（TC-A）、抗霉素 A_3（antimycin A_3）、BH3I-1、BH3I-2、ABT-737、白曲菜红碱（chelerythrine chloride）x 茶多酚类、三联苯类化合物、NSC36540。

在美国科学院期刊 PNAS 上发表了由 Gemin X 公司研发的小分子 Bcl-2 抑制剂 Obato-clax（GX 15-070），它对骨髓瘤细胞等具有明显的抑制作用目前，该药物处于针对慢性淋巴瘤细胞，霍奇金淋巴瘤细胞（Hodgkin lymphoma）的临床 II 期试验中。临床观察数据显示，在对 18 例顽固淋巴实体瘤的病人的用药（5～20 mg/m²），经过一周治疗，6 例病情获得稳定。美国 Ascenta 公司在 2003 年研发的 Bcl-2 抑制剂 AT-101，即将进入临床期试验。其最新的临床结果发布于全球最大的肿瘤研究机构；美国联合研究协会（AACR）的年会上。数据显示：AT-101 单药物作用可杀伤慢性淋巴瘤，非霍奇金淋巴瘤及前列腺癌细胞。在 Bcl-2 抑制剂中，尤其以 BH3 类似物的抗肿瘤效果最为显著，因为它具有最高的 Bcl-2 结合能力，通过干扰 Bcl-2 蛋白家族成员之间的相互作用，破坏肿瘤的信号转导，实现抗肿瘤。

三、S1 及其作用机理

在 Bcl-2 抑制剂中，尤其以 BH3 类似物的抗肿瘤效果最为显著，因为它具有最高的 Bcl-2 结合能力，通过干扰 Bcl-2 蛋白家族成员之间的相互作用，破坏肿瘤的信号转导，实现抗肿瘤。S1 是一个全新结构的 BH3 类似物，目前研究表明，细胞凋亡的信号转导通路主要有两条：死亡受体通路和线粒体通路，在这两条信号通路中多种蛋白蛋白酶直接或间接地相互作用，形成一个紧密高效的信号网络，一个因子的活化，可以导致下有多个凋亡因子次序发生级联反应，最终产生细胞凋亡。Bcl-2 则是线粒体通路的核心蛋白因子，具有抗凋亡的作用，Bcl-2 蛋白水平下降将使线粒体膜去极化，激活 caspase-9，最终激活 caspase-3，导致凋亡，因此，细胞凋亡过程很可能会受到多种小分子蛋白靶向化合物的影响 Bcl-2 蛋白是唯一的与 S1 直接作用的凋亡因子，S1 特异性下调了 Bcl-2 蛋白的水平，导致线粒体膜电位下降，激活了 capsepase-9，caspase-3 级联反应，诱导细胞凋亡一些研究还发现 Bcl-2 抑制剂 S1 可能通过抑制 Mcl-1 蛋白诱导人卵巢癌细胞凋亡，小分子化合物 S1 可以通过内质网凋亡信号通路引起黑色素 B16 细胞发生凋亡。

第六节 研究新技术

一、芯片技术

(一) 芯片技术的发展和意义

微型化和集成化是当前科技发展的一个重要趋势。这一趋势反映在化学生物学领域即表现为与生物有关的化学反应和实验仪器的微型化与集成化。近 20 年来它尤其集中反映在具有各种生物化学检测利实验功能的芯片技术的发展 "生物化学芯片技术 (chip technology) 的发展始于 20 世纪 80 年代末, 它得益于当时生物遗传学及微机电加工技术的进展, 首先在生物学领域从 DNA 芯片 (或称基因芯片) 发展起来这类芯片是以在载体上固定寡核苷酸的技术为基础, 在很小的平面固体表面上有序地排列成千万, 具有生物识别功能的分子探针点阵, 探针再有选择性地与标记的检体分子杂交, 通过标记物进行检测。此类芯片因此称为微阵列芯片 (microarray chip), 它已从开始时的以基因分析为主发展到蛋白质分析。

芯片 (包括微流控与微阵列芯片) 技术对化学生物学的特殊意义在于可以通过高通量、并行操作, 极大提高获取与生物有关化学信息的效率这一方面反映在分析速度的加快、试样、试剂的减少以及提供实时监测、现场监测的条件, 同时也提供了强大的组合化学研究技术平台。在具体应用中, 芯片技术可广泛应用于各种疾病的早期诊断与临床监测、细胞水平、基因水平和蛋白质水平药靶的研究和确认, 各类中药和西药的研究与开发, 中药现代化和国际化, 食品的卫生和安全检测; 公共场所和家庭环境监测、控制, 海洋、大气、陆地等生存环境的监控和干预; 毒品的分析和跟踪, 反恐斗争中炸药的探测和监控; 危害人类的细菌和病毒的发现和检验, 突发公共卫生事件 (如 SARS) 的检测和免疫分析; 生物与化学武器的探测, 海关和商检中的检验和分析; 特别是我国加入 WTO 后绿色壁垒对策中的测试和鉴定 (包括外国绿色壁垒的打破和我国绿色壁垒的建立) 等。

微阵列芯片从工作原理、核心技术和服务对象上都是真正意义的生物芯片 (biochips)。生物 (阵列) 芯片的研制成功很快引起广泛的重视, 并迅速进入产业化阶段。我国也对其发展极为重视, 国家曾给予了巨额投入, 并在北京和上海建立了两大生物芯片研发基地。生物化学芯片的另一主要技术领域是微流控芯片 (microfluidic chip), 最初是在分析化学领域发展起来。20 世纪 90 年代初, 提出了以微机电加工技术为基础的 "微型全分析系统" (miniaturized total analysis systems、简称 TAS), 其目的是通过化学分析设备的微型化与集成化，最大限度地把分析实验室的功能转移到便携的分析设备中，甚至集成到方寸大小的芯片上由于这种特征，本领域的一个更为通俗的名称"芯片实验室（lab-on-a-chip）"已经被日益广泛地接受，而 TAS 主要以微流控芯片的形式得到了迅速发展在短短的十余年中，它以毛细管电泳分子诊断微流控芯片为突破口，已发展为当前世界上最前沿的科技领域之一，成为新的具有巨大潜力的化学生物学研究手段。

微流控芯片的发展要稍晚于生物芯片，而其最初的发展并不顺利，1999 年惠普公司与 Caliper 联合研制出首台微流控芯片商品化仪器，现已可提供用于核酸及蛋白质分析和细胞分析的多种芯片。目前已有一些家厂商将其微流控芯片产品推向市场。

石英和玻璃微流控芯片已广泛地用于分子诊断和蛋白质分析等化学生物学研究，高聚物微流控芯片是当前研究热点之一。高分子聚合物微流控芯片中高分子材料具有种类多、可供选择的余地大、加工成型方便、价格便宜、易于实现批量生产等优点。

（二）微流控芯片在分子诊断中的应用

微流控芯片分子诊断已用于检查遗传性疾病、肿瘤基因突变、病原体特异 DNA 片段等，主要方法有芯片毛细管电泳 DNA 测序，特异 DNA 片段的鉴定和 PCR 扩增。

1994 年首次将凝胶毛细管电泳移植到微流控芯片毛细管电泳上，在充有 10% 线性聚丙烯酰胺的微通道中，仅用 45 s 分离了 10-25 bp 寡核苷酸混合物随后，1995 年美国加州大学伯克利分校首次采用芯片毛细管电泳进行了基因测序研究，在有效分离长度 3，5 cm 通道的微流控芯片上，10 min 内测序约 150 个碱基，准确率 97%。1999 年研制了 96 个通道的阵列毛细管电泳芯片，可平行分离检测，用 pBR322MsplDNA 标准品考察该系统时，在 120 s 内完成 96 个样品的分离分析并用于 DNA 测序。之后应用微流控芯片技术对于 DNA 测序，无论是在速度上还是在测序长度方面均取得很大进展。

脆性 X 综合征（FXS）是一种遗传性疾病，来源于基因组中 FMR1 基因上发生 CCG 三核苷酸的多次重复排列所至。有报道称使用 PMMA 微流控芯片，用羟丙基甲基纤维素（HPMC）作为筛分介质诊断脆性 X 综合征的方法，仅用 200 s，比常规的平板凝胶电泳分离嗪森印迹杂交法（sourthern blot）测定快 100 倍。18 个样品的测定结果和常规方法完全相符。研究者也对内肌营养不良（DMD）的 13~547 bp 的 18 个基因片段做了诊断另一种检测基因变异的方法是单核苷酸多态性（SNP）分析，用微流控芯片技术可以在 100s 内分离测定 p53 肿瘤抑制基因的多态性位点。多种癌症是与特定的癌基因的突变紧密相关的，如黑色素瘤与 MTS/P16 基因，乳腺癌与 BRCA1 和 BRCAz 基因，结肠癌与子宫癌与 MSH2、MLH1、PMS2、PMS1 基因等。因此，可以在肿瘤还很小，甚至在肿瘤未发生之前，就利用分子诊断技术检测到相关基因的改变，具有重要的意义。

扩增聚合酶链反应（polymerase chain reaction，PCR）作为一种选择性体外扩增 DNA 片段的技术在分子诊断中发挥了重要的作用，芯片 PCR 技术克服了常规 PCR 方法存在热容大、升降温速度慢、样品和试剂耗用多等缺点。综观芯片 PCR 技术的进展，主要在三个方面：一是用微加工技术制备微型静态 PCR 加热反应器和连续流动 PCR 反应器，提高变温速率，缩短扩增时间；二是将 PCR 扩增和毛细管电泳分析 DNA 等功能集成在一块微芯片上。三是研制微型 PCR 扩增实时荧光检测仪。

（三）微流控芯片在细胞分析中的应用

随着微流控芯片技术的发展，操纵细胞和检测细胞内待测组分的能力越来越强，微流控芯片上进行细胞水平的化学生物学研究日益受到重视，筛选细胞计数和分类筛选为药物筛选、细胞内基因表达和疾病诊断等的研究提供基础信息。

流式细胞计数是一种快速分析、筛选细胞的技术。有研究组报道了玻璃微流控电泳芯片的流式细胞计数技术，也可用介电泳力和重力场流分级分离细胞。如果在微芯片上制成流式细胞仪，利用电泳力转移细胞并将细胞聚焦于通道交叉口处，利用光散射和荧光检测实现单个细胞计数。2001 年制成了以临床应用为目的造价低、便携式的细胞计数和筛选微流控系统，该系统的核心部分是一块一次性的微流控芯片。

（四）微流控芯片在蛋白质分析中的应用

微流控芯片在蛋白质分析中的作用主要有纯化和浓缩蛋白质、分离、集成化和质谱联用等。

1. 纯化和浓缩蛋白质

微流控芯片用于蛋白质样品的制备，芯片固相萃取是常用的纯化和浓缩技术，通过光诱导在通道内聚合生成疏水性离子交换整体多孔高聚物，实现蛋白质的芯片固相萃取和预浓集。对多肽和蛋白质样品有纯化和浓缩作用。实验中用香豆素 519 做荧光标记染料，442 μm He-Cd 激光器 LIF 检测，可浓缩疏水性四肽和绿色荧光蛋白质 1000 倍以上。

2. 分离

在微流控芯片通道两侧加工金属片状薄膜电极，加电后在液流垂直方向形成电场并在两电极上电解出顶和 OHL 使垂直方向具有了 pH 3~7 梯度，蛋白质在压力驱动流经通道的同时，在垂直方向上电泳，并在某一 pH 条带上实现等电聚焦。用该方法施加 2.3 V 的聚焦电压后，1min 内等电聚焦分离了荧光标记的牛血清白蛋白和大豆凝血蛋白。Ramsey 研究组在微流控芯片蛋白质二维电泳（电色谱）分离，荧光检测方面做了研究。最初设计了两组深 10 pm、半深宽 35 pm 的串联十字微通道。通道内表面未经处理，第一维胶束电动色谱（MEKC），分离通道长 69 nun；第二维高速开口管毛细管电泳（CE），分离通道长 10 mm，实验分离分析了包括细胞色素 c、核糖核酸酶、4cr-乳白蛋白等数种蛋白质的胰酶降解多肽产物。从分离图谱结果看，仅第一维分离，各多肽几乎无法基线分离，经第二维分离后分辨率大大提高。分析总时间在 10 min 之内，他们又制成 25 cm 螺旋结构开口管一维电色谱与 1.2 cm 直型毛细管二维电泳的两维串联分离通道，通道内涂覆十八硅烷。试样首先进入电色谱通道，随着第一维分离的进行，每隔 3 s，向毛细管电泳通道进样 0.2 s，进行第二维分离。

3. 集成化和质谱联用

质谱采样速度快，灵敏度高，分辨率高，适用于结构复杂的蛋白质分析：微流控芯片的流速与微量电喷雾电离质谱（ESI-MS）相耦合，由于在微流控芯片上可集成样品纯化、富集、分离和电喷雾器等功能，还可以集成多个电喷雾器，因此微流控芯片 – 质谱作为一种高效，高通量、高分辨率的联用技术日益受到重视，该微流控系统的优点是速度快、进样量少，据报道，原来数小时的工作可在几分钟内完成。

（四）蛋白质芯片

蛋白质芯片从蛋白质水平上去了解和研究各种生命现象，是生物芯片研制中有开发潜力的一种芯片。蛋白质不能采用 PCR 扩增等方式提高检测的灵敏度；蛋白质之间的特异性作用主要体现在抗体/抗原反应或受体反应，不像 DNA 之间具有系列的特异性，而只有专一性；蛋白质本身固有的性质决定了它不能沿用 DNA 芯片的模式进行分析检测所以蛋白质芯片分析本质上是利用蛋白质间的亲和作用，对样品中存在的特定蛋白质分子进行检测。1998 年世界上第一块蛋白质芯片研制成功。其制作方法是把已知蛋白质（抗体和受体）和合成的分子探针有序地排列在芯片上。通过原位反应，芯片上探针分子与某一组织中的蛋白质分子结合在一起自然后去掉芯片上未结合的蛋白质分子，最后用质谱仪器读出与芯片结合的蛋白质的相对分子质量，得出被测样品中蛋白质的指纹图谱。将蛋白质芯片测得的正常人与病人的蛋白质指纹图谱进行比较，就可以找出与疾病相关的蛋白质分子。

由于蛋白质芯片技术不受限于抗原/抗体系统，因此能高效地筛选基因表达产物 – 为研究受体—配体的相互作用提供了一条新的途径，并在蛋白质纯化和氨基酸序列测定领域显示出很好的应用前景。

第一，蛋白质芯片制作技术蛋白质比 DNA 合成的难度大，且将其固定于载体上易引起空间结构的改变导致蛋白质变性，因此在制备中只能采用直接点样法：蛋白质芯片分为无活性的芯片和有活性的芯片两种形式无活性的芯片是将已经合成好的蛋白质点在芯片上，有活性的芯片是在芯片上点上生物体，在芯片上原位表达蛋白质。

第二，样品分离制备技术因为生物样品都是复杂的混合物，只有少数靶分子能与芯片上的固定的探针分子直接反应。在使用蛋白质芯片检测前通常要经过分离，如盐析、电泳、凝胶色谱等。

第三，样品标记和检测技术在芯片检测前，样品一般先进行同位素、酶或荧光标记。

标记后即可与蛋白芯片反应，检测获得结果，同位素标记法灵敏度高，但空间分辨率低，反应物需特殊处理防止污染，因而较少用于芯片检测。酶标记方法应用的是生色底物，如辣根过氧化物酶、碱性磷酸酶等，检测系统为 CCD，成本低，适用于临床检测。荧光标记广泛应用于 DNA 芯片的检测，特别是双色检光的应用大大方便了表达差异检测的分析。常用的标记荧光素有 Cy3 和 Cy5。

蛋白质芯片优点是能够快速并且定量分析大量蛋白质，芯片使用相对简单。相对于传统的酶标 ELISA 分析，蛋白质芯片采用光敏染料标记，灵敏度高，准确性好。蛋白质芯片需要试剂少，可直接应用血清样本，便于诊断，实用性强。但尚有如寻找材料表面的修饰方法、简化样品制备和操作，增加信号检测的灵敏度、高度集成化样品制备及检测仪器的研制开发等问题有待解决。

二、生物核磁共振

核磁共振波谱学是一门年轻而发展非常迅速的科学：它从发现到发展，直到今天在物理、化学、生物、医学等科学领域的广泛的应用，只不过 60 年的历史，但已取得了巨大的成就，至今已有 4 次诺贝尔奖授给了 NMR 领域的 6 位杰出科学家，其中 3 次是在近 20 年内颁发的。NMR 由于能提供分子的化学结构和分子动力学的信息，已成为分子结构解析以及物质理化性质表征的常规技术手段，NMR 技术在生物方面的应用始于 20 世纪 50 年代，但其广泛的应用主要开始于 20 世纪 80 年代瑞典苏黎世联邦高等工业大学的恩斯特教授和维特里希教授领导的两个研究小组为生物核磁共振（biomolecularNMR）的发展做出了巨大的贡献恩斯特及其合作者发展了一系列核磁共振技术，包括 FT-NMR 技术和多维 NMR 技术。维特里希及其合作者在 20 世纪 80 年代提出了用二维（2D）NMR 技术测定生物大分子在溶液中的三维（3D）空间结构的方法，使多维 NMR 技术成为可以与 X 射线衍射技术相媲美的蛋白质 3D 结构的测定工具。维特里希的研究小组还在 20 世纪 90 年代中后期发展了 TROSY（transverse relaxation-optimized spectroscopy，横向弛豫优化光谱）技术，大大地扩大了生物核磁共振技术所能研究的生物大分子的相对分子质量限制。由于对生物核磁共振波谱学的伟大贡献，恩斯特和维特里希分别于 1991 年和 2002 年获得诺贝尔化学奖。生物核磁共振技术是化学生物学、结构生物学、生物制药等学科的重要研究手段之一。它不仅作为常规结构分析手段用于测定生物大分子及其复合物的溶液结构，而且作为标准测试手段广泛地用于研究生物大分子 – 生物大分子、生物大分子 – 小分子配体的相互作用，在生命科学和生物制药等科学研究和应用领域正发挥着巨大的作用。本节介绍蛋白质溶液结构的测定方法、蛋白质与配体的相互作用研究以及生物大分子的动力学 NMR 研究方法。

（一）蛋白质溶液空间结构的测定

完整地理解蛋白质功能和作用机理需要在原子水平上知道其 3D 空间结构。目前用两种方法来测定蛋白质的结构。第一种方法是长期以来一直使用的蛋白质单晶的 X 射线衍射技术，第二种方法是近 20 年来才发展起来的生物大分子 NMR 谱学技术。在 NMP 结构测定技术出现之前，X 射线衍射技术一直是测定蛋白质 3D 结构的唯一的实验方法。我们关于蛋白质结构的信息大部分也来自蛋白质的晶体结构。之所以发展蛋白质结构的 NMR 测定方法主要有以下三个原因：

第一，许多蛋白质并不能形成单晶，即使能结晶，也往往不能得到高分辨率的衍射图，而且在解决相位问题（找合适的重原子替代物）时也可能遇到困难。

第二，NMR 结构是在接近生理状况的溶液中测定的，蛋白质的结构和功能在晶体状态和在溶液状态往往存在着一些明显的差别。

第三，NMR 技术可以研究蛋白质在 ps～ms 时间尺度内的动力学过程。但是，NMR 结构测定技术也有一些限制。

然而，蛋白质转动相关时间对 NMR 谱线线宽的影响也限制了能用 NMR 技术测定结构的蛋白质的大小。但当蛋白质的残基数多于 100 个时，常规的 2D 同核 NMR 谱就无能为力了。一方面，大的蛋白质分子中质子大大增多，很可能造成共振信号的严重重叠；另一方面，蛋白质越大，谱线就越宽，除了增加谱峰的重叠，NMR 信号的观测灵敏度也大幅度地下降了。为此，人们在 20 世纪 80 年代后期开始发展 3D，4D 异核 NMR 技术来解决这些困难。至今人们可以用多维异核 NMR 技术来测定 200～300 个残基的蛋白质结构。结合近几年发展起来的 TROSY 技术，人们可以在超导高磁场 NMR 谱仪（800 MHz、900 MHz，甚至 1000 MHz）±测定 1000 个残基以内的蛋白质空间结构。

（二）用 3D、4D 异核 NMR 技术测定蛋白质空间结构的方法

用多维异核 NMR 技术测定蛋白质空间结构的主要步骤是：①制作稳定均匀的同位素标记的蛋白质溶液样品；②记录多维异核 NMR 谱；③归属骨架原子和侧链原子共振信号，进行顺序共振识别（sequential resonance assignment）和立体专一识别（stereospecific assignment）；④分析 NMR 谱，尽可能多地获取质子间距、骨架和侧链扭转角等构象约束数据；⑤用计算机软件计算出蛋白质的 3D 空间结构；⑥分析和评估测定的蛋白质结构。

（三）用 NMR 研究蛋白质 – 配体的相互作用

许多生物过程都涉及蛋白质与配体的相互作用，如药物分子与靶蛋白的结合、抗原与抗体的结合以及酶与底物的结合等。这些非成键相互作用的先决条件是配体能专一地识别蛋白质——有专一的结合方式和专一的结合部位，从而实现其生物功能。溶液 NMR 技术是研究蛋白质 – 配体相互作用的很有用工具尽管 X 射线衍射晶体学技术可以给出蛋白质 – 配体复合物的完整结构，从而给出结合部位、结构重纸等详细的结构信息，但这些信息是

复合物在晶体状态下获得的。许多生物过程是在溶液状态发生的，而且很多小的蛋白质 - 配体复合物并不能结晶。除了能给出蛋白质与配体发生相互作用的结构特征（如结合部位及结合引起的结构重组）以及结合的强度信息，NMR 技术也可以给出完整的蛋白质 - 配体复合物结构和动力学信息以及在结合部位发生的动力学过程，如苯环的转动、骨架和侧链的柔性和刚性的变化等。

（四）用 NMR 研究蛋白质动力学

蛋白质分子内运动对其生物功能有着极其重要的影响蛋白质三级结构包含着较刚性的二级结构单元和连接这些二级结构单元的较柔软的活动性（mobility 或 flexibility）较大的无序环（100p 或 coil）以及肽链的 N-端和 C-端，这两个末端往往呈无序结构°而活动性往往为蛋白质与底物进行匹配结合所必需。许多酶在与底物或抑制剂结合时，或者核受体与DNA 或 RNA 对接时，其功能基团位于不规则的二级结构区域或表面无规卷曲肽段（random coil）上。研究表明有些多肽分子本身是无规线团，没有二级结构单元；但一旦与某些靶蛋白相结合，便会形成二级结构，例如，78 个氨基酸残基的多肽神经元颗粒蛋白处在自由态时呈无规卷曲，但与钙调蛋白结合后其结合部位便形成了一段约 20 个氨基酸的螺旋可见，蛋白质的活动性对蛋白质发挥生物功能以及与底物分子或药物分子发生相互作用，起着相当重要的作用。用于研究蛋白质分子内运动的技术有核磁共振谱、荧光谱、红外谱、EPR 自旋标记等。

核磁共振技术也能成功地直接在溶液状态下观察到核糖核酸酶的活性中心。已用NMR 分析过得自金葡菌的核酸酶的脂肪族和芳香族质子峰的排布。还研究了一种从细菌中提取的黄氧还蛋白酶[1]H NMR 和[31]PNMR，[13]NMR 用以探测辅基 FMN 的构型和电子结构，^{31}PNMR 则揭示出辅基与蛋白酶之间存在着一种强有力的相互作用。二维核磁共振技术对弱偶合的自旋系统研究很有用。用核磁技术研究碱性胰蛋白酶抑制剂（BPTI）时，其高场 0.5～1.7 ppm 场区，在一维谱，独立的多重峰是重叠难辨，而二维谱却较容易分辨。

三、生物质谱

生命科学的发展总是与分析技术的进步相关联，X 射线晶体衍射对 DNA 双螺旋结构的阐述奠定了现代分子生物学的基础、使人类对微观领域的认识迈出了决定性的一步。大规模、自动化基因测序技术的问世，使 20 世纪生命科学领域最宏大的研究项目——人类基因组计划的完成比预期大大提前。而功能基因组和蛋白质组计划的实施所必需的高通量大规模筛选对分析方法又一次提出了挑战。已发展了 100 多年的质谱技术，由于其所具有的高灵敏度、高准确度、易于自动化等特点，毫无疑问地成为解决上述问题的关键手段之一。自 1886 年 Goldstein 发明了阳极射线管，到 1943 年第一台单聚焦质谱仪商品化，质谱基本上处于理论发展阶段随着质谱在电离技术和分析技术上的发展和完善，使之很快应用于地质、空间研究、环境化学、有机化学、制药等多个领域，然而，即使在等离子体解吸（plasma desorption，PD）和快原子轰击（fast atom bombardment，FAB）两项软电离质谱技术出现以后，质谱分析的相对分子质量也只是在几千左右。真正意义上的变革以20世纪80年代中期出现的两种新的电离技术——电喷雾电离和基质辅助激光解吸电离为代表，其所构成的质谱仪所具有的高灵敏度和高质量检测范围，使得在finol（10^{-15}）乃至amol（10^{-18}）水平检测相对分子质量高达几十万的生物大分子成为可能，从而开拓了质谱学一个崭新的领域——生物质谱，促使质谱技术在生命科学领域获得广泛的应用和发展。

四、生物传感器

有人把21世纪称为生命科学的世纪，有人把21世纪称为信息科学的世纪，而生物传感器正是在生命科学和信息科学之间发展起来的一个交叉学科，它是由生物学、化学、物理学、医学、电子技术等多种学科互相渗透成长起来的，具有灵敏度高、选择性好、成本低、分析速度快、能在复杂体系中在线连续监测等优点。随着近代电子技术和生物工程等相关学科的快速发展，生物传感器的种类和数量迅速增加，为了规范该领域，IUPAC推荐了一个非常严格的定义：一个生物传感器应是一个独立的、完整的装置，通过利用与换能器保持直接空间接触的生物识别元件（生物化学受体），能够提供特殊的定量和半定量分析信息。根据这个定义，IUPAC提议生物传感器应当与那些要求有附加步骤（如试剂的添加）的生物分析系统清楚地加以区别。另外，也应区别于一次性使用或是不能连续监测分析物浓度的装置，它们被指定为一次性使用的生物传感器生物传感器的这一定义把发展最为成功的一次性血糖酶电极和光学免疫传感器排除在外（这两种传感器不能满足连续监测的标准）。生物传感器由生物识别元件（bioreceptor）和换能器（transducer）两个部分组成：生物识别系统能将生物化学领域的信息，通常为分析物的浓度，转译为具有一定灵敏度的化学或物理输出信号；而传感器的换能器部分则负责把识别系统输出的信号进行转换目前所采用的换能器中，研究最多的是电化学生物传感器和光学生物传感器由于电化学换能器具有灵敏度高、易微型化、能在浑浊的溶液中操作等优点，且所需的仪器简单、便宜，因而被广泛地应用于传感器的制备，电化学生物传感器就是基于该换能器的一类生物传感器与电化学生物传感器相比，光学生物传感器的优点是无需参比电极，不受电磁场的干扰，可以在非平衡条件下测量某些物质（如氧），稳定性好，尤其是在双波长的情况下，可采用不同的波长监测同一物质的不同状态，但缺点是易受背景光的干扰，动力学范围较窄，不易于小型化，试剂的稳定性也存在一定的问题等。

五、单细胞检测

细胞是各种生物体的基本单元，生命运动都是在细胞内和细胞同实现的。揭示细胞的生物化学行为与过程就可以深入地了解生命活动的本质，这对病理、药物筛选、临床诊断与治疗都具有重要的理论和实际应用价值。由于细胞很小（一般直径从几微米到几百微米），样品量极少，细胞内组分非常复杂（最简单的红血细胞含蛋白质上千种），细胞内生化反应速度快，因此细胞或单细胞分析要求超微体积、高灵敏度、高选择性、响应速度快的分析方法和技术。因此单细胞分析检测向分析化学提出了严峻的挑战，同时也带来巨大的机遇。

对于一次常规血液检验，需要将成千上万个细胞均匀化后才能得到足够量的被分析物，从而得到定量结果，所得到的结果是许多细胞的平均值。然而，在发病的早期，可能仅有一个或几个细胞携带标明有被感染的特定化学或生物化学标志物，这样的标志物很可能被占绝大多数的正常细胞的平均量所掩盖。如果能够对单细胞进行检测，认识和区别不正常细胞的机会将大大提高。

单细胞分析对于疾病的早期诊断非常重要，各种疾病的早期诊断无疑对于拯救病人的生命至关重要，所以发展单细胞分析化学方法和技术是非常必要和迫切的，对于单细胞进行化学分析可以通过各种分析化学技术在不同的层面上来实现或部分实现。早在近 40 年前，已经报道了分离和直接观测几个血红蛋白。对于体积较大的细胞，微型化的薄层色谱、质谱、液相色谱和酶放射标记法已经得到成功的应用，在分离后通过微操纵技术和灵敏的伏安法分析单个蜗牛神经元以及牛的肾上腺体细胞是成功研究的例子。

流式细胞术（How cytometry）是细胞生物学中广泛应用的技术；荧光显微镜，特别是最近所发展的共聚焦成像技术，是另外一种得到广泛应用的技术。通过膜片钳（patch-clamping）技术可以得到单个离子通道的行为。

近年来，细胞及单细胞分析检测已成为分析化学的前沿和热点研究领域之一。由于毛细管电泳技术基本上能够满足上述分析检测要求，在细胞及单细胞分析测量中研究及应用最为广泛。因此，这一领域的综述大都以毛细管电泳为主，结合电化学、激光诱导荧光（LIF）、质谱等检测方法。最近，图像分析、微流控芯片、实时动态监测细胞（单）的研究发展迅速。国外在单细胞分析领域著名的研究组大都集中在美国。国内在此方面起步较晚，力量分散，发展缓慢。可喜的是，这方面的发展已经引起国家自然科学基金委员会的高度重视，在批准资助了 6 个课题，并组织国内学者和国际上有影响的研究组开展国际合作研究。这标志着我国单细胞分析化学开始进入一个蓬勃发展的时期。单细胞分析化学是一个多学科交叉的系统工程，由于各种分析化学技术和方法均有其优缺点，如毛细管电泳方法可以对单细胞组分进行分离和分析，但无法进行活体和动态形貌分析；电化学方法可以进行活体、实时动态分析，但分析检测复杂组分仍有困难；荧光分析可以在高灵敏度下对细胞进行分析和成像，但在大多数情况下需要进行标记；因此将各种分析化学方法和技术综合起来，发挥各自的优势，就需要建立单细胞研究的技术平台，从各个层次和角度展开单细胞分析化学研究。本文结合国内外单细胞研究的进展，就如下几个方面进行简单的介绍，主要包括单细胞操纵；单细胞图像分析；实时动态检测单细胞；单细胞分析化学平台建设；最后对于单细胞分析化学的发展趋势进行一些展望。

六、生物分子和生物体原位、实时、在线分析和检测

生物体内痕量活性物质的分析与检测对获取生命过程中的化学与生物信息、了解生物分子及其结构与功能的关系、揭示生命活动中的活化和抑制的调节因子、细胞间的信号传递途径、疾病的诊断以及阐述生命信息的本质都具有重要的意义；这些也是化学生物学的重要研究内容。随着生命科学的迅速发展，人们对生命现象的观察和研究已深入到单细胞、单分子和核酸的单个碱基这样的层次，迫切需要在更加微观的尺度上原位、活体、实时地获取相关生物化学信息。如今，许多传统的、常规的生化分析方法面临极大的挑战。本文介绍几种常用的生物分子和生物体原位、实时、在线分析和检测的方法和技术，即微透析技术、电化学微传感技术和光学成家检测技术及其相关方法最新的研究进展。

七、表面等离子体共振

表面等离子体共振（SPR）其实是一种平常的电磁现象。纳米金对 500～700 nm 光的吸收就源于 SPR，其特点是吸收波长随金粒直径和颗粒聚集数增大而增加，因此成为纳米材料的一种表征方法。表面拉曼增强现象也是一种 SPR 现象，其研究已经有些年头了。SPR 自然要有表面等离子体（SP），这是二维自由电荷的一种运动状态，能被符合一定条件的电子或光子激发并与之谐振，产生可探测的信号。该信号随表面及其附近介质的介电性质不同而发生变化，故可用以探测表面结构及其与环境的关系凡利用 SPR 原理而建立的分析方法，就称之为表面等离子体共振分析方法，简称表面等离子体共振，也用 SPR 为记号。目前的 SPR 包括：表面等离子体共振光度（或吸收光谱）（SPRS）、表面等离子体共振成像（SPRI）、表面等离子体共振显微（SPRM）、内全反射荧光显微镜、消失波激发拉曼等。SPRS 发展最早，研究最多，所以通常所说的 SPR，多数是指 SPRS，SPR 方法之所以能引起广泛的注意，与下述特点密不可分。

（一）测定模式可选

SPR 可有角度、波长共振模式，能进行单道、多道以及成像分析；还可利用消失波，建立暗背景光共振散射和发射方法，如暗背景荧光、暗背景拉曼、暗背景瑞利散射等。

（二）通用性与选择性兼备

SPR 检测介电常数及其变动，而介电常数是物质的普遍特性，故 SPR 普遍可用。如通过表面修饰引入各种识别机制，则 SPR 可在复杂介质中探测出微量的目标组分，所以它也是高选择性的分析方法。

（三）对样品无损

SPR 能测无标记分子，特别适合于天然生物分子的研究。SPR 之所以能在近十几年迅速发展起来，原因多半在于此。

（四）能进行现场实时动态分析

SPR 响应时间约在 $0.1\ s$ 数量级，可以监测在此时间尺度内的任何识别事件和反应过程，也即可进行现场或实时的动态观测。

（五）抗脏样

在引入选择识别机理后，SPR 可以直接分析脏样品。

（六）可现场模拟观测

通过修饰改造分析环境，SPR 能模拟各种环境，特别是生物环境，适合于体外模拟研究某些生物反应和识别过程。

（七）高灵敏度

SPR 一般能检测到 $nmol/L$ 量级的组分，如利用酶等放大技术，其检测限可降到 $fmol/L$ 水平。SPR 检测灵敏度与介电常数变化幅度有关。凡传感表面及其附近介质之介电常数变化幅度越大或待测组分越靠近传感表面，就越容易被观测到。通过表面修饰将目标分子拉靠到表面，可提高检测灵敏度。同理，增加待测分子体积也可以提高检测灵敏度。

当然，如对象过大，超出消失波的作用范围，则检出灵敏度会不升反降，甚或无法检出。

（八）具备定量与尺寸分析能力

介电常数与物质的浓度和大小成比例，故 SPR 信号也是物质浓度和分子大小的函数，据此可建立定量测定方法，可望开发成一种新的尺寸分析方法。

（九）容易微小型化

SPR 的水平空间分辨率可以达到 $10\ pm$ 以下，与目前 DNA 芯片所用荧光阅读仪的水平分辨率（10～20pm）相当，是一种容易微化的分析新方法实际上，SPR正向微型化和芯片化方向发展。

(十) 高通与成像

SPR容易变成高通量的并行分析方法，如多通道分析和成像分析等，其中SPRI可以同时对成批样品阵列进行现场实时的动态或静态观测，很有发展潜力。简而言之，SPR具有多方向发展潜力，且在物质表征、光纤传感、生物识别、微型化研究、显微分析、全息分析、成像分析等方面取得突破。SPR还能作为检测方法，与质谱、拉曼光谱、毛细管电泳等其他分析技术联用，扩展其应用领域。

八、单分子检测

20世纪末，可对单个原子、单个分子进行观测、成像和操纵的显微技术得到了迅速发展，使得单分子检测和生物单分子研究成为目前化学生物学中一个备受关注的领域。单分子检测不仅推动生物分析化学技术向高灵敏度发展直至化学检测灵敏度的极限，更重要的是它与生命科学和生物医学研究紧密结合，将可能带来生命科学领域的突破性发展。生物体系具有明显的不均一性，许多生物分子表现出复杂的动态行为。虽然现有的多种物理、化学和生物学（包括分子生物学）的方法已能使人们对生物体系的研究达到分子水平，但其研究结果往往是对大量分子在一段时间内平均行为的描述，单个生物分子的行为被掩盖和平均化。单分子检测的优越性在于：对于非均一体系，能提供具有不同性质的分子的分布信息；无论是非均一还是均一体系，都能直接记录分子个体性质的涨落，获得丰富的动力学信息，尤其是能追踪到不具同步性的生化反应的中间步骤或过渡态，为深入了解生物分子的形态、行为、性质、相互作用等提供了一个全新的途径。生物单分子检测包括单分子成像和单分子操纵两类核心技术。单分子成像技术主要有以单分子荧光显微术为主的光学显微术（包括单分子荧光、单分子拉曼等）和以原子力显微术（AFM）为主的扫描探针显微术［包括扫描隧道显微（STM）、原子力显微术、扫描近场光学显微术（SNOM）等］。生物单分子的操纵则主要依靠激光光钳技术和原子力显微术实现。尽管荧光显微术本身的空间分辨率受到光学衍射效应的限制（一般200 nm），近年来光学检测仪器灵敏度的提高和荧光标记技术的发展使它能在室温和溶液条件下实现对单个荧光分子的检测和成像，并且采用有效范围为1～10nm的荧光共振能量转移技术，可观测纳米尺度上生物分子的运动变化。单分子荧光显微术（single molecule fluorescence microscopy有较高的时间分辨率，对样品干扰轻微，对生物分子在生理活性条件下，尤其是在活细胞中的检测比其他技术更为成熟，成为研究生物单分子行为的主流手段。具有原子、分子级空间分辨率的一系列扫描探针显微镜的诞生使人们在实三维空间实现了原子和分子的直接成像和操纵，是研究单分子物理化学性质的重要工具。原子力显微镜能在不同环境（大气、溶液和真空等）中工作，在生物学领域，尤其是结构生物学中有较广泛的应用，已成功地用于 DNA、可溶性蛋白、膜蛋白、细胞膜表面的高分辨成像，生物单分子超微结构和生化反应过程的表征。另一方面，近年来利用原子力显微镜在生物单分子相互作用力的检测和研究方面有很大发展，单分子力显微术（single molecule force microscopy）引起了人们的广泛兴趣。

参 考 文 献

[1] 刘国琴，杨海莲. 生物化学 ［M］. 北京：中国农业大学出版社，2019.

[2] 赵国华等. 食品生物化学 ［M］. 北京：中国农业大学出版社，2019.

[3] 叶艳. 病原生物学与免疫学 ［M］. 合肥：安徽大学出版社，2019.

[4] 李娇娇，王磊. 现代生物技术基础实验 ［M］. 合肥：合肥工业大学出版社，2019.

[5] 张晶，孙红岩，张传利. 微生物学 ［M］. 成都：电子科技大学出版社，2019.

[6] 查正根编. 有机化学实验 ［M］. 合肥：中国科学技术大学出版社，2019.

[7] 王秀菊，王立国. 环境工程微生物学实验 ［M］. 青岛：中国海洋大学出版社，2019.

[8] 熊非. 有机化学实验教程 ［M］. 合肥：中国科学技术大学出版社，2019.

[9] 熊志立. 分析化学 ［M］. 北京：中国医药科技出版社，2019.

[10] 周璐. 检验学基础与应用 ［M］. 北京：科学技术文献出版社，2019.

[11] 霍乃蕊，余知和. 微生物生物学 ［M］. 北京：中国农业大学出版社，2018.

[12] 田云娴. 生物化学 ［M］. 郑州：河南科学技术出版社，2018.

[13] 黄锁义，冯宁川；张悦，余燕敏，罗旭副主编. 基础化学 ［M］. 武汉：华中科技大学出版社，2018.

[14] 秦立金，夏宁，罗晓霞等. 生物化学与分子生物学原理及应用研究 ［M］. 中国原子能出版社，2018.

[15] 李秀凉，赵丹丹，刘松梅. 生物化学 ［M］. 黑龙江大学出版社，2018.

[16] 管红艳，刘军根，汪文俊. 生物 ［M］. 北京：航空工业出版社，2018.

[17] 黄锁义. 基础化学第 2 版 ［M］. 南京：江苏科学技术出版社，2018.

[18] 管俊昌，夏惠；张涛，杨小迪，郑庆委等副主编. 病原生物学与免疫学 ［M］. 合肥：中国科学技术大学出版社，2018.

[19] 胡桂学等. 兽医微生物学 ［M］. 北京：中国农业大学出版社，2018.

[20] 李医明. 中药化学第 2 版 ［M］. 上海：上海科学技术出版社，2018.

[21] 陈轶玉，于爱莲. 病原生物学与免疫学第 3 版 ［M］. 江苏凤凰科学技术出版社，2018.

[22] 吕杰，张涛. 微生物学实验指导 ［M］. 合肥：中国科学技术大学出版社，2018.

[23] 熊亚. 分析化学实验教程 ［M］. 北京：北京理工大学出版社，2018.

［24］范望喜，黄中梅，李杏元. 有机化学实验第 4 版［M］. 武汉：华中师范大学出版社，2018.

［25］赵立平. 微生物组学与精准医学［M］. 上海：上海交通大学出版社，2018.

［26］王建玲，李爱勤主编. 普通化学［M］. 北京：中国农业大学出版社，2018.

［27］张择瑞. 环境生物化学基础第 2 版［M］. 合肥：合肥工业大学出版社，2017.

［28］梁成伟，王金华主编. 生物化学第 2 版［M］. 武汉：华中科技大学出版社，2017.

［29］郭雄. 地方病分子生物学基础与应用［M］. 西安：西安交通大学出版社，2017.

［30］仲其军，江兴林，范颖. 生物化学检验新版［M］. 武汉：华中科技大学出版社，2017.

［31］金国琴，柳春. 生物化学第 3 版［M］. 上海：上海科学技术出版社，2017.

［32］姜余梅. 生物化学实验指导［M］. 北京：中国轻工业出版社，2017.

［33］姜宗来，齐颖新. 生物力学研究前沿系列血管力学生物学［M］. 上海：上海交通大学出版社，2017.

［34］夏惠，管俊昌. 病原生物学［M］. 合肥：中国科学技术大学出版社. 2017.

［35］唐炳华. 分子生物学［M］. 北京：中国中医药出版社，2017.

［36］张申，胥振国，高江原等. 分子生物学检验新版［M］. 华中科技大学电子音像出版社，2017.